全国高职高专教育规划教材

JIANZHU ZHUANGSHI CAILIAO SHIBIE YU XUANGOU

建筑装饰材料识别与选购

尹颜丽　安素琴　主编

高等教育出版社·北京

内容提要

本书按照建筑装饰工程技术专业教学基本要求编写，共14章，第1章至第13章主要内容包括建筑装饰材料的分类、性质，以及石材、陶瓷、玻璃、塑料、纤维织物与制品、涂料、木材制品、金属装饰材料、成品装饰材料、胶凝材料、功能性材料等，着重介绍各种建筑装饰材料的性能和特点，强调装饰材料在装饰工程中的实际应用，还介绍建筑装饰材料的选购方法，并注重新型材料、环保材料的应用与选购。

本书第14章以实际的工程案例为依托，通过对于装饰材料基础知识的学习和识别认知，完成工程主要装饰材料的采购明细表及采购，在此过程中让学生掌握装饰材料识别与选购的技能。

本书可作为土建类相关专业的“建筑装饰材料”课程教材，同时也可供从事建筑装饰行业的设计人员、施工人员参考。

图书在版编目(CIP)数据

建筑装饰材料识别与选购 / 尹颜丽，安素琴主编.--北京：高等教育出版社，2014.8（2023.1重印）
ISBN 978-7-04-039878-6

Ⅰ.①建… Ⅱ.①尹… ②安… Ⅲ.①建筑材料-装饰材料-高等职业教育-教材 Ⅳ.①TU56

中国版本图书馆CIP数据核字(2014)第095995号

策划编辑	张玉海	责任编辑	张玉海	特约编辑	隋华蓉	封面设计	王　洋
版式设计	余　杨	插图绘制	杜晓丹	责任校对	刘　莉	责任印制	耿　轩

出版发行	高等教育出版社	咨询电话	400-810-0598
社　　址	北京市西城区德外大街4号	网　　址	http://www.hep.edu.cn
邮政编码	100120		http://www.hep.com.cn
印　　刷	固安县铭成印刷有限公司	网上订购	http://www.landraco.com
开　　本	787 mm×1092 mm　1/16		http://www.landraco.com.cn
印　　张	18	版　　次	2014年8月第1版
字　　数	440千字	印　　次	2023年1月第3次印刷
购书热线	010-58581118	定　　价	46.30元

物 料 号　39878—00

前 言

本书是按高职高专建筑装饰工程技术专业的教学基本要求编写的，是编者数年的教学改革实践和市场调研创新的成果。

随着我国对高职高专教育教学不断重视和教学改革的实施，培养技能型高素质人才成为高职教学的根本任务。这就迫切地促使各专业和学科面临着以“工学结合”的项目化教学方法进行教学改革，以学生为主体、任务驱动的教学模式，创新教学理念和方法，在学中做、做中学，提高学生的学习热情和兴趣，进而提升教学质量。在此过程中教材也是课程改革中的一部分，也要逐步适用于工学结合的教学模式并且紧跟市场装饰材料变化更新的节奏。

本书体系编排科学，知识构架合理，基本理论与知识内容丰富，采用最新的标准、规范，是广大读者良好的学习工具。

本书以装饰材料基本常识为基础，以提高职业技能水平为目的，真正把工学结合、项目化教学模式思想融入教材编写思路，并深入课堂教学。

随着建筑装饰业的飞速发展，装饰材料也在不断更新、不断发展，新的品种层出不穷，琳琅满目。本书既对常用建筑装饰材料的分类、特点、性能、规格等方面进行细致讲解，又增加了市场出现的许多新型材料和环保材料的讲解。共分 14 章，第 1 章～第 13 章着重介绍建筑装饰材料的性能、特点及应用，在具体内容上较好地处理了与普通建筑材料的衔接与区别，强调装饰材料在装饰工程中的实际应用。第 14 章以实际的工程案例为依托，通过对于装饰材料基础知识的学习和识别认知，经过严谨的市场调研和实训操作，最终完成工程主要装饰材料的采购明细表，并完成选购任务，即掌握装饰材料识别与选购技能的能力，最终完成教学目标，培养学生的职业技能素质。

本书由黑龙江建筑职业技术学院尹颜丽和安素琴主编，黑龙江建筑职业技术学院许冠宇和吴刚任副主编，刘畅和王立南参编。尹颜丽编写第 6、7、9 章及第 14 章；安素琴编写第 1、2、3 章；许冠宇编写第 4、5、11 章；吴刚编写第 8、10 章；刘畅和王立南合编 12、13 章并承担了文本图片的编辑工作。本书承蒙有关兄弟院校老师提出许多宝贵的意见，在此表示深切的谢意。

由于时间仓促，水平有限，不妥与疏漏之处在所难免，诚恳地希望广大读者指正。

编者

2014 年 4 月

目 录

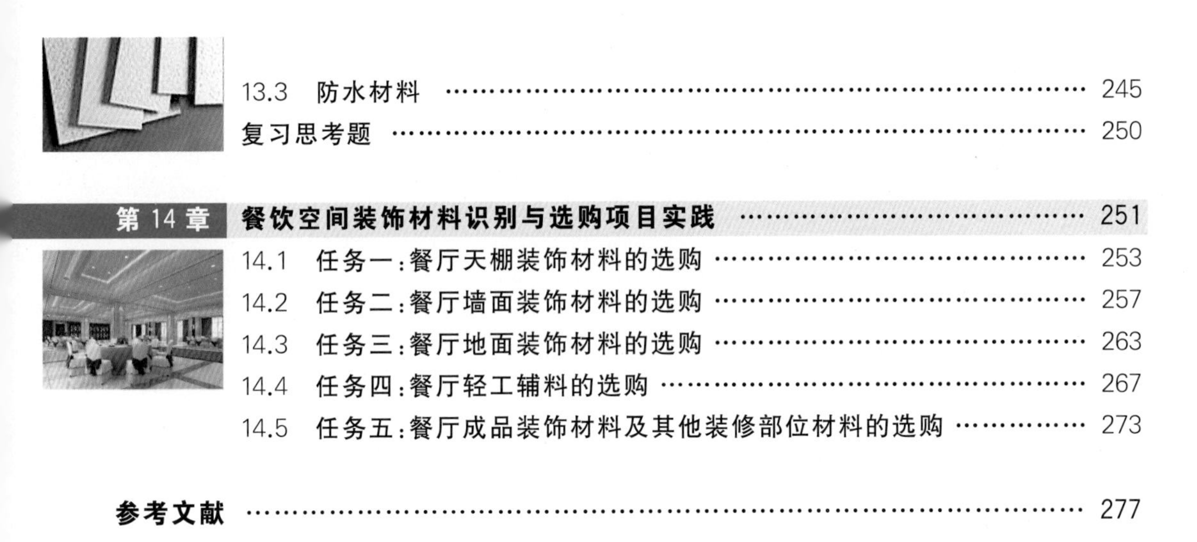

第1章 绪论

1.1 建筑装饰材料的地位、作用及发展

随着社会的发展，人们生活水平的提高，现代建筑不仅要满足人们物质生活的需要，还应作为艺术品给人们创造舒适的环境，不但要求具有良好的使用功能，还要求结构新颖、造型美观、立面丰富、环境清洁、优雅等。正因为如此，只有正确地选择和应用建筑装饰材料，才能最大限度地发挥材料本身的作用和功能，从而满足人们的需求。

建筑装饰材料是集材料、工艺、造型设计和美学于一体的材料。艺术家们很久以前就把设计美观、造型独特、色彩适宜的建筑称之为“凝固的音乐”。建筑装饰性的体现，很大程度上仍受到建筑装饰材料的制约，尤其受到材料的光泽、质地、质感、图案、花纹等装饰特性的影响。如北京的故宫、天坛和颐和园等古建筑以金碧辉煌、色彩瑰丽著称于世，这归功于各种色彩的琉璃瓦、熠熠闪光的金箔、富有玻璃光泽的孔雀石、银朱、青石等古代建筑装饰材料的点缀。现代高层建筑外墙面的装饰以玻璃幕墙和铝板幕墙的光亮夺目、绚丽多彩、交相辉映的特有效果向人们展示现代派的建筑风格(图 1－1－1)。因此，建筑装饰材料是建筑的重要物质基础。只有了解和掌握建筑装饰材料的性能、特点，按照建筑物及使用环境条件，合理选用装饰材料，才能更好地发挥每一种材料的长处，做到材尽其能、物尽其用，更好地表达设计意图。

北京故宫

北京天坛

故宫太和殿藻井

雅典帕提农神庙

香港中国银行大厦

巴黎卢浮宫

图 1－1－1 建筑装饰材料体现建筑风格

总之，建筑装饰材料在建筑工程中，占有十分重要的地位。在工业发达国家，建筑装饰工程的造价一般占建筑总造价的 1/3 以上，有的高达 2/3。选用时，要注意经济性、实用性、美化性的统一，这对降低建筑装饰工程造价、提高建筑物的艺术性，都是十分必要的。

近 20 年来，由于建筑业的快速发展，以及人们对物质和精神需求的不断增长，我国现代装饰材料迅猛发展，层出不穷，随着大量高级宾馆、饭店、酒楼、大型商场、体育场及艺术娱乐建筑的兴建，更加有力地促进了我国建筑装饰材料的发展(图 1－1－2)。随着科学技术的进步和建材工

业的发展，我国新型装饰材料将从品种上、规格上、档次上进入新的阶段，将来的发展方向应朝着功能化、复合化、系列化、规范化、环保化、节能化的方面发展。因此，研制轻质高强、耐久、防火、抗震、保温、吸声、防水及多功能复合型等性能好的建筑装饰材料是未来建筑装饰材料发展的趋向。

北京奥运会水立方——ETFE膜结构

北京奥运会鸟巢——钢结构

中央电视台——玻璃幕墙结构

图 1-1-2　现代建筑装饰材料

1.2 建筑装饰材料的分类

现代装饰材料的发展迅猛，种类繁多，更新换代很快。不同的装饰材料有不同的用途，性能也千差万别，装饰材料的分类方法很多，常见的分类有以下四种。

1. 按材料的材质性能分类

（1）有机高分子材料。如人造板材、塑料、有机涂料等（图 1-2-1）。

人造板材

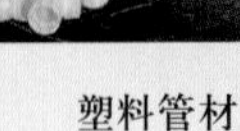

塑料管材

图 1-2-1　有机高分子材料

（2）无机非金属材料。如玻璃、天然花岗石、天然大理石、瓷砖、水泥等（图 1-2-2）。

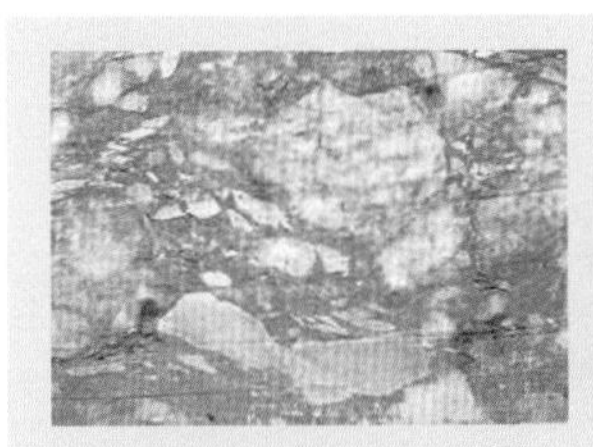

天然大理石

天然花岗石

陶瓷墙面砖

陶瓷马赛克

图 1-2-2　无机非金属材料

（3）金属材料。如铝合金、不锈钢、铜制品等（图 1－2－3）。

（4）复合材料。如人造大理石、彩色涂层钢板、铝塑板、真石漆等（图 1－2－4）。

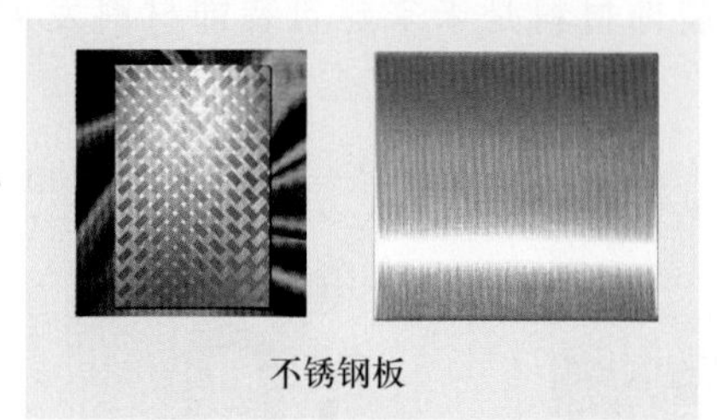

图 1－2－3　金属材料

图 1－2－4　复合材料

材料按材质性能分类详见表 1－2－1。

表 1－2－1　材料按材质性能分类

金属材料	黑色金属材料	普通钢材、不锈钢	
	有色金属材料	铝及铝合金、铜及铜合金、金、银	
非金属材料	无机材料	天然饰面石材	天然大理石、天然花岗石
		陶瓷装饰制品	釉面砖、彩釉砖、陶瓷锦砖
		玻璃装饰制品	吸热玻璃、中空玻璃、镭射玻璃、压花玻璃、彩色玻璃、空心玻璃砖、玻璃锦砖、镀膜玻璃、镜面玻璃
		石膏装饰制品	装饰石膏板、纸面石膏板、嵌装式装饰石膏板、装饰石膏吸声板、石膏艺术制品
		白水泥、彩色水泥	
		装饰混凝土	彩色混凝土路面砖、水泥混凝土花砖
		装饰砂浆	
		矿棉、珍珠岩装饰制品	
	有机材料	木材装饰制品	胶合板、纤维板、细木工板、旋切微薄木、木地板
		竹材、藤材装饰制品	
		装饰织物	地毯、墙布、窗帘类材料
		塑料装饰制品	塑料壁纸、塑料地板、塑料装饰板
		装饰涂料	地面涂料、外墙涂料、内墙涂料
复合材料	有机与无机复合材料	钙塑泡沫装饰吸声板、人造大理石、人造花岗石	
	金属与非金属复合材料	彩色涂层钢板	

2. 按材料的燃烧性分类

(1) A 级材料。具有不燃性，在空气中遇到火或在高温作用下不燃烧的材料，如花岗岩、大理石、玻璃、石膏板、钢、铜、瓷砖等。

(2) B1 级材料。具有很难燃烧性，在空气中受到明火或高温热作用时难起火、难微燃、难碳化，当火源移走后，已经燃烧或微燃烧立即停止的材料，如装饰防火板、阻燃墙纸、纸面石膏板、矿棉吸声板等。

(3) B2 级材料。具有可燃性，在空气中受到火烧或高温作用时立即起火或微燃，将火源移走后仍继续燃烧的材料，如木芯板、胶合板、木地板、地毯、墙纸等。

(4) B3 级材料。具有易燃性，在空气中受到火烧或高温作用时迅速燃烧，将火源移走后仍继续燃烧，如油漆、纤维织物等。

3. 按材料的使用部位分类

详见表 1－2－2。

表 1－2－2　材料按使用部位分类

部位	装饰位置	种类	材料名称
外墙装饰材料	包括外墙、阳台、台阶、雨篷等建筑物全部外露部位装饰所用材料	石质材料	天然花岗石、天然大理石、青石板 、文化石、人造石材
		陶瓷制品	陶瓷釉面砖、通体砖、抛光砖、玻化砖、仿古砖、陶瓷锦砖
		玻璃制品	幕墙玻璃、吸热玻璃、中空玻璃、玻璃马赛克
		水泥制品	普通水泥、白水泥、彩色水泥、装饰混凝土
		金属材料	铝合金、钛合金、不锈钢、铜、铁、彩色涂层钢板
		外墙涂料	外墙乳胶漆、石质漆
内墙装饰材料	包括内墙墙面、墙裙、踢脚线、隔断、花架等内部构造所用的装饰材料	石质材料	天然花岗岩、天然大理石、青石板、文化石、人造石材
		陶瓷制品	陶瓷釉面砖、通体砖、抛光砖、玻化砖、仿古砖、陶瓷锦砖
		玻璃制品	平板玻璃、磨砂玻璃、压花玻璃、夹层玻璃、钢化玻璃、中空玻璃、雕花玻璃、玻璃砖
		金属材料	铝合金、钛合金、不锈钢、铜 、铁、彩色涂层钢板
		装饰板材	微薄木装饰板材、装饰胶合板、金属装饰板、复合板、石膏板、矿棉板、软木板、装饰吸声板
		内墙涂料	内墙乳胶漆、石质漆
		墙纸墙布	纸面壁纸、塑料壁纸、纺织壁纸、天然壁纸、静电植绒壁纸、金属膜壁纸、人造皮革

续表

部位	装饰位置	种类	材料名称
地面装饰材料	指地面、楼面、楼梯等结构的全部装饰材料	石质材料	天然花岗岩、天然大理石、青石板、文化石、人造石材
		木质地板	实木地板、实木复合地板、复合木地板、竹地板、软木地板
		塑料地板	塑料方块地板、塑料地面卷材、橡胶地板
		陶瓷地砖	陶瓷釉面砖、通体砖、抛光砖、玻化砖、仿古砖、陶瓷锦砖
		地毯	纯毛地毯、化纤地毯、混纺地毯、橡胶地毯、剑麻地毯
		地面涂料	地板漆、环氧树脂地坪、聚醋酸乙烯地坪
顶棚装饰材料	指室内及顶棚装饰材料	塑料吊顶材料	PVC吊顶扣板、塑钙板、有机玻璃板、聚苯乙烯装饰板
		木质吊顶材料	实木龙骨、木芯板、微薄木装饰板、装饰胶合板、吸声纤维板、实木装饰板
		金属吊顶材料	铝合金轻钢龙骨、铝合金吊顶扣板、不锈钢吊顶板
		玻璃吊顶材料	镜面玻璃、磨砂玻璃、压花玻璃、夹层玻璃、钢化玻璃、烤漆玻璃、雕花玻璃
		矿物装饰板	石膏装饰板、矿棉装饰板、珍珠岩装饰板、玻璃棉装饰板
		顶面涂料	乳胶漆、石质漆

4. 按材料的商品形式分类

详见表1-2-3。

表1-2-3　材料按商品形式分类

种类	材料名称
装饰石材	天然花岗岩、天然大理石、人造石
陶瓷墙地砖	釉面砖、通体砖、抛光砖、玻化砖、仿古砖、陶瓷锦砖
骨架材料	木质骨架、轻钢骨架、合金骨架、型钢骨架、塑钢骨架
板材	木芯板、胶合板、薄木贴面板、纤维板、刨花板、人造装饰板、阳光板、吊顶扣板、有机玻璃板、泡沫塑料板、不锈钢装饰板、彩色涂层钢板、防火板、铝塑板、石膏板、矿棉装饰吸声板、水泥板、钢丝网架夹芯板
地板	实木地板、实木复合地板、强化复合木地板、竹木地板、塑料地板
壁纸	纸面壁纸、塑料壁纸、纺织壁纸、天然壁纸、静电植绒壁纸、金属膜壁纸、玻璃纤维壁纸、液体壁纸、特种壁纸
地毯	纯毛地毯、化纤地毯、混纺地毯、橡胶地毯、剑麻地毯
装饰玻璃	平板玻璃、磨砂玻璃、压花玻璃、雕花玻璃、彩釉玻璃、钢化玻璃、夹层玻璃、中空玻璃、玻璃砖
油漆涂料	清油、混油、清漆、调和漆、乳胶漆、真石漆、防锈漆、防火涂料、防水涂料、发光涂料、防霉涂料

续表

种类	材料名称
装饰线条	木线条、塑料线条、金属线条、石膏线条
五金配件	钉子、拉手、门锁、合页铰链、滑轨、开关插座面板
管线材料	电线、铝塑复合管、金属软管、PP-R管、PVC管
胶凝材料	水泥、白乳胶、强力万能胶、801胶水、硬质PVC塑料管胶黏剂、粉末壁纸胶、瓷砖胶黏剂、塑料地板胶黏剂、硅酮玻璃胶
装饰灯具	白炽灯、荧光灯、高压汞灯、氩气灯、LED灯、霓虹灯
卫生洁具	面盆、蹲便器、坐便器、浴缸、淋浴房、水龙头、水槽
电气设备	浴霸、热水器、空调、抽油烟机、整体橱柜

1.3 建筑装饰材料的技术性能

建筑装饰材料是用于建筑物表面、起装饰作用的材料，要求装饰材料具有如下的基本性能。

1. 材料的颜色

颜色是材料对光谱选择吸收的结果，反映了材料的光学特征。不同的颜色给人以不同的感觉，如红色、粉红色给人一种温暖、热烈的感觉，绿色、蓝色给人一种宁静、清凉、寂静的感觉（图 1-3-1），所以材料表面的颜色与材料光谱的吸收及观察者视觉对光谱的敏感性等因素有关。

图 1-3-1 卧室色彩设计

2. 材料的光泽

光泽是材料表面方向性反射光线的性质，也是材料表面的一种特性，用光泽度表示。它对形成于材料表面上的物体形象的清晰程度同样起着决定性的作用，在评定材料的外观时，其重要性仅次于颜色。材料表面越光滑，则光泽度越高。当为定向反射时，材料表面具有镜面特征，又称镜面反射。不同的光泽度，可改变材料表面的明暗程度，并可扩大视野或形成不同的虚实对比（图 1-3-2）。

图 1-3-2 大堂空间材质的光泽度

3. 材料的透明性

透明性是指光线通过物体所表现的穿透程度，既能透光又能透视的物体称为透明体，如普通玻璃、有机玻璃板等；可以透光但不透视的物体称为半透明体，如磨砂玻璃、透光云石等；不透光、不透视的物体为不透明体，如金属、木材等。利用不同的透明度可隔断或调整光线的明暗，根据需要，造成不同的光学效果，也可使物像清晰或朦胧（图 1－3－3）。

图 1－3－3 玻璃材质装修效果图

4. 材料的质感

质感是材料的表面组织结构、花纹图案、颜色、光泽、透明性等给人的一种综合感觉，各种材料在人的感官中有软硬、轻重、粗犷、细腻、冷暖等感觉，相同组成的材料表面不同可以有不同的质感，如普通玻璃与压花玻璃，镜面花岗石与剁斧石（图 1－3－4）。相同的表面处理形式往往具有相同或类似的质感，但有时也不尽相同，如人造大理石、仿木纹制品，一般均没有天然的花岗石和木材亲切、真实，虽然仿制的制品不真实，但有时也能达到以假乱真的效果。

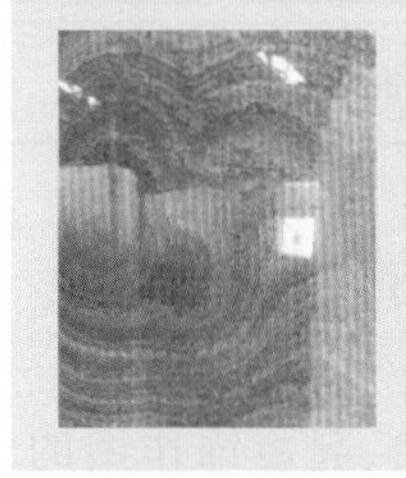

图 1－3－4 镜面花岗石与剁斧石质感对比

5. 材料的形状和尺寸

不同的设计风格对大理石板材、地毯、玻璃等装饰材料的形状和尺寸都有特定的要求和规定，给人带来空间大小和使用上是否舒适的感觉（图 1－3－5）。对于砖块、板材和卷材等装饰材料的形状和尺寸，表面的天然花纹、纹理及人造花纹或图案都有特定的要求和规格。设计人员在进行装饰设计时，一般要考虑到人体尺寸的需要，改变装饰材料的形状和尺寸，并配合花纹、颜色、光泽等，可拼镶出各种线型和图案，最大限度地发挥材料的装饰性，从而获得不同的装饰效果，以满足不同建筑形体和线型的需要。

图 1－3－5 地砖和墙砖不同的颜色、形状和尺寸

6. 材料的花纹图案

在材料上制作出各种花纹图案也是为了增加材料的装饰性，在生产或加工材料同时，可以利

用不同的工艺将材料的表面做成各种不同的表面组织，如粗糙或细致、光滑或凹凸、坚硬或疏松等；可以将材料的表面制作出各种花纹图案（图 1-3-6），如不锈钢表面的拉丝、圆圈等；也可以将材料本身拼镶成各种艺术造型，如拼花木门、拼花图案大理石等。

7. 材料的使用性能

材料表面抵抗污物作用并能保持其原有的颜色和光泽的性质称为材料的耐沾污性。材料表面易于清洗洁净的性质称为材料的易洁性，它包括在风、雨等作用下的易洁性及在人工清洗作用下的易洁性。良好的耐沾污性和易洁性是建筑装饰材料经久常新、长期保持其装饰效果的重要保证。用于地面、台面、外墙及卫生间、厨房等的装饰材料需考虑材料的耐沾污性和易洁性。材料的耐擦性实质是材料的耐磨性，分为干擦（称耐干擦性）和湿擦（称耐洗刷性）。耐擦性越高，则材料的使用寿命越长。

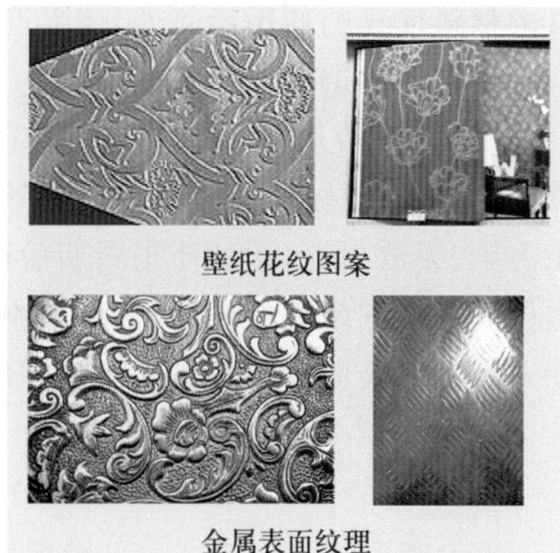

图 1-3-6　材料的花纹图案

总之，在选用建筑装饰材料时，除具有以上性质外，材料还应具有某些其他性质，如一定的强度、耐水性、耐火性、耐腐蚀性等。除此之外，还应考虑工程的环境、气氛、功能、空间、不同材料的恰当配合及经济合理等问题。

1.4　装饰材料的环保性能及可持续发展

建筑装饰材料是应用最广泛的建筑功能材料，深受广大消费者的关注。随着人们生活水平的提高和环保意识的增强，建筑装饰工程中不仅要求材料美观、耐用，同时更关注的是有无毒害、对人体的健康及环境的影响。

由于建筑装饰材料的使用直接与人们的日常生活密切相关，所以建筑装饰材料的环保问题特别为广大消费者所重视。中国环境标志产品认证委员会所制订的环境标志产品中，装饰材料占有比较大的份额；同时，为了全面加强建筑装饰材料使用的安全性，控制室内环境的污染，国家质量监督检验检疫总局于 2001 年底组织专家专门制订了 10 种室内装修材料的污染物控制标准，这 10 种材料主要包括：人造板、内墙涂料、木器涂料、胶黏剂、地毯、壁纸、家具、地板革、混凝土添加剂、有放射性的建筑装饰材料等。

图 1-4-1　绿色建材标志

1988 年，第一届国际材料科学研究会议又提出了绿色建材的概念。认为生态材料应是将先进性、环境协调性和舒适性融为一体的新型材料（图 1-4-1）。生态材料应具有三个特点：一是先进性，即能为人类开拓更为广阔的活动范围和环境；二是环境协调性，使人类的活动范围同外部环境尽可能协调；三是舒适性，使人类生活环境更为舒适。传统材料主要追求的是材料优异的使用性能，而生态环境材料除追求材料优异的使用性能外，还强调从材料的制造、使用、废弃直到再生的整个周期必须具备与生态环境的协调共存性以及舒适性。

1999年，在我国首届全国绿色建材发展与应用研讨会上提出绿色建材的定义，绿色建材是采用清洁生产技术，不用或少用天然资源和能源，大量使用工业或城市固态废弃物生产无毒害、无污染、无放射性，达到使用周期后可回收利用，有利于环境保护和人体健康的建筑材料。绿色建材的定义围绕原材料采用、产品制造、使用和废物处理四个环节，以实现对地球环境负荷最小和有利于人类健康两大目标，达到“健康、环保、安全和质量优良”四个目的。现阶段绿色建材的含义应包括以下几个方面：

(1) 以相对最低的资源和能源消耗、环境污染为代价生产高性能建筑材料；

(2) 能大幅度地减少建筑能耗(包括生产和使用过程中的能耗)的建材制品；

(3) 具有更高的使用效率和优异的材料性能，从而能降低材料的消耗；

(4) 具有改善居室生态环境和保健功能的建筑材料；

(5) 能大量利用工业废弃物的建筑材料。

本课程学习目的与方法

建筑装饰材料课程的教学目的，在于配合专业课程的教学，为建筑装饰设计和施工奠定良好的基础。为了掌握和正确地选用装饰材料，在学习时一是要着重了解各类材料的成分(组成)、性能和用途，其中首要的是了解材料的性能和特点，其他方面的内容均应围绕这个中心来进行学习；二是密切联系工程实际，建筑装饰材料是一门实践性很强的课程，学习时应注意理论联系实际，在学习期间应多到现场实习；三是运用对比的方法，通过对比各材料的组成和结构来掌握它们的性质和应用，特别是通过对比来掌握它们的共性和特征。

复习思考题

1. 什么是建筑装饰材料？它是怎样分类的？
2. 建筑装饰材料的作用是什么？
3. 在选择建筑装饰材料时，应考虑哪几个方面的问题？
4. 建筑装饰材料应具备哪些技能？

第 2 章 建筑装饰材料的基本性质

建筑装饰材料在建筑工程中，无论在安装、运输及使用过程中都不可避免地受到碰撞或承受一定外力的作用，而且装饰材料还要承受各种介质（如风、水、蒸汽、腐蚀性气体和流体等）的作用及各种物理作用（如温度差、湿度差、摩擦、压强等），因此，建筑装饰材料除必须具有良好的装饰效果外，还必须具有抵抗上述各种作用的能力。为保证建筑物的正常使用，对许多建筑装饰材料还要求具有一定的防水、防腐、防火、保温、吸声、隔声等性能。因此，掌握建筑装饰材料的基本性质是了解装饰材料知识，正确选择与合理使用建筑装饰材料的基础。

建筑装饰材料所具有的各项性质又是由于材料的组成、结构与构造等内部因素所决定的，所以了解其性质和组成是非常必要的。

2.1 建筑装饰材料的物理性质

2.1.1 材料与质量有关的性质

1. 密度

密度是指材料在绝对密实状态下，单位体积的质量。

2. 体积密度

体积密度材料是指在自然状态下，单位体积的质量（旧称容重）。

测定材料的体积密度时，材料的质量可以是在任意含水状态下的，但需说明含水情况。通常所指的体积密度是材料在气干状态下的，称为气干体积密度，简称体积密度。材料的体积密度除与材料的密度有关外，还与材料内部孔隙的体积有关，材料的孔隙率越大，则材料的体积密度越小。

3. 堆积密度

堆积密度是指粉块状材料在堆积状态下，单位体积的质量。

4. 密实度与孔隙率

密实度是指材料体积内被固体物质所充实的程度。

孔隙率是指材料中，孔隙体积所占整个体积的比例。

一般情况下，材料内部的孔隙率越大，则材料的体积密度、强度越小，耐磨性、抗冻性、抗渗性、耐腐蚀性、耐水性及其他耐久性越差，而保温性、吸声性、吸水性与吸湿性越强。上述性质不仅与材料的孔隙率大小有关，还与孔隙特征（如开口孔隙、闭口的孔隙、球形孔隙等）有关。几种常用建筑装饰材料的密度、体积密度见表2-1-1。

表2-1-1　几种常用建筑材料的密度、体积密度

材料名称	密度/(g/cm^3)	体积密度/(kg/m^3)
花岗石	2.6～2.9	2500～2800
碎石	2.6	2000～2600
普通混凝土	2.6	2200～2500
烧结普通砖	2.5～2.8	1600～1800
松木	1.55	380～700

续表

材料名称	密度/(g/cm³)	体积密度/(kg/m³)
钢材	7.85	7850
石膏板	2.60～2.75	800～1800

2.1.2 材料与水有关的性质

1. 亲水与憎水性

当材料与水接触时，有些材料能被水润湿；有些材料，则不能被水润湿。前者称材料具有亲水性，后者称材料具有憎水性。

2. 吸水性

吸水性是材料在水中吸收水分的性质。吸水性的大小以吸水率表示。在多数情况下，吸水率是按质量计算的，即质量吸水率，但是，也有按体积计算的，即体积吸水率(吸入水的体积占材料自然状态下体积的百分数)。多孔材料的吸水率一般用体积吸水率来表示。

体积密度小的材料，吸水性大。如木材的质量吸水率可大于100%，普通黏土砖的吸水率为8%～20%。吸水性大小与材料本身的性质，以及孔隙率的大小、孔隙特征等有关。

3. 吸湿性

材料在潮湿空气中吸收水分的性质，称为吸湿性。吸湿性的大小用含水率表示。含水率用材料所含水的质量与材料干燥时质量的百分比来表示。材料吸湿或干燥至空气湿度相平衡的含水率称为平衡含水率。材料在正常使用状态下，均处于平衡含水状态。

材料的吸湿性主要与材料的组成、孔隙含量，特别是毛细孔的特征有关，还与周围环境温湿度有关。

4. 耐水性

耐水性是指材料长期在饱和水作用下，保持其原有的功能，抵抗破坏的能力。对于结构材料，耐水性主要指强度变化，对装饰材料则主要指颜色、光泽、外形等的变化，以及是否起泡、起层等，即材料不同耐水性的表示方法也不同。

5. 抗冻性

抗冻性是指材料在吸水饱和状态下，在多次冻融循环的作用下，保持其原有的性能，抵抗破坏的能力。

材料孔隙率和开口孔隙越大(特别是开口孔隙率)则材料的抗冻性越差。材料孔隙中的充水程度越高，则材料的抗冻性越差。对于受冻材料，吸水饱和状态是最不利的状态。如陶瓷材料吸水饱和受冻后，最易出现脱落、掉皮等现象。

6. 抗渗性

抗渗性指材料抵抗压力水渗透的性质。

2.1.3 材料与热有关的性质

1. 导热性

导热性是指热量由材料的一面传至另外一面多少的性质。一般认为，金属材料、无机材料、晶体材料的导热系数λ分别大于有机材料、非晶体材料；孔隙率越大，导热系数越小，细小孔隙、闭口孔隙比粗大孔隙、开口孔隙对降低导热系数更为有利，因为减少或降低了对流传热；材料含水，会使导热系数急剧增加。

2. 耐燃性与耐火性

(1) 耐燃性。材料抵抗燃烧的性质称为耐燃性。耐燃性是影响建筑物防火和耐火等级的重要因素，《建筑内部装修设计防火规范》(GB 50222—2001)给出了常用建筑装饰材料的燃烧等级，见表2-1-2。材料在燃烧时放出的烟气和毒气对人体危害极大，远远超过火灾本身。因

表2-1-2 常用建筑内部装饰材料的燃烧性能等级划分(GB 50222—2001)

材料类别	级别	材料举例
各部位材料	A	花岗石、大理石、水磨石、水泥制品、混凝土制品、石膏板、石灰制品、黏土制品、玻璃、瓷砖、陶瓷锦砖(马赛克)、铜、铁、铝、铜合金等
顶棚材料	B1	纸面石膏板、纤维石膏板、水泥刨花板、矿棉装饰吸声板、玻璃棉装饰吸声板、珍珠岩装饰吸声板、难燃烧胶合板、难燃中密度纤维板、岩棉装饰板、难燃木材、铝箔复合材料、难燃酚醛胶合板、铝箔玻璃复合材料等
墙面材料	B1	纸面石膏板、纤维石膏板、水泥刨花板、矿棉板、玻璃棉板、珍珠岩板、难燃胶合板、难燃中密度纤维板、防火塑料装饰板、难燃双面刨花板、多彩涂料、难燃墙纸、难燃墙布、难燃仿花岗岩装饰板、氯氧镁水泥装配式墙板、难燃玻璃钢平板、PVC塑料护墙板、轻质高强复合墙板、阻燃模压木质复合板材、彩色阻燃人造板、难燃玻璃钢等。
	B2	各类天然木材、木制人造板、竹材、纸制装饰板、装饰微薄木贴面板、印刷木纹人造板、塑料贴面装饰板、聚酯装饰板、复塑装饰板、塑纤板、胶合板、塑料壁纸、无纺贴墙布、墙布、复合壁纸、天然材料壁纸、人造革等
地面材料	B1	硬PVC塑料地板、水泥刨花板、水泥木丝板、氯丁橡胶地板等
	B2	半硬质PVC塑料地板、PVC卷材地板、木地板、氯纶地毯等
装饰织物	B1	经阻燃处理的各类难燃织物等
	B2	纯毛装饰布、纯麻装饰布、经阻燃处理的其他织物等
其他装饰材料	B1	聚氯乙烯塑料、酚醛塑料、聚碳酸酯塑料、聚四氟氰胺甲醛塑料、脲醛塑料、硅树脂塑料装饰型材、经阻燃处理的各类织物等。另见顶棚材料和墙面材料中的有关材料
	B2	经阻燃处理的聚乙烯、聚丙烯、聚氨酯、聚苯乙烯、玻璃钢、化纤织物、木制品等

注：1. 安装在钢龙骨上的纸面石膏板，可作为A级装饰材料使用。

2. 当胶合板表面涂覆一级饰面型防火涂料时，作为B1级装饰材料使用。

3. 单位质量小于300 kg/m^{3}的纸质、布质壁纸，当直接粘贴在A级基材上时，可作为B1级装饰材料使用。

4. 施涂于A级基材上的无机装饰涂料，可作为A级装饰涂料使用。施涂于A级基材上，施涂覆比小于1.5 kg/m^{2}的有机装饰涂料，可作为B1级装饰材料使用；施涂于B1、B2级基材上时，应连同基材一起通过试验确定其燃烧等级。

5. 其他装饰材料系指窗帘、帷幕、床罩、家具包布等。

此，建筑内部装修时，应尽量避免使用燃烧放出大量浓烟和有毒气体的装饰材料。GB 50222—2001 对用于建筑物内部各部位的建筑装饰材料的燃烧等级做了严格的规定。

另外，国家还规定了下列建筑或部位室内装修宜采用非燃烧材料或难燃材料：

① 高级宾馆的客房及公共活动用房。

② 演播室、录音室及电化教室。

③ 大型、中型电子计算机房。

(2) 耐火性。耐火性是指材料抵抗高热或火的作用，保持其原有性质的能力。金属材料、玻璃等虽属于不燃性材料，但在高温或火的作用下在短时间内就会变形、熔融，因而不属于耐火材料。建筑材料或构件的耐火极限通常用时间来表示，即按规定方法，从材料受到火的作用时间起，直到材料失去支持能力、完整性被破坏或失去隔火作用的时间，以 h 或 min 计。如无保护层的钢柱，其耐火极限仅有 0.25 h。

3. 耐急冷急热性

材料抵抗急冷急热的交替作用，并能保持其原有性质的能力，称为材料的耐急冷急热性，又称材料的抗热震性或热稳定性。

许多无机非金属材料在急冷急热交替作用下，易产生巨大的温度应力而使材料开裂或炸裂破坏，如瓷砖、釉面砖等。

2.1.4 材料与声学有关的性质

1. 吸声性

吸声性是指材料在空气中能够吸声的能力。当声波传播到材料的表面时，一部分声波被反射，另一部分穿透材料，其余部分则传递给材料。对于多孔吸声材料，其吸声效果与下列因素有关：①材料的体积密度，对同一种多孔材料，其体积密度增大，低频吸声效果提高，而高频吸声效果降低；②材料的厚度，厚度增加，低频吸声效果提高，而对高频影响不大；③材料的孔隙特征，孔隙越多越细小、吸声效果越好，若孔隙太大，则效果就差。

2. 隔声性

声波在建筑结构中的传播主要通过空气和固体来实现，因而隔声分为隔空气声和隔固体声。

(1) 隔空气声。透射声功率与入射声频率的比值称为声透射系数 τ，该值越大则材料的隔声性能越差。材料或构件的隔声能力用隔声量 $R[R=10\lg(1/\tau)]$来表示。与声透射系数 τ 相反，隔声量 R 越大，材料或构件的隔声性能越好。对于均质材料，隔声量符合“质量定律”，即材料单位面积的质量越大或材料的体积密度越大，隔声效果越好，轻质材料的质量较小，隔声性较密实材料差。

(2) 隔固体声。固体声是由于振源撞击固体材料，引起固体材料受迫振动而发声，并向四周辐射声能。固体声在传播过程中，声能的衰减极少。弹性材料如木板、地毯、壁布、橡胶片等具有较高的隔固体声能力。

2.2 建筑装饰材料的力学性质

2.2.1 材料的强度

材料在外力作用下抵抗破坏的能力，称为材料的强度。建筑装饰材料受外力作用时，内部就产生应力。外力增加，应力相应增大，直至材料内部质点结合力不足以抵抗所作用的外力时，材料即发生破坏，此时的应力值，就是材料的强度，也称极限强度。根据外力作用形式不同，建筑装饰材料的强度有抗压强度、抗拉强度、抗弯强度及抗剪强度（图 2－2－1），此外还有断裂强度、剥离强度、抗冲击强度、耐磨性等。

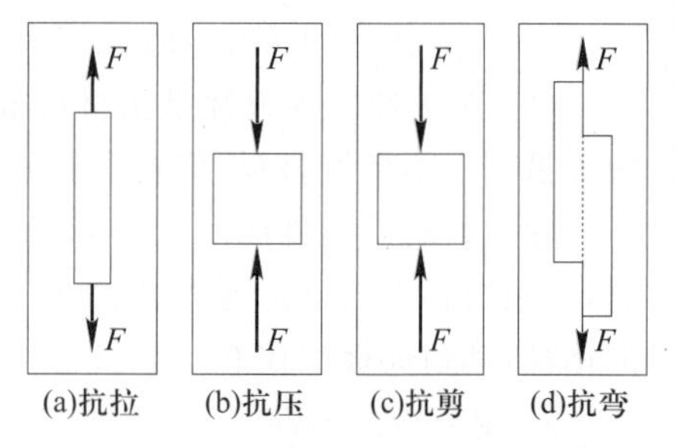

图 2－2－1　材料受外力作用示意图

2.2.2 强度等级、比强度

对于以强度为主要指标的材料，通常按材料强度值的高低划分成若干等级，称为强度等级（如混凝土、砂浆等用“强度等级”来表示）。比强度是材料强度与体积密度的比值。比强度是衡量材料轻质高强性能的一项重要指标，比强度越大，则材料的轻质高强性能越好。

2.2.3 硬度与耐磨性

硬度是材料抵抗较硬物体压入或刻划的能力。硬度的表示方法有布氏硬度（HBS、HBW）、肖氏硬度（HS）、洛氏硬度（HR）、韦氏硬度（HV）、邵氏硬度（HD、HA）和莫氏硬度，由于测试硬度的方法不同，所以表示材料的硬度就不同。

耐磨性是指材料表面抵抗磨损的能力，耐磨性用磨损率（N）表示。材料的耐磨性与硬度、强度及内部构造有关，材料的硬度越大，则材料的耐磨性越高，材料的磨损率有时也用磨损前后的体积损失来表示；材料的耐磨性有时也用耐磨次数来表示。地面、路面、楼梯踏步及其他受较强磨损作用的部位等，需选用具有较高硬度和耐磨性的材料。

2.2.4 弹性、塑性、脆性与韧性

（1）弹性。材料在外力作用下产生变形，外力取消后变形即行消失，材料能够完全恢复到原来形状的性质，称为材料的弹性。这种完全恢复的变形称为弹性变形。

（2）塑性。在外力作用下材料产生变形，在外力取消后，有一部分变形不能恢复，这种性质称为材料的塑性。这种不能恢复的变形称为塑性变形。

（3）脆性。指材料受力达到一定程度后突然破坏，而破坏时并无明显塑性变形的性质。混凝土、玻璃、砖、石材及陶瓷等属于脆性材料。它们抵抗冲击作用的能力差，但是抵抗强度较高。

（4）韧性。指材料在冲击、振动荷载的作用下，材料能够吸收较大的能量，同时也能产生一定的变形而不致破坏的性质。对用于桥梁地面、路面及吊车梁等材料，都要求具有较高的抗冲击韧性。

2.3 建筑装饰材料的耐久性

2.3.1 耐久性

材料长期抵抗各种内外破坏因素或腐蚀介质的作用，保持其原有性质的能力称为材料的耐久性。材料的耐久性是材料的一项综合性质，一般包括有耐磨性、耐擦性、耐水性、耐热性、耐光性、抗渗性、抗老化性、耐溶蚀性、耐沾污性等。

2.3.2 影响耐久性的主要因素

1. 外部因素

外部因素是影响耐久性的主要因素，外部因素主要有：

(1) 化学作用。包括各种酸、碱、盐及其水溶液，各种腐蚀性气体，对材料具有化学腐蚀作用。

(2) 物理作用。包括光、热、电、温度差、湿度差、干湿循环、冻融循环、溶解等，可使材料的结构发生变化，如内部产生微裂纹或孔隙率增加。

(3) 生物作用。包括菌类、昆虫等，可使材料产生腐蚀、虫蛀等而破坏。

(4) 机械作用。包括冲击、疲劳荷载、各种气体、液体及固体引起的磨损与磨耗等。

实际工程中，材料受到外界破坏因素往往是两种以上因素同时作用。金属材料常由化学和电化学作用引起腐蚀和破坏；无机非金属材料常由化学作用、溶解、冻融、风蚀、温差、湿差、摩擦等其中因素或综合作用而引起破坏；有机材料常由生物作用、溶解、化学腐蚀、光、热、电等作用而引起破坏。

2. 内部因素

内部因素也是造成装饰材料耐久性下降的根本原因。内部因素主要包括材料的组成、结构与性质。当材料的组成易溶于水或其他液体，或易与其他物质产生化学反应时，则材料的耐水性、耐化学腐蚀性较差；无机非金属脆性材料在温度剧变时，易产生开裂，即耐急冷急热性差；晶体材料较非晶体材料的化学稳定性高；当材料的孔隙率，特别是开口孔隙率较大时，则材料的耐久性往往较差。

复习思考题

1. 建筑装饰材料的体积密度增加时，其密度、强度、吸水率、抗冻性、导热性如何变化？
2. 什么是材料的亲水性和憎水性？
3. 什么是材料的耐水性？什么样的材料为耐水材料？
4. 什么是材料的耐久性？

第 3 章
建筑装饰石材

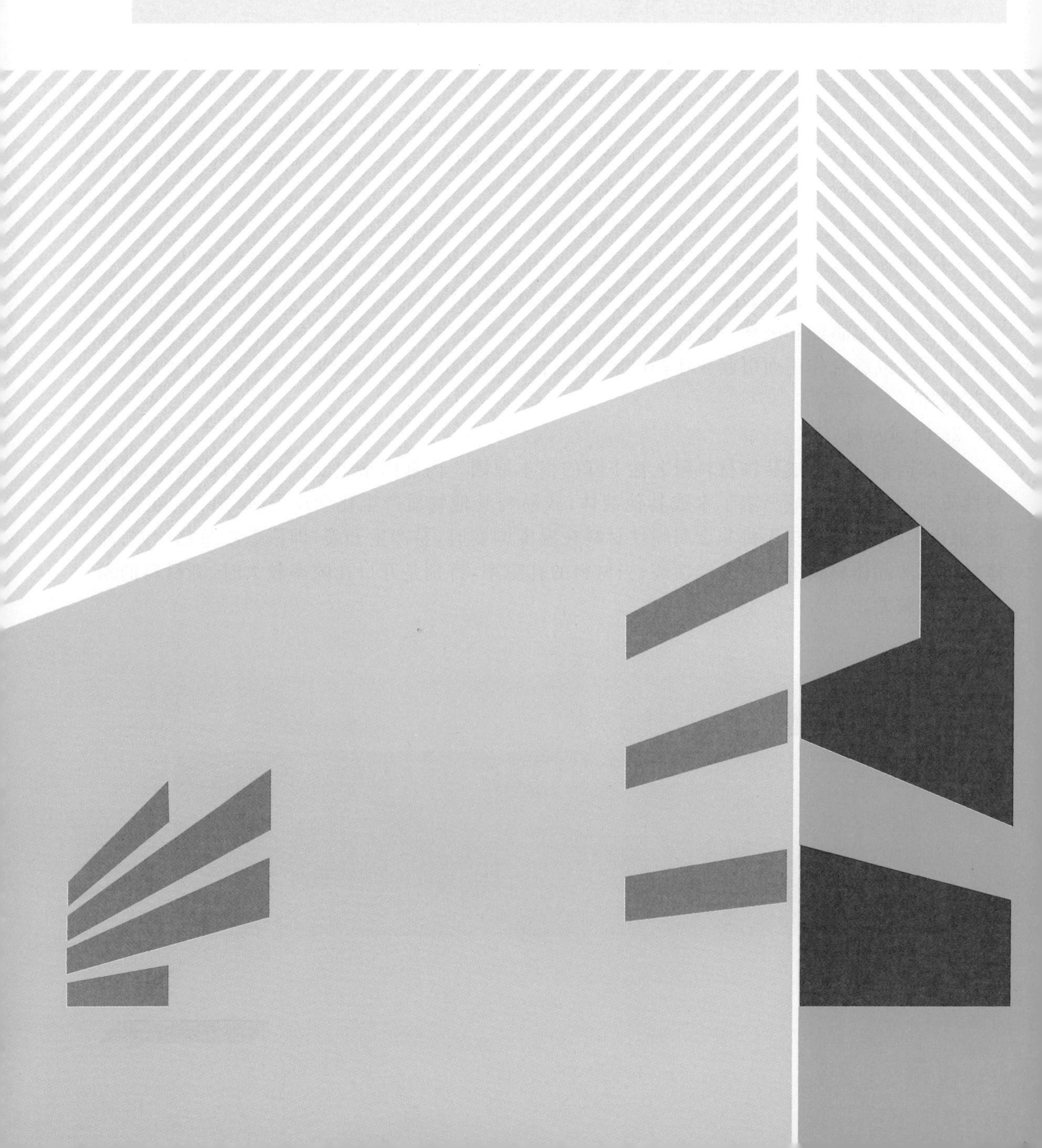

装饰石材包括天然石材和人造石材两类。天然石材是一种有悠久历史的建筑装饰材料，是人类历史上应用最早的建筑装饰材料之一，是高档建筑装饰选材的主导品类，它天然浑厚，华贵而坚实，但价格昂贵，安装工期长。国内著名的有秦汉时期的古长城、敦煌石窟、清朝的圆明园，国外著名的有古埃及的金字塔、希腊雅典卫城神庙等古代石材建筑（图 3-0-1）。天然石材作为结构材料来说，具有较高的强度、硬度和耐磨性、耐久性等优良性能；未经研磨和抛光处理的天然石材淳朴粗犷、古拙自然；抛光后的天然石材色泽鲜亮、高雅华贵，因此为各个时期的人们所青睐，被广泛应用于地面、墙面、柱面、楼梯踏步、建筑屋顶、栏杆、隔断、柜台、洗漱台等部位的装饰（图 3-0-2）。

中国长城

清朝圆明园

希腊雅典卫城神庙

图 3-0-1 古代建筑天然石材的应用

人民大会堂

北京首都博物馆

上海环球金融中心

图 3-0-2 现代建筑天然石材的应用

3.1 岩石与装饰石材的基础知识

3.1.1 岩石的定义及组成

1. 岩石的定义

岩石是地质作用的产物，是一种或几种矿物的集合体。它由矿物或玻璃颗粒按照一定的方式结合而成，具有一定的结构和构造特点。岩石是地壳和上地幔的物质基础，根据成因可分为岩浆岩（火成岩）、沉积岩和变质岩。

2. 天然石材中的造岩矿物及其特性

天然石材是从岩石中开采出来，未经加工或加工成块状或板状材料石材的统称。岩石由矿物组成，矿物是指在地质作用中所形成的具有一定化学成分和一定结构构造的单质化合物。组成岩石的矿物就成为造岩矿物，主要的造岩矿物见表 3-1-1。

表 3-1-1 主要的造岩矿物列表

名称	图片	晶形	颜色	分布情况	特点
石英		常呈他形粒状	无色透明、白色、乳白色、灰白半透明,常含少量杂质成分	常在浅色、红色花岗石中(除碱性岩外)。如厦门白、西丽红、石棉红等板材中常见;而黑色花岗石,如济南青、福鼎黑中则无。大理石中也偶有	强度高、材质坚硬耐久,呈现玻璃光泽,化学稳定性良好。但受热至 573 ℃以上时,晶体发生转变会产生开裂现象。石英含量多少是岩浆岩分类的重要根据之一,对饰面石材加工难易程度和光泽度都有很大影响
斜长石		板状、柱状	白或灰白色	广泛分布在岩浆岩和变质岩中,花岗岩中几乎都有它的成分,且多数含量较高	坚硬、强度高,耐久性不如石英,在大气中长期风化后成为高岭土、绢云母和方解石。斜长石是岩浆岩中最主要的造岩矿物
正长石		常呈短柱、厚板状	肉红色、浅黄红色、浅黄白色或白色	是酸性和碱性岩浆岩的主要成分,常见于花岗岩、正长岩和某些片麻岩中,浅色、红色花岗岩中含量高。如庐山红、石棉红、天全红、岑溪红、五莲红、杜鹃红中都有较多分布	红色花岗岩之所以呈红色,与钾长石关系密切,钾长石微氧化后析出带红色的三价铁,故岩石呈红色
方解石		板状、柱状、各种菱面体,集合体为粒状	无色或白色,含杂质时,有灰、黄、浅红、绿、蓝等色	为石灰岩、大理岩中主要矿物,也是所有大理石中的基本成分	强度高,但硬度不大,开光性好,耐久性仅次于石英、长石。易被酸分解,易溶于含二氧化碳的水,遇冷稀盐酸起泡
云石		菱面体、集合体多呈粒状、块状	纯者为白色,含铁时呈灰色;风化后呈褐色,含锰时略带淡红色	是组成白云岩的主要矿物,在灰岩、大理岩中仅次于方解石,因此也是大理石中的基本成分。在板岩中有时也较多	通常硬度稍大,在冷稀盐酸中反应缓慢,可与相似的方解石相区别

续表

名称	图片	晶形	颜色	分布情况	特点
普通辉石		呈短柱状，集合体常呈粒状或放射状	从白色、灰色或浅绿色到绿黑、褐黑以至黑色，随含铁量的增高而变深	济南青、珍珠黑、竹潭绿等花岗岩中都有广泛而多量分布，而浅色花岗岩中则少或无	
普通角闪石		呈长柱状，集合体呈粒状、纤维状、放射状等	绿色到黑色	在中性岩浆岩中有较多分布，是其中的最主要暗色矿物。在区域变质层中也有大量产出，如福建大白黑点花岗岩中的黑点	
橄榄石		呈短柱状，粒状集合体或呈散粒状分布于其他矿物颗粒间	黄绿色或灰黄绿色，随铁含量的增加，颜色可达深绿色至黑色	是组成上地幔的主要矿物，也是陨石和月岩的主要矿物成分	
黄铁矿		常呈立方体、八面体、五角十二面体，集合体呈致密块状、粒状或结核状	浅铜黄色，条痕绿黑色，强金属光泽	地壳中分布较广，常在浅色花岗石和大理石中，氧化后生成褐铁矿，产生锈斑，污染岩石，是饰面石材中的有害矿物。风化后留下空洞或黄斑	耐久性差

续表

名称	图片	晶形	颜色	分布情况	特点
菱镁矿		通常是柱状集合体,菱面体少见	白色或浅黄、灰白色,有时带淡红色调,含铁者呈黄至褐色、棕色	常在白云岩、白云灰质岩中,因此在白云石较多的大理石中易出现	
菱铁矿		菱面体,集合体呈粒状、块状或结核状	一般呈灰白或黄白色,风化后呈褐色、褐黑色	散布在灰岩、白云岩或大理岩中,因此大理石中也常出现,但含量不多,在氧化带易水解成褐铁矿,形成铁帽	

3.1.2 岩石的分类

根据形成的地质条件不同,岩石通常分成为岩浆岩、沉积岩和变质岩三大类。

1. 岩浆岩(火成岩)

岩浆岩又称火成岩,是由地壳下面的岩浆沿地壳薄弱地带上升侵入地壳或喷出地表后冷凝而成的(图 3-1-1)。依冷凝成岩时的地质环境的不同,将岩浆岩分为三类:

图 3-1-1 岩浆岩

(1) 喷出岩(火山岩)。岩浆喷出地表后冷凝形成的岩浆岩称为喷出岩。如流纹岩、安山岩、玄武岩等。

(2) 浅成岩。岩浆沿地壳裂缝上升至距地表较浅处冷凝形成的岩浆岩。由于岩浆压力小,温度下降较快,矿物结晶较细小。如花岗斑岩、正长斑岩、辉绿岩等。

(3) 深成岩。岩浆侵入地壳深处(约距地表 3 km)冷凝形成的岩浆岩。由于岩浆压力大,温度下降缓慢,矿物结晶良好。如花岗岩(图 3-1-2)、正长岩、辉长岩等。

图 3-1-2 花岗岩

2. 沉积岩

沉积岩是由原岩(即岩浆岩、变质岩和早期形成的沉积岩)经风化剥蚀作用而形成的岩石碎屑、溶液析出物或有机质等,经流水、风、冰川等作用搬运到陆地低洼处或海洋中沉积,在温度不高、压力不大的条件下,经长期压密、胶结、重结晶等复杂的地质过程而形成的。沉积岩在地壳表层分布甚广泛,约占地表面积的 70%。与火成岩相比,其特性是:结构致密性较差,密度较小,孔隙率及吸水率均较大，强度较低，耐久性也较差。

3. 变质岩

地壳中的原岩（包括岩浆岩、沉积岩和已经生成的变质岩），由于地壳运动、岩浆活动等所造成的物理和化学条件的变化，即在高温、高压和化学性活泼的物质（水气、各种挥发性气体和热水溶液）渗入的作用下，在固体状态下改变了原来岩石的结构、构造甚至矿物成分，形成一种新的岩石称为变质岩（图 3-1-3）。

图 3-1-3 变质岩

常见的变质岩可分成以下两类：

片理状岩类：有较明显的片理构造，如片麻岩、片岩、千枚岩、板岩等。

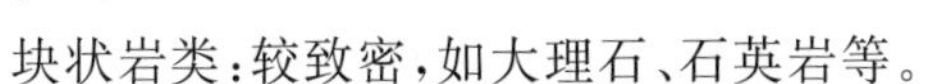

块状岩类：较致密，如大理石、石英岩等。

3.1.3 装饰石材的基础知识

1. 装饰石材的分类

石材主要分为天然石材和人造石材两大类。

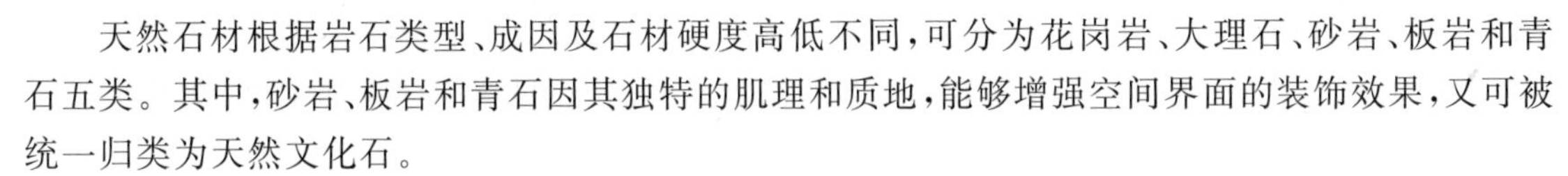

天然石材根据岩石类型、成因及石材硬度高低不同，可分为花岗岩、大理石、砂岩、板岩和青石五类。其中，砂岩、板岩和青石因其独特的肌理和质地，能够增强空间界面的装饰效果，又可被统一归类为天然文化石。

人造石材根据生产材料和制造工艺不同，可分为聚酯型人造石材、水泥型人造石材、复合型人造石材、烧结型人造石材和微晶玻璃型人造石材等；根据骨料不同，又可分为人造花岗岩、人造大理石和人造文化石等。

2. 装饰石材的技术性质

装饰石材的技术性质包括物理性质、力学性质和工艺性质。

（1）物理性质

① 表观密度。天然石材根据表观密度大小可分为：轻质石材，表观密度≤1 800 kg/m^3；重质石材，表观密度>1 800 kg/m^3。表观密度的大小常间接反映石材的致密程度与孔隙多少。在通常情况下，同种石材的表观密度愈大，则抗压强度愈高，吸水率愈小，耐久性好，导热性好。

② 吸水性。通常用吸水率表示石材吸水性的大小。石材的孔隙率越大，吸水率越大；孔隙率相同时，开口孔数越多，吸水率越大。例如花岗岩的吸水率通常小于 0.5%，致密的石灰岩吸水率可小于 1%，而多孔的贝壳石灰岩吸水率可高达 15%。

③ 耐水性。石材的耐水性以软化系数表示。岩石中含有较多的黏土或易溶物质时，软化系数则较小，其耐水性较差。

④ 抗冻性。石材的抗冻性，是指其抵抗冻融破坏的能力。其值是根据石材在水饱和状态下按规范要求所能经受的冻融循环次数表示。能经受的冻融循环次数越多，则抗冻性越好。石材抗冻性与吸水率有密切的关系，吸水率大的石材其抗冻性也差。根据经验，吸水率<0.5%的石材，则认为是抗冻的。

⑤ 耐热性。石材的耐热性与其化学成分及矿物组成有关。石材经高温后，由于热胀冷缩、体积变化而产生内应力或因组成矿物发生分解和变异等导致结构破坏。如含有石膏的石材，在

100 ℃以上时就开始破坏；由石英与其他矿物所组成的结晶石材，如花岗岩等，当温度达到 700 ℃以上时，由于石英受热发生膨胀，强度迅速下降。

(2) 力学性质

天然石材的力学性质主要包括抗压强度、冲击韧性、硬度及耐磨性等。

① 抗压强度。石材的抗压强度，以三个边长为 100mm 的立方体试块的抗压破坏强度的平均值表示。根据《砌体结构设计规范》(GB 50003—2011)的规定，石材共分九个强度等级：MU100、MU80、MU60、MU50、MU40、MU30、MU20、MU15 和 MU10。

② 冲击韧性。取决于岩石的矿物组成与构造。石英岩、硅质砂岩脆性较大。含暗色矿物较多的辉长岩、辉绿岩等具有较高的韧性。通常晶体结构的岩石较非晶体结构的岩石具有较高的韧性。

③ 硬度。取决于石材的矿物组成的硬度与构造。凡由致密、坚硬矿物组成的石材，其硬度就高。岩石的硬度以莫氏硬度表示。

④ 耐磨性。石材在使用条件下抵抗摩擦、边缘剪切及冲击等复杂作用的能力。石材的耐磨性包括耐磨损与耐磨耗两方面。凡是用于可能遭受磨损作用的场所，例如台阶、人行道、地面、楼梯踏步等和可能遭受磨耗作用的场所，例如道路路面的碎石等，应采用具有高耐磨性的石材。

(3) 工艺性质

石材的工艺性质，主要指其开采和加工过程的难易程度及可能性，包括加工性、磨光性与抗钻性等。

① 加工性。对岩石开采、锯解、切割、凿琢、磨光和抛光等加工工艺的难易程度。凡强度、硬度、韧性较高的石材，不易加工；质脆而粗糙，有颗粒交错结构，含有层状或片状构造，以及业已风化的岩石，都难以满足加工要求。

② 磨光性。石材能否磨成平整光滑表面的性质。致密、均匀、细粒的岩石，一般都有良好的磨光性，可以磨成光滑亮洁的表面。疏松多孔、有鳞片状构造的岩石，磨光性不好。

③ 抗钻性。石材钻孔时其难易程度的性质。影响抗钻性的因素很复杂，一般石材的强度越高、硬度越大，越不易钻孔。

由于用途和使用条件的不同，对石材的性质及其所要求的指标均有所不同。工程中用于基础、桥梁、隧道及石砌工程的石材，一般规定其抗压强度、抗冻性与耐水性必须达到一定指标。

建筑工程中常用天然石材的技术性能可参见表 3-1-2。

表 3-1-2 建筑中常用天然石材的性能及用途

名称	主要质量指标			主要用途
	项目		指标	
花岗岩	表观密度/(kg/m³)		2 500～2 700	基础、桥墩、堤坝、拱石、阶石、路面、海港结构、基座、勒脚、窗台、装饰石材等
	强度/MPa	抗压	120～250	
		抗折	8.5～15.0	
		抗剪	13～19	

续表

名称	主要质量指标			主要用途
	项目		指标	
花岗岩	吸水率/%		<1	
	膨胀系数/(10^{-6}/℃)		5.6～7.34	
	平均韧性/cm		8	
	平均质量磨耗率/%		11	
	耐用年限/年		75～200	
石灰岩	表观密度/(kg/m^3)		1 000～2 600	墙身、桥墩、基础、阶石、路面、石灰及粉刷材料的原料等
	强度/MPa	抗压	22.0～140.0	
		抗折	1.8～20	
		抗剪	7.0～14.0	
	吸水率/%		2～6	
	膨胀系数/(10^{-6}/℃)		6.75～6.77	
	平均韧性/cm		7	
	平均质量磨耗率/%		8	
	耐用年限/年		20～40	
砂岩	表观密度/(kg/m^3)		2 200～2 500	基础、墙身、衬面、阶石、人行道、纪念碑及其他装饰石材等
	强度/MPa	抗压	47～140	
		抗折	3.5～14	
		抗剪	8.5～18	
	吸水率/%		<10	
	膨胀系数/(10^{-6}/℃)		9.02～11.2	
	平均韧性/cm		10	
	平均质量磨耗率/%		12	
	耐用年限/年		20～200	
大理石	表观密度/(kg/m^3)		2 500～2 700	装饰材料、踏步、地面、墙面、柱面、柜台、栏杆、电气绝缘板等
	强度/MPa	抗压	47～140	
		抗折	2.5～16	
		抗剪	8～12	

续表

名称	主要质量指标		主要用途
	项目	指标	
大理石	吸水率/%	<1	
	膨胀系数/(10^{-6}/℃)	6.5～11.2	
	平均韧性/cm	10	
	平均质量磨耗率/%	12	
	耐用年限/年	30～100	

3.2 天然大理石

大理石是大理岩的俗称，是经过高温、高压的地质作用重新结晶而成的变质岩，常呈层状结构，属于中硬石材。大理石(图 3-2-1)色泽鲜艳、花纹美丽，有较高的抗压强度和良好的物理化学性能，资源分布广泛，易于加工。

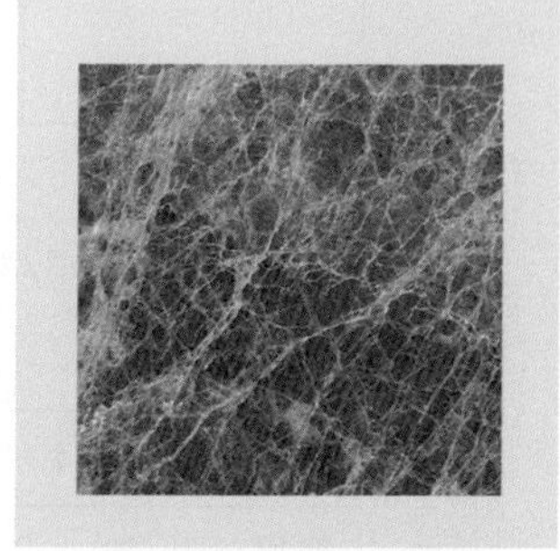

图 3-2-1　天然大理石

大理石在变质过程中混入了其他杂质，形成了不同的色彩(如含碳呈黑色、灰色，亚氯酸盐产生绿色，铁氯化物形成红色、黄色)，在形成过程中局部堆积形成纹理。所以大理石从外观特征上看具有条纹、点纹、云纹等纹理特征，颜色变化较多，深浅不一，并有多种光泽，形成大理石独特的天然美。大理石装饰板材大批量地进入建筑装饰行业，不仅用于豪华的公共建筑物，也进入了家庭装修，是理想的室内高级装饰材料。大理石还大量用于制造精美的家居用品，如大理石壁面、家具、灯具、烟具及艺术雕刻等(图 3-2-2)。

图 3-2-2　天然大理石的应用

3.2.1 天然大理石的特性

(1) 结构较均匀，质地较细腻，抗压强度较高(为 70～300 MPa)，吸水率低，不易变形，耐久、耐磨。

(2) 构造致密，属于中硬度石材，莫氏硬度为 3～4，易于锯解、雕琢。但在地面使用时，尽量不要选择大理石，磨光面易受损。

(3) 抗风化性差，不耐酸。由于大理石一般都含有杂质，尤其是含有较多的碳酸盐类矿物($CaCO_3$)，在大气中受硫化物及水汽的作用，容易发生腐蚀。腐蚀的主要原因是城市工业所产生的 SO_2 与空气中的水分接触生成亚硫酸、硫酸等所谓酸雨，与大理石中的方解石反应，生成二水硫酸钙(二水石膏)，体积膨胀，从而造成大理石表面强度降低、变色掉粉，很快失去光泽，变得粗糙多孔，影响其装饰性能。所以一般来讲，除个别品种(如汉白玉、艾叶青等)外，大理石不适用于室外的装饰装修。

(4) 装饰性、加工性好。大理石纹理斑斓、磨光后美丽典雅，是理想的装饰石材。浅色大理石的装饰效果庄重而清雅，深色大理石的装饰效果华丽而高贵。适用于室内墙面、柱面、地面、栏杆、楼梯踏步、窗台板、服务台电梯间、门脸等；也可以制造成工艺品，如花饰雕刻等；有少部分也用于室外装饰，但只可小面积，应作适当的处理(只可小面积点缀)。

3.2.2 天然大理石的主要品种

我国大理石矿产资源极为丰富。储量大，品种也多，其中不乏优质品种。据有关资料统计，山东、安徽、江苏、江西、云南、内蒙古、吉林、黑龙江等 24 个省、自治区中，天然大理石储藏量达 17 亿立方米，花色品种达到商业应用价值的有 400 多个，同时新的品种还在不断地被开发(图3-2-3)。

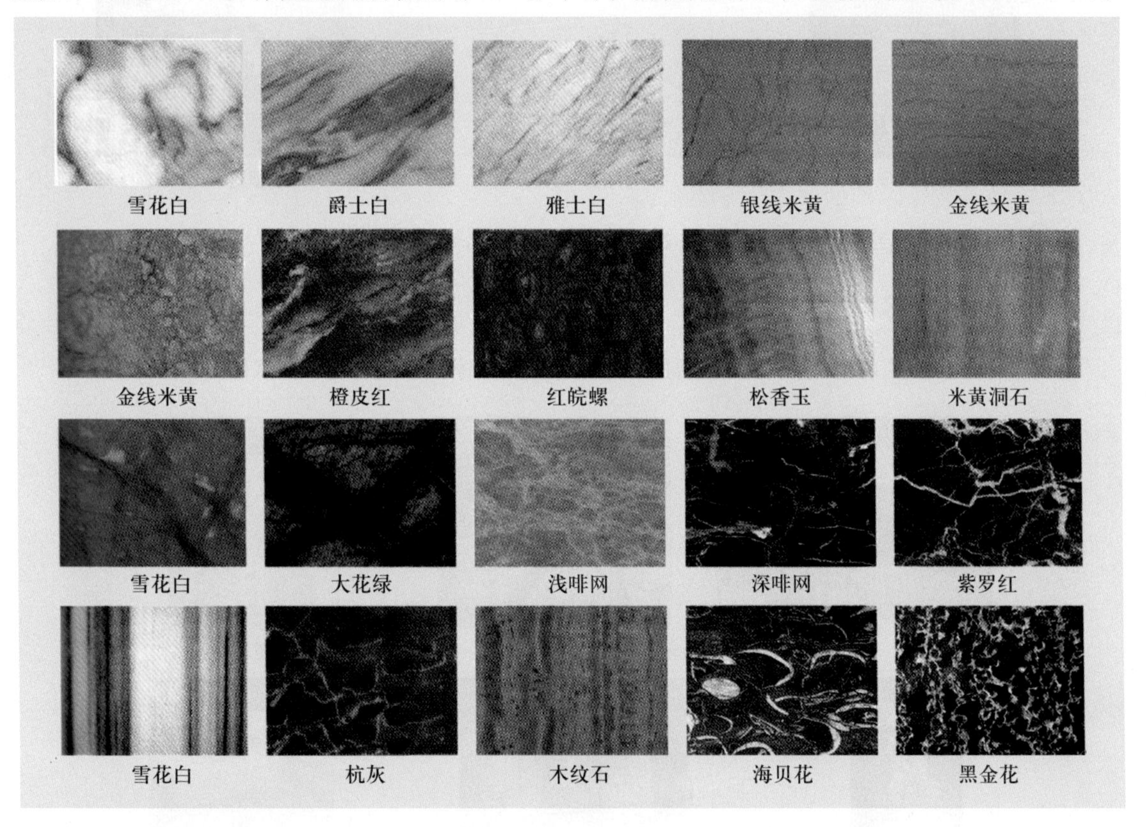

图 3-2-3 大理石主要品种

花色品种比较名贵的大理石有如下几种(图 3-2-4)：

白色系：北京房山汉白玉；安徽怀宁和贵池白大理石；河北曲阳和涞源白大理石；四川宝兴蜀

白玉；江苏赣榆白大理石；云南大理苍山白大理；山东平度和莱州雪花白等。

红色系：安徽灵璧红皖螺、橙夏红等。

黄色系：河南淅川的松香黄、松香玉、金线米黄、金花米黄等。

灰色系：浙江杭州的杭灰、云南大理的云灰等。

黑色系：广西桂林的桂林黑，湖南邵阳黑大理石、黑金花、海贝花等。

绿色系：辽宁丹东的丹东青等。

彩色系：按其花纹、色泽的不同，又分为“绿花”、“秋花”和“水墨花”三个品种。

北京房山汉白玉

云南大理云灰大理石

黑金花

“绿花”大理石

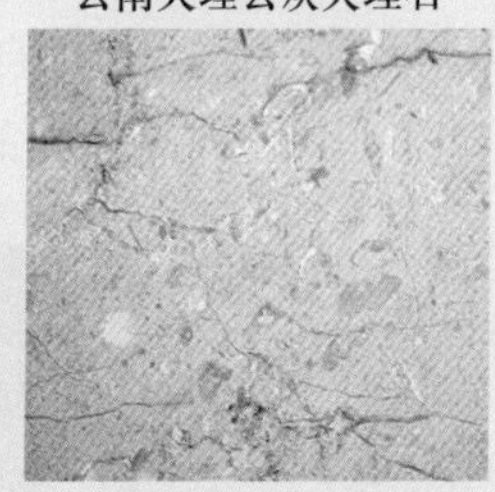

“秋花”大理石

“水墨花”大理石

图 3-2-4 天然大理石名贵花色

3.2.3 天然大理石装饰制品

天然大理石常见装饰制品有大理石脚线、柱头、浮雕、家具及艺术雕刻等(图 3-2-5)。

宙斯神庙的大理石柱头

大理石浮雕

大理石艺术雕塑

大理石壁炉

大理石家具

图 3-2-5 大理石装饰制品

3.2.4 天然大理石板材分类、等级和标记

1. 板材分类

天然大理石板材多为镜面板，按形状分为普型板(PX)、圆弧板(HM)和异型板(YX)。

2. 规格

国际和国内板材的通用厚度为 20 mm，亦称为厚板(图 3-2-6)。随着石材加工工艺的不断改进，厚度较小的板材也开始应用于装饰工程，常见的有 10 mm、8 mm、7 mm 等，亦称为薄板。天然大理石标准板材规格可参见表 3-2-1。

图 3-2-6 规格尺寸为 600 mm×600 mm×20 mm 的广西白大理石普型镜面板

表 3-2-1 天然大理石标准板材规格

mm

室内地面			室内墙面		
长	宽	厚	长	宽	厚
300	150	20	300	150	25
300	300	20	300	300	25
600	300	20	600	300	25
600	600	20	600	600	25
900	600	20	900	600	25
900	900	20	900	900	25
800	800	20	800	800	25

3. 质量等级和标记

根据《天然大理石建筑板材》(GB/T 19766—2005)，天然大理石板材分为优等品(A)、一等品(B)、合格品(C)三个等级。

GB/T 19766—2005 对大理石板材的命名和标记方法所作的规定如下：

板材命名顺序为：荒料产地地名、花纹色调特征描述、大理石代号(M)。

板材的标记顺序为：编号、类别(普型板 PX、圆弧板 HM)、规格尺寸(长度×宽度×厚度，单位 mm)、等级、标准号。

例如，标记为房山汉白玉大理石：M1101 PX 600×600×20 A GB/T 19766 的板材，表示该板材是用房山汉白玉大理石荒料加工的普型板材，规格尺寸为 600 mm×600 mm×20 mm，等级为优等品，GB/T 19766 为标准号。

4. 技术要求

(1) 规格尺寸允许偏差。普型板材规格尺寸的允许偏差应符合表 3-2-2 的规定。

表 3-2-2 天然大理石普型板规格尺寸允许偏差、平面度允许公差、角度允许极限公差(GB/T 19766—2005)

mm

等级	规格尺寸			平面度				角度	
	长、宽度	厚度		板材长度				板材长度	
		≤15	>15	≤400	400～800	800～1 000	≥1 000	≤400	>400
优等品	0～1.0	±0.5	+0.5～1.0	0.20	0.50	0.70	0.80	0.30	0.50
一等品	0～1.0	±0.8	+1.0～2.0	0.30	0.60	0.80	1.00	0.40	0.60
合格品	0～2.0	±1.0	±2.0	0.50	0.80	1.00	1.20	0.60	0.80

(2) 平面度允许公差。天然大理石板材的平面度是指板材表面用钢平尺所测得的平整程度,用钢平尺偏差的缝隙尺寸(mm)表示。平面度允许公差应符合表 3-2-2 的规定。

(3) 角度允许极限公差。角度偏差是指板材正面各角与直角偏差的大小。用板材角部与标准钢角尺间缝隙的尺寸(mm)表示。

测量时采用内角边长为 450 mm×400 mm 的 90°钢角尺,将角尺的长短边分别与板材的长短边靠紧,用塞尺测量板材长边与角尺长边间的最大间隙。当板材长边小于或等于 500 mm 时,测量板材的任一对对角;当板材的长边大于 500 mm 时,测量板材的四个角。以最大间隙的塞尺片读数表示板材的角度公差。角度允许公差应符合表 3-2-2 的规定。

拼缝板材,正面与侧面的夹角不得大于 90°。若大于 90°,板材拼镶时,板缝的宽度不易控制。

(4) 外观质量

① 花纹色调。同一批板材的色调应基本调和,花纹应基本一致。测定时将所选定的协议样板与被检板材并列平放在地面上,距板材 1.5 m 处站立目测。

② 缺陷。测定板材正面的外观缺陷时将板材平放在地面上,距板材 1.5 m 处明显可见的缺陷视为有缺陷;距板材 1.5 m 处不明显,但在 1 m 处可见的缺陷视为无缺陷。缺棱掉角的缺陷用钢直尺测量其长度和宽度。

③ 粘接和修补。大理石饰面板材在加工和施工过程中有可能由于石材本身或外界原因发生开裂、断裂。在开裂或断裂不严重的情况下,允许粘接或修补,要采用专门的胶黏剂以保证质量。同时,粘接或修补后不能影响板材的装饰效果和物理性能。

(5) 物理性能

① 镜面光泽度。大理石板材大部分需经抛光处理,抛光面应具有镜面光泽,能清晰地反映出景物。

② 物理力学指标。天然大理石板材为保证其质量,要求体积密度不小于 2.60 g/cm^3。吸水率不大于 0.75%,干燥状态下的抗压强度不小于 20.0 MPa,干燥或水饱和状态下的弯曲强度不小于 7.0 MPa。

3.3 天然花岗石

花岗岩俗称花岗石。花岗岩属于酸性结晶生成岩，是火成岩中分布最广的岩石，其主要矿物组成为长石、石英和少量的云母，主要的化学成分为 SiO_2，含量在 65%以上，所以花岗石构造致密、强度高、密度大、吸水率极低、材质坚硬、耐磨，属硬石材。

从外观特征看，花岗石常呈整体均粒状结构，称为花岗结构。品质优良的花岗石，石英含量高，云母含量少，结晶颗粒分布均匀，纹理呈斑点状，有深浅层次，构成该类石材的独特效果，这也是从外观上区别花岗石和大理石的主要特征。由于其硬度高、耐磨损，适用于除天花板以外的所有部位的装饰，也是露天雕刻材料的首选之一，是一种高级装饰材料（图 3-3-1）。

图 3-3-1 天然花岗石的应用

3.3.1 天然花岗石的特性

（1）构造致密，表观密度为 2 700～2 800 kg/m³；质地坚硬，抗压强度较高，为 100～230 MPa，耐磨性好；吸水率小，仅为 0.1%～0.3%；组织结构排列均匀规整，孔隙率小。

（2）化学稳定性好，抗风化能力强，耐腐蚀性能强，抗冻、耐久性高。有“石烂需千年”的美称。

（3）装饰性好，质感强。板材磨光后色泽质地庄重大方，形成色泽深浅不同的美丽斑点状花纹。花纹的特点是晶粒细小均匀，并分布着繁星般的云母亮点与闪闪发光的石英结晶。

（4）硬度大，开采困难。质脆，但受损后只是局部脱落，不影响整体的平直性。耐火性较差，由于花岗岩中含有石英类矿物成分，当燃烧温度达到 573～870 ℃时，石英发生晶型转变，导致石材爆裂，强度下降。因此，花岗岩的石英含量越高，耐火性能越差。

（5）放射性比较高。

3.3.2 天然花岗石常见品种

我国花岗石的资源极为丰富，储量大、品种多。山东、江苏、浙江、福建、北京、山西、湖南、黑龙江、河南、广东等地都有出产，花色品种有 300 多种。花色比较好的花岗岩列举如图 3－3－2 所示。国产花岗石的主要品种见表 3－3－1。

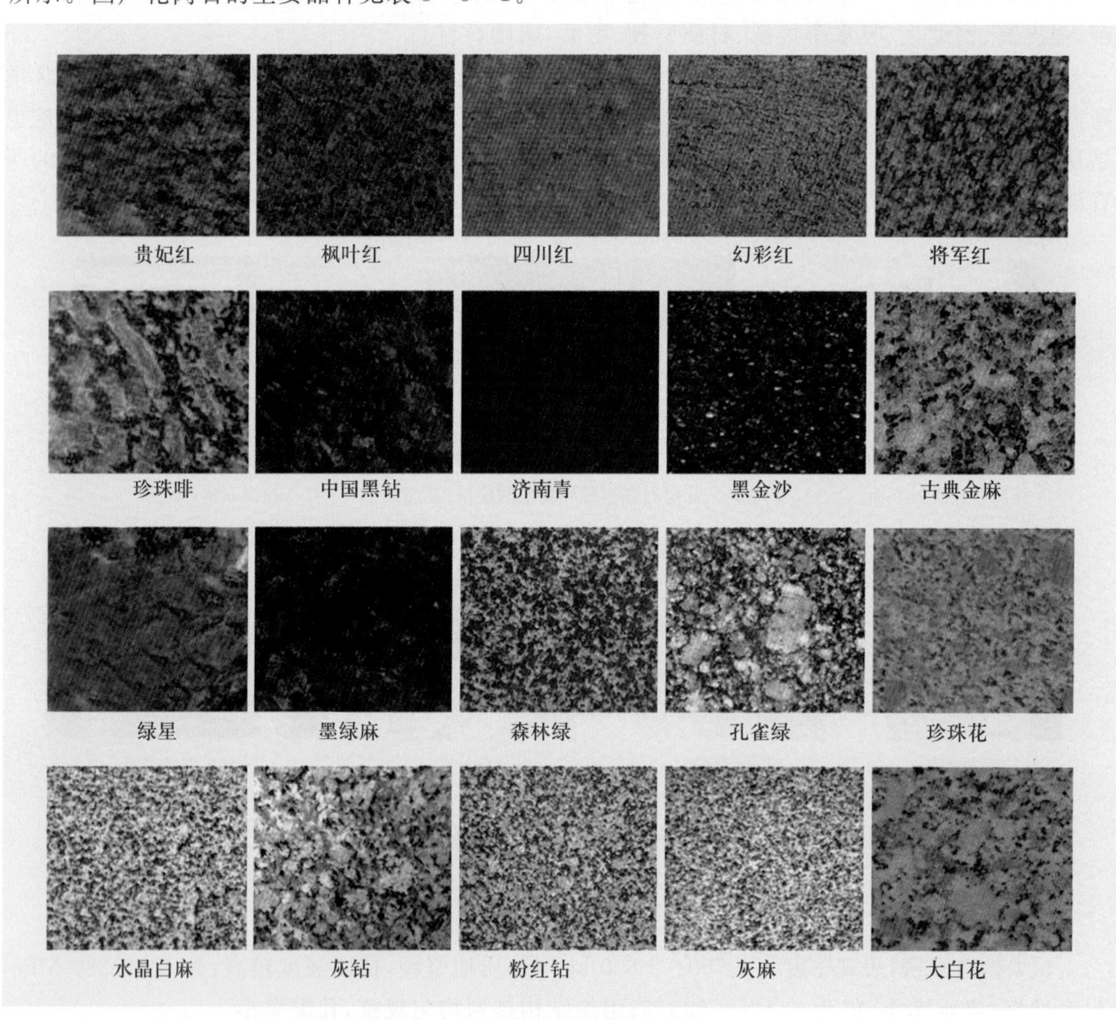

图 3－3－2 天然花岗石常见品种

表 3－3－1 国产花岗石的主要品种

品名	花色特征	产地
白虎涧	肉粉色带黑斑	北京市昌平区
将军红	黑色棕红浅灰间小斑块	湖北省
芝麻青	白底黑点	湖北省黄石市
济南青	纯黑色（辉长岩）	山东省济南市

续表

品名	花色特征	产地
莱州棕黑	黑底棕点	山东省掖县
莱州红	粉红底深灰点	山东省掖县
黑花岗石	黑色，分大、中、小花	山东省临沂县
泰安绿	暗绿色（花岗闪长岩）	山东省泰安市
莱州白	白色黑点	山东省掖县
莱州青	黑底青白点	山东省掖县
红花岗石	紫红色或红底起白花点	山东省，湖北省

在国际上，花岗石板材可分为三个档次：高档花岗石抛光板主要品种有巴西黑、非洲黑、印度红等（图 3-3-3），这一类产品主要特点是色调纯正、颗粒均匀，具有高雅、端庄的深色调；中档花岗石板材主要有粉红色、浅紫罗兰色、淡绿色等，这一类产品多为粗中粒结构，色彩均匀变化少；低档花岗石板材主要为灰色、粉红色等色泽一般的花岗石及灰色片麻岩等（图 3-3-4），这一类的特点是色调较暗淡、结晶粒欠均匀。

图 3-3-3 巴西黑、非洲黑、印度红天然花岗石

图 3-3-4 灰、白麻花岗石在室内墙面、地面上的应用

3.3.3 天然花岗石常见制品

天然花岗石常见装饰制品有花岗石脚线、柱基、浮雕、景观家具和雕塑等（图 3-3-5）。

花岗石桌椅

花岗石花钵

花岗石脚线

花岗石柱头

花岗石柱基

图 3-3-5 天然花岗石常见制品

3.3.4 天然花岗石板材的分类、规格、等级和标记

1. 分类

天然花岗石板材按形状可分为普型板材(PX)、圆弧板材(HM)和异型板材(YX)。按其表面平整加工程度可分为亚光板材(YG)、镜面板材(PL)、粗面板材(RU)三类。亚光板系饰面平整细腻,能使光线产生漫反射现象的板材。镜面板经粗磨、细磨抛光加工而成,表面平整光亮、色泽显明、晶体裸露。粗面板指饰面粗糙规则有序,端面锯切有序的板材,是经手工或机械加工,在平整的表面处理出不同形式的凹凸纹路,如具有规则条纹的机刨板,由剁斧人工凿切而成的剁斧板,经火焰喷烧处理表面而成的火烧板和用齿锤人工锤击而成的锤击板等。

2. 板材规格

天然花岗石板材的规格很多。细面和镜面板材的定型产品规格见表 3-3-2。非定型产品板材的规格由设计或施工部门与生产厂家商定。

表 3-3-2　天然花岗石板材定型产品规格　mm

室内地面			室内墙面		
长	宽	厚	长	宽	厚
300	150	20	300	150	25
300	300	20	300	300	25
600	300	20	600	300	25
600	600	20	600	600	25
900	600	20	900	600	25
900	900	20			
800	800	20			

当用于室外装饰时,常选用的规格为:1 067 mm×762 mm×20 mm;915 mm×610 mm×20 mm;610 mm×610 mm×20 mm。细面和镜面花岗石板材由于其材质的特点,一般都制成厚度为 20 mm 的厚板,厚度小于 10 mm 的薄板很少采用。

3. 等级和标记

(1) 等级。天然花岗石板材根据国家标准《天然花岗石建筑板材》(GB/T 18601—2009),毛光板按厚度偏差、平面度公差、外观质量分为优等品(A)、一等品(B)、合格品(C)三个等级;普型板按规格尺寸偏差、平面度公差,外观质量分为优等品(A)、一等品(B)、合格品(C)三个等级;圆弧板按规格尺寸偏差、直线度公差、线轮廓度公差、外观质量分为优等品(A)、一等品(B)、合格品(C)三个等级。

(2) 命名与标记。国家标准 GB/T 18601—2009 对天然花岗石板材的命名和标记方法所作的规定是:

名称:采用《天然石材统一编号》(GB/T 17670—2008)规定的名称或编号。

板材的标记顺序:名称、类别(毛光板 MG,普型板 PX,圆弧板 HM,异型板 YX,镜面板 JM,

细面板 YG,粗面板 CM)、规格尺寸、等级、标准号。

例如,用山东济南青花岗石荒料加工的 600 mm×600 mm×20 mm、普型、镜面、优等品板材表示为:

标记:济南青花岗石(G3701) PX JM 600×600×20 A GB/T 18601—2009。

3.3.5 天然花岗石板材的技术要求

1. 规格尺寸允许偏差

规格板的尺寸系列见表 3-3-3,圆弧板、异形板和特殊要求的普型板规格尺寸由供需双方协商确定。

表 3-3-3 规格板的尺寸系列 mm

边长系列	300[a]、305[a]、400、500、600[a]、800、900、1 000、1 200、1 500、1 800
厚度系列	10[a]、12、15、18、20[a]、25、30、35、40、50

注:a 表示常用规格。

普型板规格尺寸偏差应符合表 3-3-4 规定。其规格尺寸的量测方法和偏差的取值同大理石板材。异型板材规格尺寸允许偏差由供、需双方商定。

表 3-3-4 天然花岗石普型板规格尺寸允许偏差、平面度允许公差、圆弧板直线度与线轮廓度允许公差 mm

类别	等级	规格尺寸			平面度			角度		
		长、宽度	厚度		板材长度			直线度(按板材高度)		线轮廓度
			≤12	>12	≤400	400~800	≥800	≤800	>800	
镜面和细面板材	优等品	0~1.0	±0.5	±1.0	0.20	0.50	0.70	0.80	1.00	0.80
	一等品	0~1.0	±1.0	±1.5	0.35	0.65	0.85	1.00	1.20	1.00
	合格品	0~1.5	1.0~-1.5	±2.0	0.50	0.80	1.00	1.20	1.50	1.20
粗面板材	优等品	0~1.0	—	1.0~-2.0	0.60	1.20	1.50	1.00	1.50	1.00
	一等品	0~1.0		±2.0	0.80	1.50	1.80	1.20	1.50	1.50
	合格品	0~1.5		2.0~-3.0	1.00	1.80	2.00	1.50	2.00	2.00

2. 物理性能

(1) 镜面光泽度。含云母较少的天然花岗石具有良好的开光性,但含云母(特别是黑云母)较多的天然花岗石,因云母较软,抛光研磨时,云母易脱落,形成凹面,不易得到镜面光泽。GB/T 18601—2009 规定,天然花岗石镜面板材的镜面光泽度指标不应低于 80 光泽单位或按供需双方协商确定。

(2) 物理力学性能。天然花岗石建筑板材的物理力学性能应符合表 3-3-5 的规定;工程对石材物理性能项目及指标有特殊要求的,按工程要求执行。

表 3-3-5 天然花岗石建筑板材的物理性能

项目		技术指标	
		一般用途	功能用途
体积密度/(g/cm^3)，≥		2.56	2.56
吸水率/%，≤		0.60	0.40
压缩强度/MPa，≥	干燥	100	131
	水饱和		
弯曲强度/MPa，≥	干燥	8.0	8.3
	水饱和		
耐磨性[a]/(cm^{-3})，≥		25	25

注：a 表示使用在地面、楼梯踏步、台面等严重踩踏或磨损部位的花岗石石材应检验此项。

3. 放射性

天然花岗石建筑板材应符合《建筑材料放射性核素限量》(GB 6566—2010)的规定。天然石材中的放射性是引起人们普遍关注的一个问题。我国把天然饰面石材按放射性辐射强度划分为三个等级。

A 类石材：装修材料中天然放射性核素镭—226、钍—232、钾—40 的放射性比活度同时满足 $I_{Ra}\leqslant1.0$ 和 $I_r\leqslant1.3$ 要求的为 A 类装修材料。

B 类石材：不满足 A 类装修材料要求但同时满足 $I_{Ra}\leqslant1.3$ 和 $I_r\leqslant1.9$ 要求的为 B 类装修材料。B 类装修材料不可用于Ⅰ类民用建筑的内饰面，但可用于Ⅰ类民用建筑的外饰面及其他一切建筑物的内、外饰面。

C 类石材：不满足 A、B 类装修材料要求但满足 $I_r\leqslant2.8$ 要求的为 C 类装修材料。C 类装修材料只可用于建筑物的外饰面及室外其他用途，须限制其销售，也就是说 C 类石材只可用于户外。

3.4 文化石

文化石不是专指一种岩石，而是对一类能够体现独特建筑装饰风格的饰面石材的统称。文化石是天然石头的再制品，这类石材本身也不包含任何文化意义，而是利用其自然原始的色泽纹路、粗犷的质感、自然的形态展示出石材的内涵与艺术魅力。它最吸引人的特点是色泽纹理能保持自然原始风貌，加上色泽调配变化，能将石材质感的内涵与艺术性展现无遗，与人们崇尚自然、回归自然的文化理念相吻合，因此被人们统称为文化石或艺术石(图 3-4-1)。

文化石可分为天然文化石和人造艺术文化石。天然文化石从材质上分主要有两类：一类属沉积砂岩，一类属硬质板岩。人造文化石也是以天然文化石的精华为母本、以无机材料铸制而成的，模仿天然文化石的每一细微痕迹十分逼真、自然。

图 3-4-1 天然文化石在建筑上的应用

3.4.1 天然文化石

天然文化石开采于自然界的石材矿场，其中的板岩、砂岩、青石板，经过加工成为一种装饰建材。天然文化石材质坚硬、色泽鲜明、纹理丰富、风格各异，具有抗压、耐磨 、耐火、耐寒、耐腐蚀、吸水率低等特点。

1. 板岩

天然板岩拥有一种特殊的层状板理，它的纹面清晰如画，质地细腻致密，气度超凡脱俗，大自然的沧海桑田跃然石上，表达出一种返璞归真的情绪(图 3-4-2)。

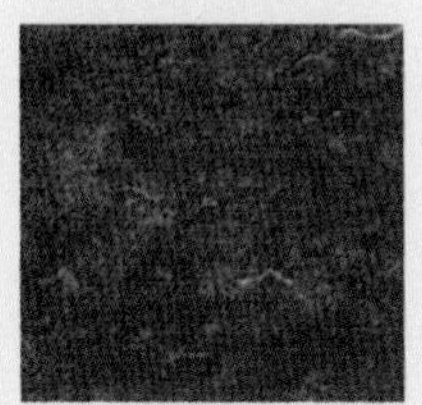

黑板岩

金锈岩

瓦板岩

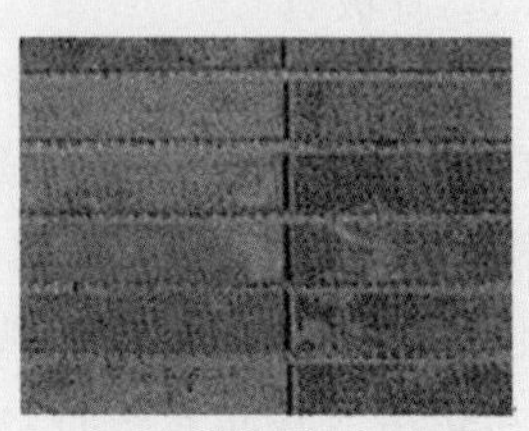

锈板岩

锈板——锈板有粉锈、水锈、玉锈、紫锈等类型，色彩绚丽，图案多变，每一块都是绝无仅有的。

瓦板——天然瓦板是板岩层状片的极致，仅有几个毫米的厚度，轻薄而坚韧。

图 3-4-2 板岩

(1) 矿物成分。由黏土页岩(一种沉积岩)变质而成的变质岩，其矿物成分为颗粒很细的长石、石英、云母和黏土。

(2) 外观特征。板岩具有片状结构，易于分解成薄片，获得板材。结构致密、质地细腻，是一种亚光饰面石材。板岩有黑、蓝黑、灰、蓝灰、紫等色调，是一种优良的极富装饰性的饰面石材(图 3-4-3)。

欧美别墅屋顶

室内墙面

板岩饰面板在欧美大多用于覆盖斜屋面以代替其他屋面材料。近些年也常用作非磨光的外墙饰面，常做成面砖形式，厚度为5～8 mm，长度为300～600 mm，宽度为150～250 mm。

图 3-4-3 板岩的应用

(3) 技术特征。板岩质地坚密、硬度较大；耐水性良好，在水中不易软化；耐久，寿命可达数十年至上百年。其缺点是自重较大，韧性差，受振时易碎裂，且不易磨光。

2. 砂岩

砂岩的表面和纹理有一种原始的气息，似大漠起伏的沙丘，似海边平缓的沙滩。它是整体和谐与细部变化的完美结合。砂岩色彩分明，白如冰雪，黄若细沙，红胜岩浆，好比它磨砺亿年的沉稳性格，庄重、典雅(图 3-4-4)。

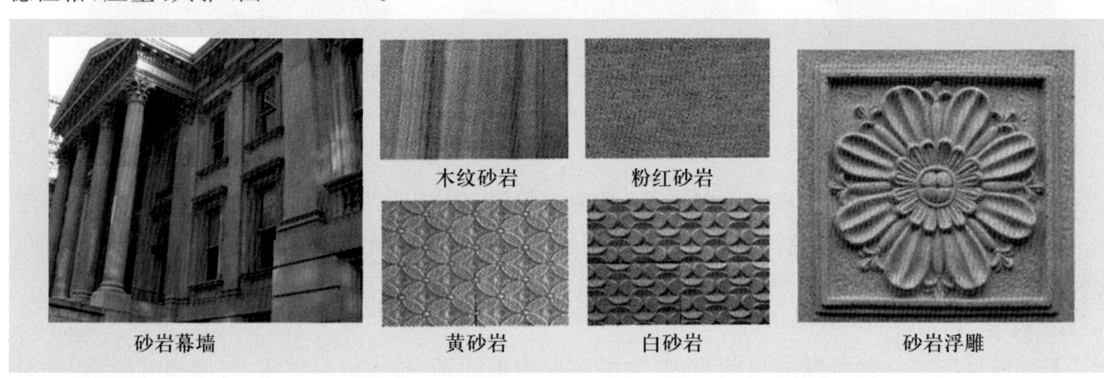

图 3-4-4 砂岩的应用

3. 青板石

青板石系水成沉积岩，属板石类中的一种，主要矿物成分为 $CaCO_3$，材质软、易风化，其风化程度及耐久性随岩体埋深情况差异很大。如青板石处于地壳表层，埋深较浅，风化较严重，则岩石呈片状，易撬裂成片状青板石，可直接应用于建筑；如岩石埋藏较深，则板块厚，抗压强度(可达 210 MPa)及耐久性均较理想，可加工成所需的板材，这样的板材按表面处理形式可分为毛面(自然劈裂面)青板石和光面(磨光面)青板石两类(图 3-4-5)。

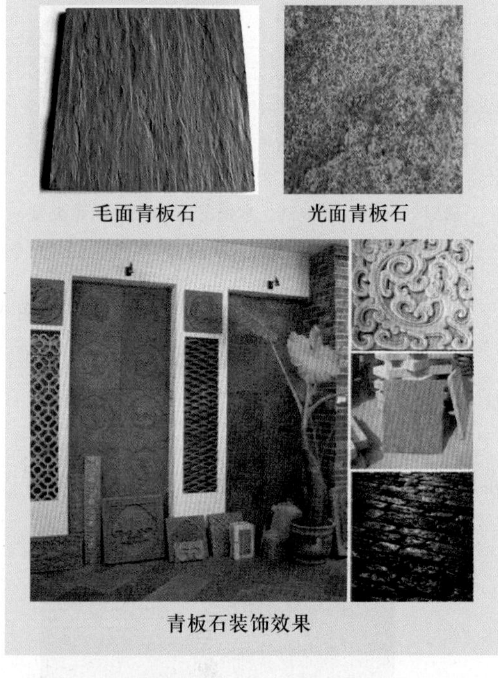

图 3-4-5 青板石

4. 蘑菇石

蘑菇石具有古城堡墙石的造型，凝重而又奔放，粗犷的外表极富立体感，给人带来怀旧的情愫。蘑菇石是由人工精心打造而成的，色彩可以任意调配，纹路也可以自由奔走，因此，整体效果别具一格(图 3-4-6)。

5. 雨花石

天然雨花石采集于河床，色彩斑斓，纹理迷人。人造雨花石由大块石料机械破碎、再经磨洗去锐成钝而成，色泽艳丽，遇水更显五彩缤纷。雨花石颗颗珠圆玉润，像一个个音符堆砌出一支流动的建筑乐章(图 3-4-7)。

图 3-4-6 蘑菇石板

图 3-4-7 天然雨花石与人造鹅卵石

6. 条石

为形状、厚度、大小不一的条状石板，主要用堆砌的方法，层层交错叠垒，叠垒方向可水平、竖直或倾斜，可组合成各种粗犷、简单的图案和线条。其断面可平整，也可参差不齐。其特点就是随意层叠而不拘一格（图 3-4-8）。

7. 乱形石板

乱形石板分为规则乱形石板和非规则的平面乱形石板。前者为大小不一的规则形状，如三角形、长方形、正方形、菱形等，用于地面装饰；后者多为规格不一的直边乱形（如任意三角形、任意多边形）和随意边乱形（如自然边、曲边、齿边等）。乱形石可以是单色，也可以为多色。乱形石板的表面可以是粗面或自然面，也可以是磨光面。多用于墙面、地面、广场路面等的装饰（图 3-4-9）。

图 3-4-8 条石

图 3-4-9 天然板岩乱形石与人造乱形石

8. 石材马赛克

石材马赛克是将天然石材开解、切割、打磨成各种规格、形态的马赛克块拼贴而成的，是最古老和传统的马赛克品种。最早的马赛克就是用小石子镶嵌、拼贴而成的。石材马赛克具有纯天然的质感和天然石材的纹理，风格古朴、高雅，是马赛克家族中档次最高的种类。根据其处理工艺的不同，有亚光面和亮光面两种形态，规格有方形、条形、圆角形、圆形和不规则平面、粗糙面等（图 3-4-10）。

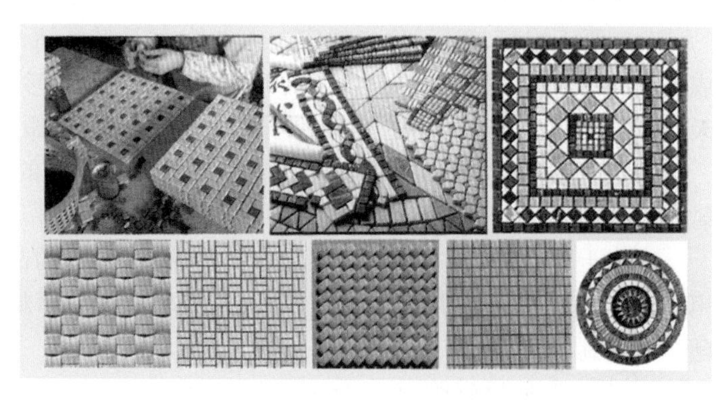

图 3-4-10 石材马赛克

3.4.2 人造文化石

人造文化石是采用硅钙、石膏等材料精制而成的。它模仿天然石材的外形纹理，具有质地轻、色彩丰富、不霉、不燃、经久耐用、绿色环保、便于安装等特点。

人造文化石应用于别墅，多层、高层公寓，以及度假村、宾馆、园林、庭院、高尔夫球场、酒吧、咖啡厅、文化娱乐场所、家庭居室大厅等建筑内外墙的装饰。适合北美、欧式、中式、地中海、西班牙等各类风格的建筑(图 3－4－11)。

图 3－4－11 人造文化石

3.5 人造饰面石材

人造饰面石材是采用无机或有机胶凝材料作为黏结剂，以天然砂、碎石、石粉或工业渣等为粗、细填充料，经成形、固化、表面处理而成的一种人造材料。

1. 人造石材的特点

(1) 质量轻、强度大、厚度薄。某些种类的人造石材体积密度只有天然石材的$\frac{1}{2}$，强度却较高，抗折强度可达 30 MPa，抗压强度可达 110 MPa。人造饰面石材厚度一般小于 10 mm，最薄的可达 8 mm。通常不需专用锯切设备锯割，可一次成形为板材。

(2) 色泽鲜艳、花色繁多、装饰性好。人造石材的色泽可根据设计意图制作，可仿天然花岗石、大理石或玉石，色泽花纹可达到以假乱真的程度。人造石材的表面光泽度高，某些产品的光泽度指标可大于 100，甚至超过天然石材。

(3) 耐腐蚀、耐污染、易清洁。天然石材或耐酸或耐碱，而聚酯型人造石材，既耐酸也耐碱，并且人造石材表面没有空隙，油污、水渍不易渗入，因此对各种污染具有较强的耐污力。

(4) 便于施工、搬运，价格便宜。人造饰面石材可钻、可锯、可黏结，加工性能良好。还可制成弧形、曲面等天然石材难以加工的几何形状。一些仿珍贵天然石材品种的人造石材价格只有天然石材的几分之一。人造石材的厚度较天然石材薄，搬运方便。

(5) 环保、无放射。人造石材的成本只有天然石材的十分之一，主要原料是天然石粉，无放射性，完全是废物再利用，是目前最理想的绿色环保材料。

除以上优点外，人造石材还存在着一些缺点，如有的品种表面耐刻划能力较差，某些板材使用中发生翘曲变形等，随着对人造饰面石材制作工艺、原料配比的不断改进、完善，这些缺点和问题是可以逐步克服的。

2. 人造石材的分类

按材质可分为水泥型人造石材、聚酯型人造石材、复合型人造石材、烧结型人造石材、微晶玻璃型人造石材等。

按仿天然石材类型可分为人造花岗岩、人造大理石(含人造玉石)、水磨石制品、人造艺术石等。

3.5.1 水泥型人造饰面石材(水磨石板)

这种人造石材是以各种水泥(硅酸盐水泥、白色或彩色硅酸盐水泥、铝酸盐水泥等)为胶凝材料,天然砂为细骨料,碎大理石、碎花岗岩、工业废渣等为粗骨料,经配料、搅拌、成形、加压蒸养、磨光、抛光而制成。这种人造石材成本低,但耐酸腐蚀能力较差,若养护不好,易产生龟裂。

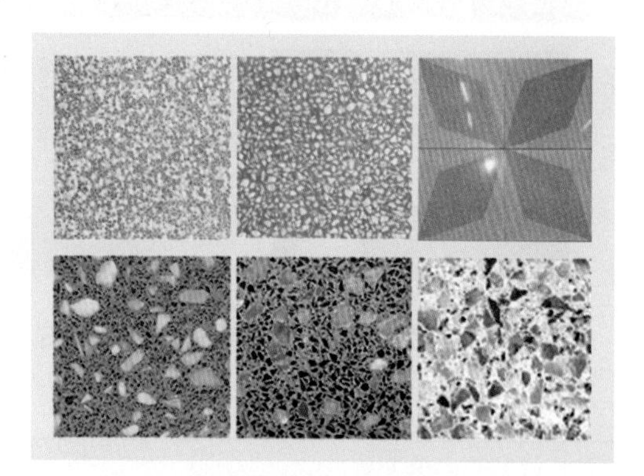

图 3-5-1 水磨石

1. 水磨石板的特点

水磨石板结构致密,强度较高,坚固耐用,花纹、颜色和图案都可以任意配制,花色品种多,在施工时可以根据要求组成各种图案,装饰效果较好,施工方便,价格较低(图 3-5-1)。

2. 水磨石板的用途

建筑水磨石板的生产已经实现了工业化、机械化、系列化,而且花色也可根据要求随意配制,是建筑装饰工程中广泛使用的一种物美价廉的材料。建筑水磨石板可以预制成各种形状的制品和板材,也可在现场浇筑,用于建筑物的地面、墙面、柱面、窗台、台阶、踢脚和踏步等处(图 3-5-2)。

图 3-5-2 水磨石地面

3.5.2 聚酯型人造饰面石材

这种人造石材多是以不饱和聚酯为胶凝材料,配以天然大理石、花岗石、石英砂或氢氧化铝等无机粉状、粒状填料,经配料、搅拌、浇筑成形,在固化剂、催化剂作用下发生固化,再经脱模、抛光等工序制成。

1. 聚酯型人造饰面石材的特点

装饰性好,可以达到与天然石材以假乱真的装饰效果(图 3-5-3)。强度高,耐磨性好。生产工艺简单、加工性好。但耐热性、耐候性差。其使用温度不宜太高,一般不得高于 200℃。这种石材在大气中光、热、电等的作用下会产生老化,板材表面会逐渐失去光泽,甚至会出现变暗、翘曲等质量问题,装饰效果随之降低,所以聚酯型人造石材一般用于室内。

2. 聚酯型人造饰面石材的应用

聚酯型人造石材是一种不断发展的室内外装饰材料,人造大理石和人造花岗石可用作室内墙面、柱面、壁画、建筑浮雕等处装饰,也可用于制作卫生洁具,如浴缸、带梳妆台的整体台式洗面盆、立柱式脸盆、坐便器等;人造玛瑙石和人造玉石可用于制作工艺壁画、装饰浮雕、立体雕塑等各种人造石材工艺品(图 3-5-4)。常见聚酯型人造石的品种及规格如表 3-5-1 所示。

图 3-5-3 聚酯型人造饰面石材

图 3-5-4 聚酯型人造石材的透光效果图

表 3-5-1 聚酯型人造石的品种及规格

品种	品名	规格/mm			备注
		长	宽	厚	
人造大理石板	红五花石	450	450	8～10	种类规格较多，花色特征均仿天然大理石
	蔚蓝雪花	800	800	15～20	
	絮状墨碧	600	600	10～12	
	栖霞深绿	700	700	12～15	
人造花岗岩板	奶白	1730	890	12	图案和色彩多样
	麻花	1730	890	12	
	彩云	1730	890	12	
	贵妃红	1730	890	12	
	锦黑	1730	890	12	
人造玉石板	白云紫	400	400	10	白色
	天蓝红	400	400	10	蓝红色
	芙蓉石	400	400	10	粉红色
	黑白玉质板	400	400	10	黑白花纹
	山田玉硬板	400	400	10	绿色
	碧玉黑金星	400	400	10	绿色带金星

3.5.3 复合型人造饰面石材

这种人造石材具备了上述两类石材的特点，系采用无机和有机两类胶凝材料。先用无机胶凝材料（各类水泥或石膏）将填料黏结成形，再将所成的坯体浸渍于有机单体中（苯乙烯、甲基丙烯酸甲酯、醋酸乙烯、丙烯腈等），使其在一定的条件下聚合而成（图 3-5-5）。

图 3-5-5 复合型人造石材在厨房与办公空间中的运用

3.5.4 烧结型人造饰面石材

该种人造石材的制造与陶瓷等烧土制品的生产工艺类似，是将斜长石、石英、辉石、方解石粉和赤铁矿粉及部分高岭土按比例混合（一般配比为黏土 40%、石粉 60%），制备坯料，用半干压法成形，经窑炉 1 000 ℃左右的高温焙烧而成。该种人造石材因采用高温焙烧，所以能耗大，造价较高，实际应用得较少。

3.5.5 微晶玻璃型人造石材

微晶玻璃型人造石材又称微晶板或微晶石（图 3－5－6），是指由适当组成的玻璃颗粒经焙烧和晶化，制成由玻璃相和结晶相组成的复相材料。微晶玻璃型人造石材色泽多样，且色差小，光泽柔和，装饰效果好，是一种较理想的高档装饰材料。主要用于建筑物内、外墙面及柱面、地面和台面等部位装饰。其特性是抗压强度高、硬度高、耐磨，抗冻、耐污、吸水率低、耐酸、耐碱、耐腐蚀、耐风化，无放射性，可制成平板和曲板，热稳定性能和电绝缘性能良好。

图 3－5－6　微晶石

3.5.6 如何鉴别人造石材与天然石材

1. 人造石材的鉴别

（1）人造石材花纹无层次感，因为天然石材的层次感是仿造不出来的。

（2）人造石材花纹、颜色是一样的，无变化。

（3）人造石材板背面有模衬的痕迹。

2. 天然石材染色（加物）的识别

（1）染色石材颜色艳丽，但不自然。

（2）在板的断口处可看到染色渗透的层次。

（3）染色石材一般采用石质不好、孔隙度大、吸水率高的石材，用敲击法即可辨别。

（4）染色石材同一品种光泽度都低于天然石材。

（5）涂机油以增加光泽度的石材其背面有油渍感。

（6）涂膜的石材，虽然光泽度高，但膜的强度不够，易磨损、对光看有划痕。

（7）涂蜡以增加光泽度的石材，用火柴或打火一烘烤蜡面即失去，现出本来面目。

3.6 新型石材

天然石材复合板是一种将天然石材超薄板与陶瓷、铝塑板、铝蜂窝板等基材复合而成的高档建筑装饰新产品，属于石材新型材料，因与其复合的基材不同而具有不同的性能特点。可根据不同的使用要求和使用部位采用不同基材的复合板（图 3－6－1）。

图 3-6-1 天然大理石复合板的应用

1. 适用范围

基材采用瓷砖的复合板几乎与通体板的使用范围相同，但更加适合有特殊的承重限制楼体。这种复合板不但重量轻，而且强度也提高了许多。

基材选用铝塑板的复合板因其超薄超轻的性能，非常适用于墙面与天花板的装饰，并且在装饰天花板时，具有其他石材无可替代的优势。

石材铝蜂窝复合板在内外墙的干挂材料中备受青睐，一般用于大型、高档的建筑，如机场、展览馆、五星级酒店等；基材采用玻璃的复合板，具备透光的装饰效果，一般使用干挂和镶嵌的方式安装，里面也可安装不同颜色的彩灯(图 3-6-2)。

大理石瓷砖复合板

大理石铝塑板复合板

超薄花岗岩铝塑板复合板

石材蜂窝复合板

用石材蜂窝复合板包立柱

图 3-6-2 天然石材复合板

2. 天然石材复合板的特性

(1) 重量轻。石材复合板最薄可达 5 mm(铝塑板基材),常用的瓷砖复合板厚度也只有 12 mm 左右,成为对楼体有承重限制的建筑装饰的最佳选择。

(2) 强度高。天然石材与瓷砖、铝蜂窝板等复合后,其抗弯、抗折、抗剪切的强度明显得到提高,大大降低了运输、安装、使用过程中的破损率。

(3) 抗污染能力提高。湿贴安装容易使天然石材表面泛碱,出现各种不同的变色和污渍,难以去除;而复合板因其地板更加坚硬致密,同时具有胶层,就避免了这种情况。

(4) 更易控制色差。天然石材复合板通常是用 1 m^2 的原板(通体板)切割成 3～4 片,这样它们的花纹与颜色几乎 100%相同,因而更易保证大面积使用时,其颜色与花纹的一致性。

(5) 安装方便。因具备以上特点,在安装过程中,大大提高了安装效率和安全性,同时也降低了安装成本。

(6) 装饰部位的突破。无论内外墙、地面、窗台、门廊、桌面等,普通的天然石材原板都不存在问题,唯独对天花板的装饰,不管是大理石还是花岗岩都存在安全隐患。而花岗岩和大理石铝塑板、铝蜂窝黏合后的复合板就突破了这个石材装饰的禁区。它非常轻盈,重量只有通体板的 1/10～1/5,隔声、防潮。石材铝蜂窝复合板采用等边六边形做成的中空的铝蜂芯,拥有隔声、防潮、隔热、防寒的性能。

(7) 节能、降耗。石材铝蜂窝复合板因其有隔声、防潮、保温的性能,在室内外安装后可较大降低电能和热能的消耗。

(8) 降低成本。因石材复合板材质较轻薄,在运输安装上节省了成本,而且对于较贵的石材品种,做成复合板后都不同程度地降低了原板成品板的成本价格。

复习思考题

1. 简述花岗岩、大理石、石灰岩、砂岩的矿物组成、性能特点及应用。
2. 天然石材选用时要考虑哪几方面的问题?
3. 什么是装饰工程所指的大理石和花岗石?其主要性能特点是什么?指出各自常用品种的名称。
4. 天然大理石板材和花岗石板材的分类、等级、标记和主要技术指标是什么?
5. 为什么大理石饰面板不宜用于室外?
6. 人造饰面石材按生产材料和制造工艺的不同可分为几类?

实 践 任 务

1. 请在校园内找一外墙装饰为天然石材的建筑或建筑小品,室外或室内地面铺贴天然石材的场所,仔细观察其属性和使用情况。

（1）任务

① 调研天然石材的各类在应用上的区别，观察天然石材的使用性能和特性。

② 结合本章所学知识对天然石材在使用上产生的问题进行思考并探讨。

（2）要求

完成一篇课程小论文，字数不少于1 000字，有照片记录和说明。

2. 请到当地装饰材料市场，进行建筑装饰石材制品的市场调研。

（1）任务

① 调查该装饰材料市场主要销售哪些装饰石材制品，包括天然石材和人造石材制品。

② 调查本章中介绍的几种人造石材制品的价格、特点及生产厂家并收集材料样本。

③ 收集这几种人造石材制品在当地装饰工程中的应用情况。

（2）要求

① 学生以3～4人为一组，完成以上调研任务。

② 任务完成以后，以组为单位递交一份调研过程记录及一份完整的调研报告。调研报告的内容包括以下几项：

a. 对该市场装饰石材制品的认识情况，包括其材料组成、性质特点及用途等。

b. 列出几种装饰石材制品的产地及价格对比。

c. 结合本章所学内容及本次调研情况，探讨如何对装饰石材制品进行合理的选用。

第 4 章 建筑装饰陶瓷

陶瓷自古以来就是建筑物的重要材料。我国远在新石器时代就出现了许多美丽的彩陶器，“秦砖汉瓦”也说明了其在我国应用的悠久历史，特别是各类瓷器的制作工艺更是中国对世界文明史的重要贡献。近代建筑物上应用的墙地砖的生产技术大部分从西方各国传入我国。近20年来，在继承和发扬我国陶瓷生产传统技术的同时，不断吸取国外建筑装饰陶瓷的制作工艺和技术精华，使我国的建筑陶瓷生产得到迅速发展，产品的质量、品种、性能不断提高和增加，不但基本满足了我国迅速发展的建筑装饰业的需求，而且还大量出口到世界上几十个国家和地区。

4.1 陶瓷的基本知识

4.1.1 陶瓷的概念和分类

1. 陶瓷的概念

陶瓷通常是指以黏土为主要原料，经原料处理、成形、焙烧而成的无机非金属材料。用于建筑工程中的陶瓷制品，则称为建筑陶瓷。建筑装饰陶瓷包括各类的内墙釉面砖、墙地砖、琉璃制品和陶瓷壁画等。其中应用最为广泛的是釉面砖和墙地砖。

建筑装饰陶瓷坚固耐用，又具有色彩鲜艳的装饰效果，加之耐火、耐水、耐磨、耐腐蚀、易清洗，易于施工，因此得到日益广泛的应用。不但被广泛用于众多的民用住宅中，更以其色彩瑰丽，富丽堂皇为大剧院、宾馆、商场、会议中心等大型公用建筑物锦上添花。

2. 陶瓷的分类

从产品的种类来说，陶瓷制品可分为陶质、瓷质和炻质三大类。

陶质制品的烧结程度较低，为多孔结构，有一定的吸水率（大于10%），强度低，抗冻性较差，断面粗糙无光、不透明、敲之声音粗哑，其分无釉和施釉制品，适用于室内。

瓷质制品的坯体致密、烧结程度很高，基本不吸水（吸水率小于1%），断面细致并有光泽，强度高、坚硬耐磨，有一定的半透明性，敲击时声音清脆，通常都施釉。

介于陶和瓷之间的一类产品，称为炻，也称为半瓷或石胎瓷。炻与陶的区别在于陶的坯体多孔，而炻的坯体孔隙率很低、吸水率较小（小于10%），其坯体致密，基本达到了烧结程度。炻与瓷的区别主要是虽然炻的坯体较致密但仍有一定的吸水率，同时多数坯体带有灰、红等颜色，且不透明，其热稳定性优于瓷，可采用质量较差的黏土烧成，成本较瓷为低。

瓷、陶和炻通常又按其细密性、均匀性各分为精、粗两类。

粗陶的主要原料为含杂质较多的陶土，烧成后带有颜色，大部分为一次烧成。粗陶不施釉，建筑上通常用的烧结黏土砖、瓦及日常用的瓦罐、瓦缸等就是最普通的粗陶制品。精陶是以可塑性好，杂质少的陶土、高岭土、长石、石英为原料，经素烧（最终温度为1 250～1 280 ℃）、釉烧（温度为1 050～1 150 ℃）两次烧成。其坯体呈白色或象牙色，多孔，吸水率常为10%～12%，最大可达22%。精陶按用途不同可分为建筑精陶（釉面砖）、美术精陶和日用精陶（图4-1-1）。

图4-1-1 粗陶制品和精陶抛光砖

细瓷主要用于日用器皿和电工或工业用瓷。建筑陶瓷中的玻化砖和陶瓷锦砖等的一些墙地砖品种则属于粗瓷，吸水率极低（可达0.5%以下），可认为不透水，其坯体系由优质瓷土高度烧结而成，表面可施釉也可不施釉，表面不施釉的玻化砖经抛光仍可达极高的光亮度（图4-1-2）。

图4-1-2 细瓷制品和粗瓷玻化砖

粗炻是炻中均匀性较差、较粗糙的一类，建筑装饰上所用的外墙面砖、地砖、锦砖都属于粗炻类，系用品质较好的黏土和部分瓷土烧制而成，通常带色，烧结程度较高，吸水率较小（4%～8%）。细炻原主要是指日用炻器和陈设品，由陶土和部分瓷土烧制而成，白色或带有颜色。驰名中外的宜兴紫砂陶即是一种不施釉的有色细炻器，系用当地特产紫泥制坯，经能工巧匠精雕细琢，再经熔烧制成成品，是享誉中外的日用器皿。近些年，一些建筑陶瓷砖也属于细炻，细炻砖吸水率更小（3%～6%），性能更加优良。

陶瓷面砖按行业标准分类如表4-1-1所示。

表4-1-1 陶瓷面砖行业标准分类（GB/T 4100—2006）

吸水率	类别	主要产品
$E\leqslant 0.5\%$	瓷质砖	抛光砖、仿石外墙砖、瓷质仿古砖、玉晶石
$0.5\%<E\leqslant 3\%$	炻瓷砖	艺术仿古砖、广场砖、耐磨砖
$3\%<E\leqslant 6\%$	细炻砖	高级釉面外墙砖、仿古砖
$6\%<E\leqslant 10\%$	炻质砖	晶莹釉面砖、高级釉面地砖
$E>10\%$	陶质砖	高级内墙砖、琉璃制品

4.1.2 陶瓷的组成材料

陶瓷使用的原料品种很多，从来源说，一类是天然矿物原料，另一类是经化学方法处理而得到的化工原料。使用天然矿物类原料制作的陶瓷较多，其又可分为可塑性原料、瘠性原料、助熔剂和有机原料四类。天然矿物原料主要为黏土，由多种矿物组合而成，是生产陶瓷的主要原料，黏土中的成分决定陶瓷制品的质量和性能。

1. 可塑性原料——黏土

可塑性原料主要是指可用于烧制陶瓷的各类黏土。黏土主要是由铝硅酸盐类岩石，如长石、伟晶花岗岩、片麻岩等经长期风化而成。黏土是陶瓷生产中的主要原料，有的只采用一两种塑性黏土便能生产出品质较高的地砖；釉面砖中也常采用较多的黏土（如硬质高岭土）；陶瓷锦砖中黏土用量通常可达40%以上。

2. 瘠性原料

瘠性原料是为防止坯体收缩产生缺陷，所掺入的本身无塑性而在焙烧过程中不与可塑性原料起化学作用，并在坯体和制品中起到骨架作用的原料。最常用的瘠性物料是石英和熟料（黏土在一定温度下焙烧至烧结或未完全烧结状态下经粉碎而成的材料）等。

3. 助熔原料

助熔剂亦称熔剂。在陶瓷坯体焙烧过程中可降低原料的烧结温度，增加密实度和强度，但同时可降低制品的耐火度、体积稳定性和高温抗变形能力。

4. 有机原料

有机原料主要包括天然腐殖质或锯末、糠皮、煤粉等。其作用是提高原料的可塑性;在焙烧过程中本身碳化成强还原剂,使原料中的氧化铁还原成氧化亚铁,并与二氧化硅生成硅酸亚铁,起到助熔剂作用。但掺量过多,会使成品产生黑色熔洞。

4.1.3 釉

釉是覆盖在陶瓷坯体表面的玻璃质薄层(平均厚度为 120～140 μm)。

1. 釉的特点

它使陶瓷制品表面密实、光亮、不吸水,抗腐蚀、耐风化、易清洗,同时对釉层下的图案画面起透视及保护作用,并有防止材料中有毒元素溶出的作用,还可以遮盖胚体的不良颜色和某些缺陷,彩釉和艺术釉还具有多变的装饰作用(图 4-1-3)。

图 4-1-3 清乾隆款黄釉团龙纹碗

2. 釉的性质

为满足陶瓷制品对釉的要求,釉必须具有以下性质:

(1) 釉料必须在坯体烧结温度下成熟,一般要求釉的成熟温度略低于坯体烧成温度。

(2) 釉料要与坯体牢固的绕合,其热胀系数接近或略小于坯体的热胀系数(某些特殊的装饰釉除外),以保持在使用过程中,遇到温度变化情况不致发生开裂或釉面脱离现象。

(3) 釉料在高温熔融软化后,要有适当的黏度和表面张力,以保证冷却后形成平滑的釉面层。

(4) 釉面应质地坚硬、耐磕碰、不易磨损。

3. 釉的分类

釉的成分极为复杂,各品种的烧制工艺不同,适宜使用的陶瓷种类也不一样,釉常见的分类见表 4-1-2。

表 4-1-2 釉 的 分 类

分类方法	种类
按坯体种类	瓷器釉、炻器釉、陶器釉
按化学组成	长石釉、石灰釉、滑石釉、混合釉、铅釉、硼釉、铅硼釉、食盐釉、土釉
按烧成温度	低温釉(1 100 ℃以下)、中温釉(1 100～1 300 ℃)、高温釉(1 300 ℃以上)
按制备方法	生料釉、熔块釉
按外表特征	透明釉、乳浊釉、有色釉、光亮釉、无光釉、结晶釉、砂金釉、碎纹釉、珠光釉、花釉、裂纹釉、电光釉、流动釉

4.2 釉面内墙砖

陶质砖可分为有釉陶质砖和无釉陶质砖两种。釉面内墙砖简称釉面砖、内墙砖或瓷砖。

4.2.1 釉面内墙砖的特点、种类、规格及应用

1. 釉面砖的特点

釉面内墙砖具有许多优良性能，它强度高，表面光亮、防潮、易清洗、耐腐蚀、变形小、抗急冷急热。陶质表面细腻、色彩和图案丰富，风格典雅，极富装饰性，是一种高级内墙装饰材料(图 4-2-1)。

图 4-2-1 釉面内墙砖

2. 釉面砖种类

釉面砖按釉面颜色分为单色(含白色)砖、花色砖、图案砖等(图 4-2-2)；按产品形状分为正方形砖、长方形砖及异形配件砖等。为增强与基层的黏结力，釉面砖的背面均有凹槽纹，背纹深度一般不小于 0.2 mm。

白色釉面砖　花色釉面砖　图案釉面砖

结晶砖　大理石釉砖　亚光釉面砖

图 4-2-2 釉面内墙砖品种

3. 釉面砖规格

釉面砖的尺寸规格很多，墙面砖规格一般为(长×宽×厚)200 mm×200 mm×5 mm、200 mm×300 mm×5 mm、250 mm×330 mm×6 mm、300 mm×300 mm×6 mm、300 mm×450 mm×6 mm 等，高档墙面砖还配有相当规格的腰线砖、踢脚线砖、顶脚线砖等，均施有彩釉装饰，且价格高昂。

釉面砖过去以白色的为多，近年来花色品种发展很快。目前市场上常见的品种及特点如表

4－2－1所示。

表4－2－1　釉面陶质砖的主要品种及特点

种类		特点说明
白色釉面砖		色纯白，釉面光亮，粘贴于墙面，清洁大方
彩色釉面砖	有光彩色釉面砖	釉面光亮晶莹，色彩丰富雅致
	无光彩色釉面砖	釉面半无光，不晃眼，色泽一致，柔和
装饰釉面砖	花釉面砖	系在同一砖上施以多种彩釉，经高温烧成。色釉互相渗透，花纹千姿百态，有良好的装饰效果
	结晶釉面砖	晶花辉映，纹理多姿
	斑纹釉面砖	斑纹釉面，丰富多彩
	大理石釉面砖	具有天然大理石花纹，颜色丰富，美观大方
图案砖	白图案砖	在白色釉面砖上装饰各种图案，经高温烧成。纹样清晰，色彩明朗，清洁优美
	色图案砖	在有光或无光彩色釉面砖上，装饰各种图案，经高温浇成，产生浮雕、缎光、绒毛、彩漆等效果，用于内墙饰面
瓷砖画及色釉陶瓷字砖	瓷砖画	以各种釉面砖拼成各种瓷砖画，或根据已有画稿烧制成釉面砖，拼装成各种瓷砖画，清洁优美，永不褪色
	色釉陶瓷字砖	以各种色釉，瓷土烧制而成，色彩丰富，光亮美观，永不褪色

4. 釉面砖的应用

由于釉面砖的热稳定性好、防火、防潮、耐酸碱、表面光滑、易清洗，故常用于厨房、浴室、卫生间、实验室、医院等室内墙面、台面等的装饰（图4－2－3）。在民用住宅和高级宾馆的浴室、厕所、盥洗室内，各种色调、图案的有釉陶质砖与彩釉陶瓷卫生洁具，如浴缸、便器、洗面器及镜台相匹配，可创造一个雅洁华贵的环境。用于厨房的墙面装饰，不但清洗方便，还可兼有防火功能。无釉陶质地砖用于铺地则风格质朴，别具韵味。

图4－2－3　釉面内墙砖装饰效果

4.2.2 釉面内墙砖的技术要求

1. 规格尺寸偏差

由于釉面砖在烧制时存在着温度较高且有极小温差的问题,因而釉面砖的尺寸是允许有偏差的,尺寸允许偏差范围见表 4-2-2。

表 4-2-2 釉面砖的尺寸偏差 mm

尺寸		允许偏差
长度或宽度	≤152	±0.5
	>152、≤250	±0.8
	>250	±0.1
宽度	≤5	+0.4、-0.3
	>5	厚度的±8%

2. 外观质量

根据外观质量可将釉面砖分为优等品、一级品和合格品三个等级。表面缺陷允许范围应符合表 4-2-3 的要求。

表 4-2-3 釉面砖表面缺陷允许范围 mm

缺陷名称	优等品	一级品	合格品
开裂、夹层、釉裂	不允许		
背面磕碰	深度为砖厚的 1/2	不影响使用	
剥边、落脏、釉泡、斑点、缺釉、棕眼、裂纹、图案缺陷等	距离砖面 1m 处目测缺陷不明显	距离砖面 2m 处目测缺陷不明显	距离砖面 3m 处目测缺陷不明显
色差	基本一致	不明显	不严重

4.3 陶瓷墙地砖

陶瓷墙地砖为陶瓷外墙面砖和室内外陶瓷铺地砖的统称,是以优质的陶土为主要原料,再加入其他材料配成生料,经半干压成形后在 1 100 ℃左右焙烧而成。依表面施釉与否分为彩色釉面陶瓷墙地砖、无釉陶瓷墙地砖和无釉陶瓷地砖,其中前两类的技术要求是相同的。

4.3.1 陶瓷墙地砖的种类和特点

1. 陶瓷墙地砖的分类

(1) 内墙砖。吸水率小于 21%的施釉精陶制品,用于内墙装饰。主要特征是釉面光泽度高,装饰手法丰富,外观质量和尺寸精度都比较高。

(2) 外墙砖。吸水率小于10%的陶瓷砖，用于外墙装饰，根据室外气温不同，选择不同吸水率的砖铺贴。寒冷地区应选用吸水率小于3%的砖，外墙砖的釉面多为半无光(亚光)或无光、吸水率小的砖，不施釉。

(3) 地砖。用于地面铺贴的陶瓷砖。主要特征是工作面硬度大、耐磨、胎体较厚、机械强度高、耐污染性好。

2. 陶瓷墙地砖的特点

陶瓷墙地砖具有强度高、致密坚实、耐磨、化学性质稳定、不燃、不受光照影响，抗风化、耐候性能和耐酸碱性能好，吸水率小、抗冻、耐污染、易清洗，耐腐蚀、经久耐用等特点。墙地砖的品种创新很快，劈离砖、麻面砖、渗花砖、玻化砖等都是近年来市场上常见的陶瓷墙地砖的新品种。

4.3.2 新型陶瓷墙地砖

1. 劈离砖

劈离砖又名劈开砖或劈裂砖，其名称来源于制造方法，是一种用于内外墙或地面装饰的建筑装饰瓷砖。它以长石、石英、高岭土等陶瓷原料经干法或湿法粉碎混合后制成具有较好可塑性的湿坯料，用真空螺旋挤出机挤压成双面以扁薄的筋条相连的中空砖坯，再经切割、干燥后在1 100 ℃以上高温下烧成，再以手工或机械方法将其沿筋条的薄弱连接部位劈开而成两片(图 4－3－1)。

图 4－3－1 劈离砖

劈离砖按用途分为地砖、墙砖、踏步砖、角砖(异形砖)等各种。按国际市场要求的规格，墙砖：240 mm×115 mm，240 mm×52 mm，240 mm×71 mm，200 mm×100 mm，劈离后单块厚度为 11 mm。地砖：200 mm × 200 mm，240 mm × 240 mm，300 mm × 300 mm，200 mm (270 mm)×75 mm，劈离后单块厚度为 14 mm。踏步砖：115 mm×240 mm，240 mm×52 mm，劈离后单块厚度为 11 mm 或 12 mm。

劈离砖是一种新发展起来的墙地砖，可用于建筑的内墙、外墙、地面、台阶、地坪及游泳池等建筑部位，厚度较大的劈离砖(国外最大厚度为 40 mm×2)特别适用于公园、广场、停车场、人行道等露天地面的铺设(图 4－3－2)。近年来我国一些大型公共建筑，如北京亚运村国际会议中心和国际文化交流中心均采用了劈离砖作外墙饰面及地坪，取得了良好的装饰效果。

图 4－3－2 劈离砖铺装效果

2. 通体砖

图 4-3-3 通体砖

通体砖是将岩石碎屑经过高压压制而成，表面抛光后坚硬度可与石材相比，吸水率更低，耐磨性好(图 4-3-3)。通体砖的表面不上釉，而且正面和反面的材质和色泽一致，因此得名。多数的防滑砖都属于通体砖。通体砖有很多种分类：根据通体砖的原料配比，一般分为纯色通体砖、混色通体砖、颗粒布料通体砖；根据面状分为平面、波纹面、劈开砖面、石纹面等；根据成形方法分为挤出成形和干压成形等。

通体砖规格非常多，小规格有外砖，中规格有广场砖，大规格有耐磨砖抛光砖等，常用的主要规格(长×宽×厚)有 45 mm×45 mm×5 mm、45 mm×95 mm×5 mm、108 mm×108 mm×13 mm、200 mm×200 mm×13 mm、300 mm×300 mm×5 mm、400 mm×400 mm×6 mm、500 mm×500 mm×6 mm、600 mm×600 mm×8 mm、800 mm×800 mm×10 mm 等。

3. 抛光砖

抛光砖是通体砖坯体的表面经过打磨而成的一种光亮的砖，属通体砖的一种(图 4-3-4)。相对通体砖而言，抛光砖表面要光洁得多。抛光砖坚硬耐磨，适合在除洗手间、厨房以外的多数室内空间中使用，如用于阳台，外墙装饰等(图 4-3-5)。在运用渗花技术的基础上，抛光砖可以做出各种仿石、仿木效果。

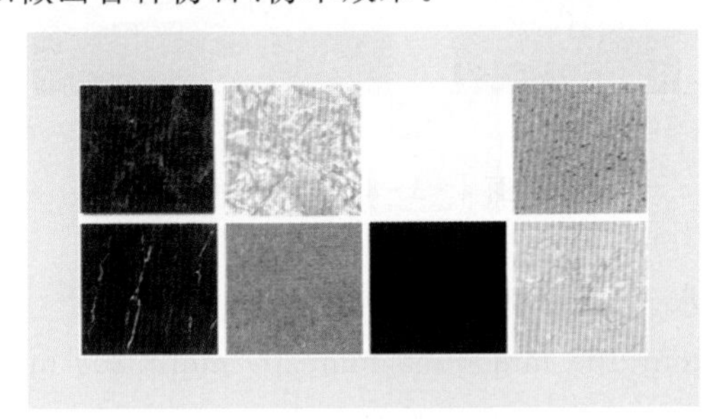

图 4-3-4 抛光砖的样式

图 4-3-5 抛光砖的地面铺设

抛光砖因其坚硬、耐磨、适合室内外大面积铺贴而受到消费者的喜爱。但抛光砖在制作时有留下的凹凸气孔，这些气孔会藏污纳垢，造成表面很容易渗入污染物，所以质量好的抛光砖在出厂时都加了一层防污层，但这层防污层又使抛光砖失去了通体砖的效果。

一般抛光砖规格(长×宽×高)有 400 mm×400 mm×6 mm、500 mm×500 mm×6 mm、600 mm×600 mm×8 mm、800 mm×800 mm ×10 mm、1 000 mm×1 000 mm×10 mm 等。

4. 玻化砖

玻化墙地砖亦称全瓷玻化砖或全玻化砖，是一种强化的抛光砖。由石英砂、泥按照一定比例配制经高温焙烧而成的一种不上釉瓷质饰面砖(图 4-3-6)。经打磨光亮但不需要抛光，表面如玻璃镜面一样光滑透亮，是所有瓷砖中最硬的一种，其在吸水率、边直度、弯曲强度、耐酸碱性等方面都优于普通釉面砖、抛光砖及一般的大理石。玻化砖烧结程度很高，坯体致密。虽表面不上釉，但吸水率很低(小于 0.5%)，可认为是不吸水的(图 4-3-7)。

图 4-3-6 玻化砖的样式及断面

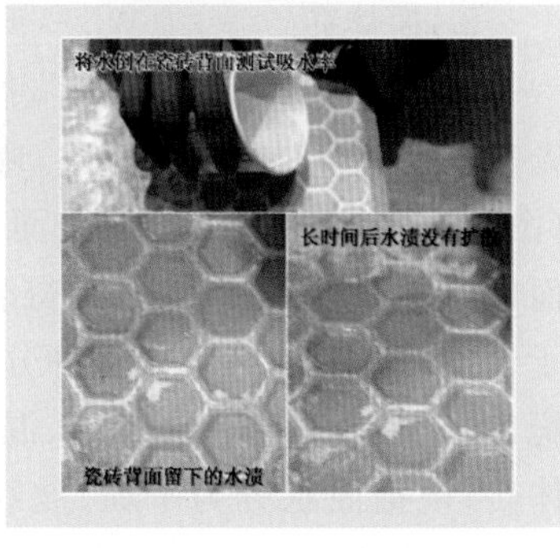

图 4-3-7 玻化砖吸水率低

玻化砖有抛光和不抛光两种。主要规格有 400 mm×400 mm、500 mm×500 mm、600 mm×600 mm、800 mm×800 mm、900 mm×900 mm、1 000 mm×1 000 mm 等，适用于各类大中型商业建筑、旅游建筑、观演建筑的室内外墙面和地面的装饰，也适用于民用住宅的室内地面装饰，是一种中高档的饰面材料。

5. 仿古砖

仿古砖是从彩色釉面砖演化而来，实质上是上釉的瓷质砖。与普通的釉面砖相比，其差别主要表现在釉料的色彩上面，仿古砖属于普通瓷砖，与瓷片基本是相同的。所谓仿古，指的是砖的效果，应该叫仿古效果的瓷砖(图 4-3-8)。仿古砖并不难清洁。唯一不同的是在烧制过程中，仿古砖技术含量要求相对较高，数千吨液压机压制后，再经千度高温烧结，使其强度高，具有极强的耐磨性。经过精心研制的仿古砖兼具了防水、防滑、耐腐蚀的特性。

图 4-3-8 仿古砖

主要规格有 100 mm×100 mm、150 mm×150 mm、165 mm×165 mm、200 mm×200 mm、300 mm×300 mm、330 mm×330 mm、400 mm×400 mm、500 mm×500 mm、600 mm×600 mm。

6. 彩胎砖

彩胎砖是一种本色无釉瓷质饰面砖。它采用彩色颗粒土原料混合配料，压制成多彩坯体后，经一定温度烧成多彩细花纹的表面，富有花岗岩的纹点，有红、绿、黄、蓝、灰、棕等多种基色，多为浅色调，纹点细腻，色调柔和莹润、质朴高雅(图 4-3-9)。主要规格有 200 mm×200 mm、300 mm×300 mm、400 mm×400 mm、500 mm×500 mm 及 600 mm×600 mm 等，最小为 95 mm×95 mm，最大可为 600 mm×900 mm。

图 4-3-9 彩胎砖

彩胎砖表面有平面和浮雕两种，又有无光与磨光、抛光之分，吸水率小于1%，抗折强度大于27 MPa，耐磨性很好，特别适用于人流大的商场、剧场、宾馆、酒楼等公共场所的地面铺设，也可用于住宅厅堂的墙面装饰，不仅美观而且耐用。

7. 麻面砖

麻面砖（图4-3-10）是采用仿天然岩石色彩的配料，压制成表面凹凸不平的麻面坯体后，经一次烧成的炻质面砖。砖的表面酷似经人工修凿过的天然岩石面，纹理自然，粗犷质朴，有白、黄、红、灰、黑等多种色调。主要规格有200 mm×100 mm、200 mm×75 mm和100 mm×100 mm等。麻面砖吸水率小于1%，抗折强度大于20 MPa，防滑耐磨。薄型砖适用于建筑物外墙装饰，厚型砖适用于广场、停车场、码头、人行道等地面铺设。

图4-3-10 麻面砖

8. 仿天然石材墙地砖

仿天然石材墙地砖是一种全玻化、瓷质无釉墙地砖，是国际上流行的新型高档建筑饰面材料（图4-3-11）。

该种墙地砖玻化程度高、坚硬（莫氏硬度大于6）、吸水率低（小于1%）、抗折强度高（大于27 MPa），耐磨、抗冻、耐污染、耐久。可制成麻面、无光面或抛光面，有红、绿、黄、蓝、棕多种基色。

图4-3-11 仿花岗岩墙地砖

常用的规格有200 mm×200 mm、300 mm×300 mm、400 mm×400 mm、500 mm×500 mm等，厚度有8 mm和9 mm两种。可用于会议中心、宾馆、饭店、展览馆、图书馆、商场、舞厅、酒吧、车站、飞机场的墙地面装饰。

9. 钒钛饰面板

钒钛饰面板是一种仿黑色花岗岩的陶瓷饰面板材（图4-3-12）。该种饰面板比天然黑色花岗岩更黑、更硬、更薄、更亮。弥补了天然花岗岩抛光过程中，由于黑云母的脱落易造成的表面凹坑的缺憾，是我国利用稀土矿物为原料研制成功的一种高档墙地饰面板材。其莫氏硬度、抗压强度、抗折强度、密度、吸水率均好于天然花岩石。规格有400 mm×400 mm、500 mm×500 mm等，厚度为8 mm。适用于宾馆、饭店、办公楼等大型建筑的内外墙面、地面的装饰，也可用作台面、铭牌等，令人耳目一新。北京华侨大厦、国家教委电教中心大楼都采用了这种新型饰面板材。

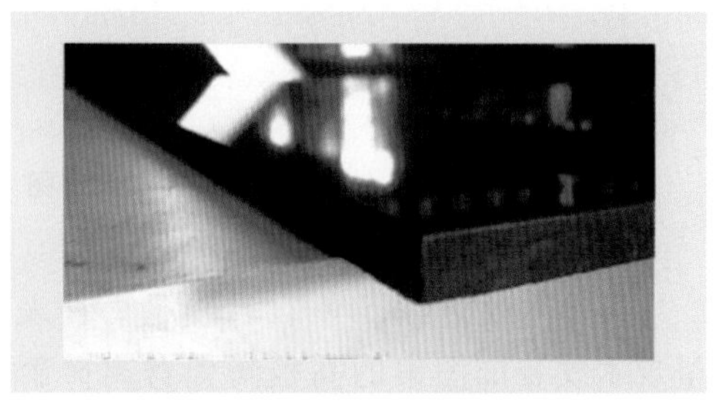

图4-3-12 钒钛饰面板

10. 金属光泽釉面砖

金属光泽釉面砖是一种表面呈现金、银等金属光泽的釉面墙地砖（图4-3-13）。它采用了一种新的彩饰方法——釉面砖表面热喷涂着色工艺。这种工艺是在炽热的釉层表面，喷涂有机或无机金属盐溶液，通过高温热解，在釉表面形成一层金属氧化物薄膜，这层薄膜随所用金属盐离子本身的颜色不同而产生不同的金属光泽。金属光泽釉面砖是一种高级墙体饰面材料，可给人以清新绚丽、金碧辉煌的特殊效果。适用于高级宾馆、饭店及酒吧、咖啡厅等娱乐场所的内墙饰面，其特有的金属光泽和镜面效果，使人在雍容华贵中享受到浓郁的现代气息。

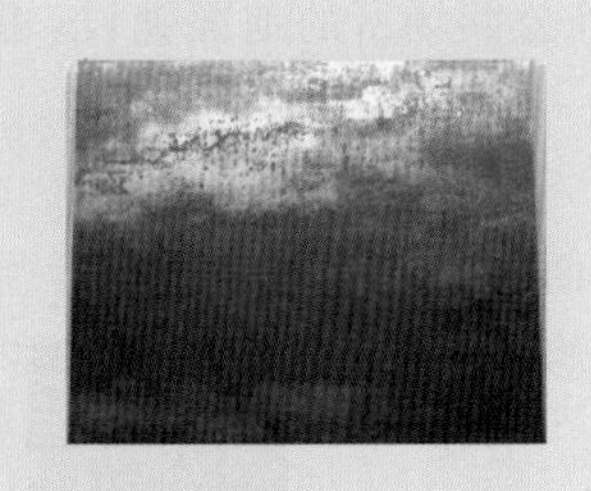

图 4－3－13 金属光泽釉面砖

11. 渗花砖

渗花砖不同于在坯体表面施釉的墙地砖，它是采用焙烧时可渗入到坯体表面下 1～3 mm 的着色颜料，使砖面呈现各种色彩或图案，然后经磨光或抛光表面而成(图 4－3－14)。渗花砖属于烧结程度较高的瓷质制品，因而其强度高、吸水率低，特别是已渗入到坯体的色彩图案具有良好的耐磨性，用于铺地经长期磨损而不脱落、不褪色。渗花砖常用的规格有 300 mm×300 mm、400 mm×400 mm、450 mm×450 mm、500 mm×500 mm 等，厚度为 7～8 mm。渗花砖适用于商业建筑、写字楼、饭店、娱乐场所、车站等室内外地面及墙面的装饰。

图 4－3－14 渗花砖

12. 装饰木纹砖

装饰木纹砖(图 4－3－15)是一种表面呈现木纹装饰图案的高档陶瓷劈离砖新产品，其纹路逼真、容易保养，是一种亚光釉面砖。它以线条明快、图案清晰为特色。木纹砖逼真度高，能惟妙惟肖地仿造出木头的细微纹路；而且木纹砖耐用、耐磨、不含甲醛、纹理自然，表面经防水处理，易于清洗，如有灰尘沾染，可直接用水擦拭；具有阻燃、不腐蚀的特点，是绿色、环保型建材，使用寿命长。

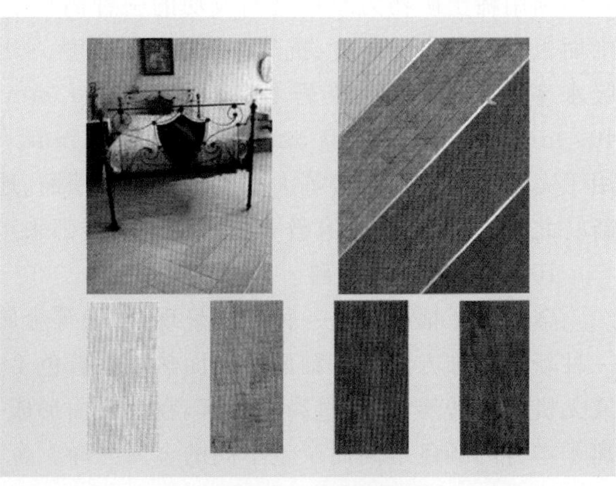

图 4－3－15 装饰木纹砖

4.4 陶瓷锦砖

陶瓷锦砖俗称陶瓷马赛克(系外来语 Masaic 的译音)。陶瓷锦砖采用优质瓷土烧制而成,可上釉或不上釉,我国使用的产品一般不上釉。陶瓷锦砖的规格较小,直接粘贴很困难,故需预先反贴于牛皮纸上(正面与纸相粘),故又俗称"纸皮砖",所形成的一张张的产品称为"联"。

4.4.1 陶瓷锦砖的品种、规格

1. 陶瓷锦砖的品种

(1) 按表面质地可分为有釉锦砖、无釉锦砖、艺术马赛克。

(2) 按材质可分为金属马赛克、玻璃马赛克、石材马赛克和陶瓷马赛克四大类。

(3) 按形状可分为正方形、长方形、六角形、菱形等。

(4) 按砖的色泽可分为单色、拼花。

(5) 按用途可分为内外墙马赛克、铺地马赛克、广场马赛克、梯阶马赛克和壁画马赛克。

2. 陶瓷锦砖的规格

陶瓷锦砖是由各种不同规格的数块小瓷砖粘贴在牛皮纸上或粘在专用的尼龙丝网上拼成联构成的。单块规格一般为 25 mm×25 mm、45 mm×45 mm、100 mm×100 mm、45 mm×95 mm,单联的规格一般有 285 mm×285 mm、300mm×300 mm 或 318 mm×318 mm 等。

4.4.2 性质特点及应用

陶瓷锦砖质地坚实、吸水率极小(小于 0.2%)、耐酸、耐碱、耐火、耐磨、不渗水、易清洗、抗急冷急热。陶瓷锦砖色彩鲜艳、色泽稳定,可拼出风景、动物、花草及各种抽象图案(图 4-4-1)。陶瓷锦砖施工方便,施工时反贴于砂浆基层上,把皮纸润湿,在水泥初凝前把纸撕下,经调整、嵌缝即可得连续美观的饰面。因陶瓷锦砖块小,不易踩碎,故极宜用于地面的装饰。

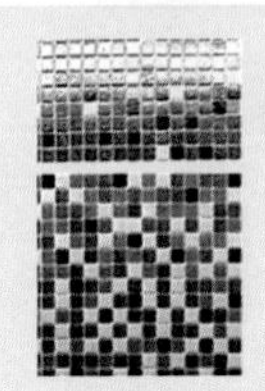

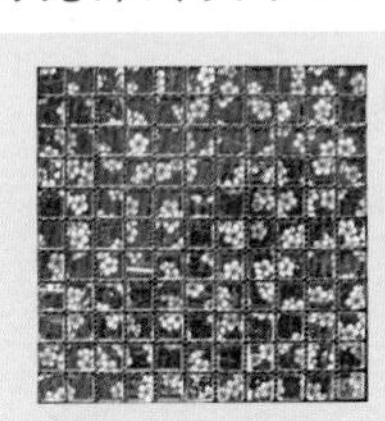

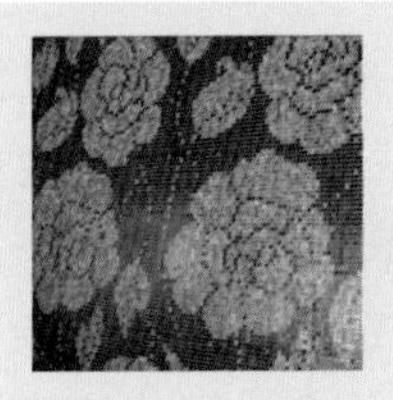

图 4-4-1 陶瓷锦砖图案示例

陶瓷锦砖适用于洁净车间、门厅、餐厅、厕所、盥洗室、浴室、化验室等处的地面和墙面的饰面(图 4-4-2)。并可应用于建筑物的外墙饰面,与外墙面砖相比具有面层薄、自重轻、造价低、坚固耐用、色泽稳定、可拼图案丰富的特点(图 4-4-3)。

图 4-4-2 陶瓷锦砖的铺装效果

图 4-4-3　陶瓷锦砖各类装饰形式

4.5 建筑琉璃制品

建筑琉璃制品是我国传统的极富民族特色的建筑陶瓷材料(图 4-5-1)。在近代,由于它具有独特的装饰性能,不但仍用于古典式建筑物,也广泛用于具有民族风格的现代建筑物。

琉璃制品用难熔黏土制成坯泥,制坯成形后经干燥、素烧、施色釉、釉烧而成。随釉料的不同,有的也可一次烧成。

图 4-5-1　中国故宫琉璃瓦

4.5.1 建筑琉璃制品的特点和应用

琉璃制品的特点是质细致密、表面光滑、不易沾污、坚实耐久、色彩绚丽、造型古朴,富有民族特点。常见的颜色有金黄、翠绿、宝蓝等。

琉璃瓦造型复杂,制作工艺较繁,因而造价高。故主要用于体现我国传统建筑风格的宫殿式建筑及纪念性建筑上;还常用以制造园林建筑中的亭、台、楼、阁,构建古代园林的风格。琉璃制品还常用作近代建筑的高级屋面材料,用于各类坡屋顶,可体现现代与传统的完美结合,富有东方民族精神,富丽堂皇、雄伟壮观(图 4-5-2)。

图 4-5-2　陶瓷浮雕壁画

4.5.2 装饰琉璃砖与琉璃瓦

装饰琉璃砖与琉璃瓦是高档的室内装饰材料。装饰琉璃砖工艺精细、外观精美、立体感强，可用于室内吊饰、墙面、吧台、天花、地面、背景、凹嵌、门牌、标牌等装饰部位，具有极高的观赏性。装饰琉璃砖在光的投射下会辉映出各种形态图案，具有逼真的造型和自然色彩，充分体现了当今室内装饰推崇自然、追求返璞归真的设计趋势，成为空间环境艺术的组成部分(图 4-5-3)。

图 4-5-3 装饰琉璃砖与琉璃瓦

4.6 建筑陶瓷的发展趋势

目前，由于建筑陶瓷市场竞争日趋激烈，厂家为了扩大市场覆盖面，在降低成本、增加产品花色的同时，更注重提高产品的技术含量。与此同时，用户对产品的附加功能也提出了更多要求。这些性能使产品的附加值大幅度提高，产品的竞争力加强。

1. 功能墙地砖

(1) 保温节能砖。坯体表面施釉，具有保温节能效果，也便于清洗。不施釉的保温节能砖，表面粗糙，具有古朴典雅、返璞归真的效果。

(2) 吸声砖。坯体空隙率高达 40%～50%，能起到减声效果，并有防火、保温作用，在室内音响设计中，利用吸声砖可获得最佳残声效果。

(3) 轻质屋瓦。制成屋面用瓦，可减轻房屋承重。

(4) 渗水路面砖。在砖内形成多孔连贯的气孔结构，能将地面水渗透到地下，具有普通广场砖的风格，又有透水、保水、防滑功能，是目前广场砖的替代品。

(5) 保健。如生态陶瓷、抗菌陶瓷，使用的抗菌剂主要有以下两种：利用银离子及其化合物的抗菌性(称为银系列抗菌)，利用具有光催化作用的半导体(主要是 TiO_2 半导体)。把抗菌剂附于陶瓷表面，或者直接加到釉料中，使陶瓷表面具有抗菌性。在陶瓷表面附着 TiO_2 半导体催化剂，还能使陶瓷具有自洁、防污和除臭等功能。

2. 美化

如变色釉面砖，随着环境光线的变化，或者随着视觉角度的不同，砖面呈现出不同颜色，给人一种绚丽多彩美的享受。这种砖的特点还有在釉中加入一种由稀土金属氧化物组成的着色剂，引起釉面呈现选择性的吸收与反射，在可见光范围内吸收与反射程度不同而出现多种颜色。

3. 特殊用途

如抗静电砖。在安放精密仪器、处理存放易燃易爆物品等场合，静电非常有害。一般要求墙地砖具有抗静电能力，确保安全。墙地砖具有一定的导电能力，然后通过导电水泥混凝土把静电导入大地。这种墙地砖通常是在釉或坯中引入具有半导体性质的金属氧化物，如 TiO_2、SnO_3 等，使釉或坯的电导率满足要求。

4. 新型墙地砖

(1) 微晶玻璃砖。砖的基层采用陶瓷料、面层采用微晶玻璃，成型采用二次布料技术，用辊道窑烧成。降低了生产成本，解决了微晶玻璃铺贴不便的问题。

(2) 抛晶砖。又称抛釉砖、釉面抛光砖，是在坯体表面施一层烧后约 1.5 mm 厚的耐磨透明釉，经烧制、抛光而成的。具有彩釉砖装饰丰富和瓷质吸水率低、材质性能好的特点，又克服了彩釉砖釉上装饰不耐磨、抗化学腐蚀的性能差和瓷质砖装饰方法简单的弊病。抛晶砖采用釉下装饰、高温烧成，釉面细腻、高贵华丽，属高档产品。

复习思考题

1. 什么是建筑陶瓷？陶瓷如何分类？各类的性能特点是什么？
2. 陶瓷的主要原料组成是什么？各种原料的作用是什么？
3. 什么是釉？其作用是什么？釉与玻璃有什么异同点？陶瓷制品对釉有什么基本要求？
4. 釉面内砖墙为什么不能用于室外？

实践任务

1. 请在校园内找一外墙贴釉面砖的建筑物，仔细观察其使用情况。

(1) 任务

① 调研釉面砖的使用年限，查看表面的清洁程度及有无脱落裂隙等问题。

② 结合本章所学知识对产生的问题进行思考并探讨。

(2) 要求

完成一篇课程小论文，字数不少于 1 500 字。

2. 请到当地装饰材料市场，进行建筑装饰陶瓷制品的市场调研。

(1) 任务

① 调查该装饰材料市场主要销售哪些装饰陶瓷制品。

② 调查本章中介绍的几种陶瓷制品的价格、特点及生产厂家，并收集材料样本。

③ 收集这几种陶瓷制品在当地装饰工程中的应用情况。

(2) 要求

① 学生以 3～4 人为一组，完成以上调研任务。

② 任务完成以后，以一组为单位递交一份调研过程记录及一份完整的调研报告。调研报告的内容包括以下几项：

a. 对该市场陶瓷制品的认识情况，包括其材料组成、性质特点及用途等。

b. 列出几种陶瓷制品的产地及价格对比。

c. 结合本章所学内容及本次调研情况，探讨如何对装饰陶瓷制品进行合理的选用。

第 5 章
建筑装饰玻璃

玻璃是现代建筑十分重要的装饰材料之一。随着现代建筑的发展和玻璃制作工艺的飞跃，建筑玻璃制品已由过去单纯的采光、围护功能向调节热量、节约能源、控制光线、控制噪声、防火防盗、提高建筑艺术等多功能、多用途、多品种方向发展。主要的玻璃制品有平板玻璃、装饰玻璃、安全玻璃、节能玻璃、玻璃砖和玻璃锦砖等。具有高度装饰性和多种适用性的玻璃新品种不断出现，为建筑装饰工程提供了更多的选择性。

5.1 玻璃的基本知识

5.1.1 玻璃的概念和组成

普通玻璃是以石英砂(SiO_2)、纯碱(Na_2CO_3)、石灰石($CaCO_3$)、长石等为主要原料，经高温熔融、成形、冷却固化后得到的透明非晶态无机物。其化学成分十分复杂，主要为 SiO_2(含量72%左右)、Na_2O(含量15%左右)和 CaO(含量9%左右)，另外还有少量的 Al_2O_3、MgO、K_2O 等，这种玻璃也称为钠玻璃或钠钙玻璃。

5.1.2 玻璃的分类及用途

玻璃通常按主要化学成分分为氧化物玻璃和非氧化物玻璃。非氧化物玻璃品种和数量很少，主要有硫系玻璃和卤化物玻璃。氧化物玻璃又分为硅酸盐玻璃、硼酸盐玻璃、磷酸盐玻璃等。硅酸盐玻璃指基本成分为二氧化硅的玻璃，其品种多，用途广。通常按玻璃中二氧化硅及碱金属、碱土金属氧化物的不同含量，又分为石英玻璃、高硅氧玻璃、钠钙玻璃、铝硅酸盐玻璃、铅硅酸盐玻璃、硼硅酸盐玻璃。此外，玻璃按性能特点又分为平板玻璃、装饰玻璃、节能玻璃、安全玻璃、特种玻璃等。

5.2 平板玻璃

平板玻璃通常指未经其他加工的平板状玻璃制品，也称为白片玻璃或净片玻璃(图 5-2-1)。

图 5-2-1　平板玻璃

5.2.1 平板玻璃的分类

按厚度可分为薄玻璃、厚玻璃、特厚玻璃；按表面状态可分为普通平板玻璃、压花玻璃、磨光玻璃等。平板玻璃还可以通过着色、表面处理、复合等工艺制成具有不同色彩和各种特殊性能的制品，如吸热玻璃、热反射玻璃、选择吸收玻璃、中空玻璃、钢化玻璃、夹层玻璃、夹丝网玻璃、颜色玻璃等。

根据国家标准《平板玻璃》(GB 11614—2009)的规定，平板玻璃按颜色属性分为无色透明平板玻璃和本体着色平板玻璃。外观质量分为三个等级，即优等品、一等品、合格品。按公称厚度分为 2 mm、3 mm、4 mm、5 mm、6 mm、8 mm、10 mm、12 mm、15 mm、19 mm、22 mm、25 mm。

厚度在 5 mm 以上的可以作为生产磨光玻璃的毛坯。

平板玻璃一般用于民用建筑、商店、饭店、办公大楼、机场、车站等建筑物的门窗、橱窗及制镜等,也可用于加工制造钢化、夹层等安全玻璃。

常用平板玻璃由于生产的厚度是 5mm 左右,是一种比较薄的玻璃,其平整度以及厚度相差比较多,这种平板玻璃主要应用于普通居民家的玻璃门窗,是一种居用建筑玻璃(图 5-2-2)。经过一定的喷砂、雕磨,再加上一定的腐蚀处理以后,就可以把这种玻璃制作成屏风、黑板、隔断等使用,对于质量比较好的玻璃也可以作为某种深加工的产品使用,比如原片玻璃。

图 5-2-2 平板玻璃的应用

5.2.2 浮法玻璃

浮法是将玻璃液漂浮在金属液面上制得平板玻璃的一种新方法。它是将玻璃液从池窑连续地流入并漂浮在有还原性气体保护的金属锡液面上,依靠玻璃的表面张力、重力及机械拉引力的综合作用,拉制成不同厚度的玻璃带,经退火、冷却而制成平板玻璃(也称浮法玻璃)(图 5-2-3)。由于这种玻璃在成形时,上表面在自由空间形成火抛表面,下表面与熔融的锡液接触,因而表面平滑,厚度均匀,不产生光畸变,其质量不亚于磨光玻璃。这种生产方法具有成形操作简易、质量优良、产量高、易于实现自动化等优点。

图 5-2-3 浮法玻璃

浮法玻璃按用途可分为建筑级浮法玻璃、汽车级浮法玻璃、制镜级浮法玻璃三种。

5.2.3 平板玻璃用途

不同厚度的平板玻璃其用途也有所差异:

(1) 3~4 mm 玻璃。在称呼玻璃的厚度时,毫米(mm)俗称为“厘”。通常所说的 3 厘玻璃,就是指厚度 3 mm 的玻璃。这种规格的玻璃主要用于画框表面。

(2) 5~6 mm 玻璃。主要用于外墙窗户、门扇等小面积透光造型中。

(3) 7~9 mm 玻璃。主要用于室内屏风等较大面积但又有框架保护的造型之中。

(4) 9~10 mm 玻璃。可用于室内大面积隔断、栏杆等装修项目。

(5) 11～12 mm 玻璃。可用于地弹簧玻璃门和一些活动及人流较大的隔断之中。

(6) 15 mm 以上。一般市面上销售较少，往往需要订货，主要用于较大面积的地弹簧玻璃门、外墙整块玻璃墙面。

5.3 装饰玻璃

随着玻璃工业技术的发展和建筑装饰技术的提高，人们对玻璃的应用已不再仅限于采光和围护功能，而越来越重视玻璃的装饰功能，经过多年的发展，已形成了如彩色玻璃、压花玻璃、磨砂玻璃、冰花玻璃、彩绘玻璃、彩釉玻璃、浮雕玻璃、镭射玻璃、全息彩虹玻璃、热融玻璃等多个以装饰功能为主的建筑装饰玻璃。下面介绍部分装饰玻璃。

5.3.1 彩色玻璃

彩色玻璃可分为透明、半透明和不透明三种。

透明、半透明彩色玻璃通常用本体着色法生产，这种玻璃也称有色玻璃，即在玻璃制作时往玻璃原料内添加入少量着色金属氧化物，根据添加的着色剂不同，可以得到各种不同的色彩。彩色玻璃常见的颜色有乳白色、茶色、海蓝色、宝石蓝色和翡翠绿等(图 5-3-1)。透明、半透明彩色玻璃常用于建筑物内外墙、门窗、隔断及对光线有特殊要求的部位。

茶色玻璃

海蓝色玻璃

图 5-3-1 彩色玻璃

不透明的彩色玻璃通常是在玻璃表面喷涂高分子涂料或粘贴有机薄膜或镀膜制得，所以也称饰面玻璃(图 5-3-2)。这种玻璃的加工方法在装饰上更具有随意性，但玻璃表面的涂膜(或贴膜、镀膜)耐久性较差，受潮、受热或时间长了容易产生脱落。不透明彩色玻璃主要用于建筑内墙的装饰，表面光洁、明亮，具有独特装饰效果，也可以拼成各种不同图案。

图 5-3-2 透明茶色玻璃与不透明彩色玻璃

5.3.2 花纹玻璃

1. 压花玻璃

压花玻璃又称滚花玻璃，是用压延法生产，表面带有花纹图案，透光而不透明的平板玻璃(图5-3-3)。它是将塑性状态的玻璃带通过一对刻有花纹图案的辊子，对玻璃表面连续延压而成。如果一个辊子带有花纹，则生产出单面压花玻璃，如果两个辊子都带有花纹，则生产出双面压花玻璃。

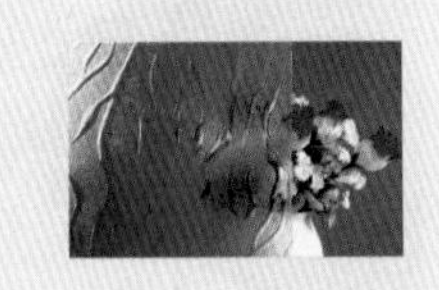

图 5-3-3 压花玻璃

特点：由于压花玻璃在表面压有深浅不同的花纹图案，当光线通过玻璃时产生无规则折射，因而具有透光不透视的特点，能够起到良好的遮蔽效果，同时亦可创造各种不同的模糊光影，使室内光线柔和、朦胧、具有层次感；花纹图案多样，装饰效果好。

用途：适用于办公室、会客厅、会议室、餐厅、酒吧、浴室、卫生间等的门窗、隔断及屏风等需要透光又要遮蔽视线的场所，以及各类建筑门厅的艺术装饰。

2. 喷花玻璃

喷花玻璃又称胶花玻璃，是在平板玻璃表面贴以图案，抹以保护层，经喷砂处理形成透明与不透明相间的图案（图 5－3－4）。喷花玻璃给人以高雅、美观的感觉，适合室内门窗、隔断和采光。喷花玻璃的厚度一般为 6 mm，最大加工尺寸为 2 200 mm×1 000 mm。

图 5－3－4 喷花玻璃

3. 冰花玻璃

冰花玻璃是一种表面具有酷似自然冰花图案的玻璃。冰花玻璃是在磨砂玻璃的毛面上均匀涂布一层骨胶水溶液，经自然或人工干燥后，胶液脱水收缩龟裂，并从玻璃表面剥落。剥落时由于骨胶与玻璃表面黏结力将部分薄层玻璃带下，从而在玻璃表面形成许多不规则的冰花状图案。胶液的浓度越大，冰花图案越大（图 5－3－5）。冰花花纹清新自然、晶莹剔透，立体感强，装饰效果强烈。可用于宾馆、酒店、茶楼、快餐店和住宅等场所的门窗、屏风、隔断等处的装饰。还可用作灯具、工艺品的装饰玻璃。

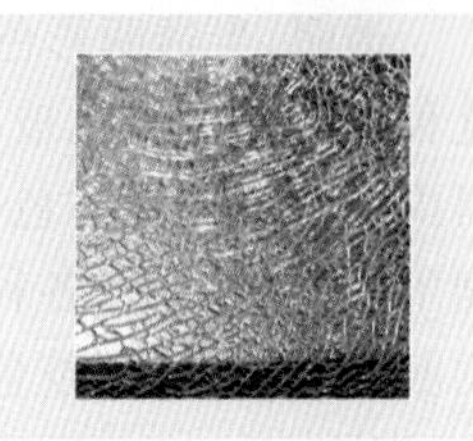

图 5－3－5 冰花玻璃

4. 乳化玻璃

乳化玻璃是借助丝网版、蒙砂膏等材料，直接在玻璃表面进行印刷的一种装饰玻璃。蒙砂的玻璃就是酸洗过的，表面发生了化学反应而不透明了。玻璃制品的蒙砂按颗粒度大小、白度、光滑度等可以大致分为四种效果：普通效果、玉砂效果、低反射效果、无手印效果（图 5－3－6）。玻璃的表面是光滑的，只是玻璃中间部分呈白雾色，优点是隔离射线。

图 5－3－6 乳化玻璃

5.3.3 磨（喷）砂玻璃

磨（喷）砂玻璃又称为毛玻璃。磨砂玻璃（图 5－3－7）是采用普通平板玻璃，以硅砂、金刚石等为研磨材料，加水研磨而成；喷吵玻璃是采用普通平板玻璃，以压缩空气将细砂喷到玻璃表面研磨而成。由于毛玻璃表面粗糙，使光线产生漫射，具有透光不透视特点，可以起到私密保护的作用；玻璃质感简洁、雅致，同时使室内光线柔和，不刺目。适用于有透光不透视要求的私密空间门窗、隔断（图 5－3－8）等，如卫生间、浴室等，也可用于衣橱、书柜等家具用品的推拉门。作为办公室等场所门窗玻璃时，应注意将毛面朝向室内，以便于清洗和使室内光线柔和；作为卫生间、浴室门窗玻璃使用时应将其毛面朝外，以避免淋湿或沾水后透明。

图 5－3－7 磨砂玻璃

图 5－3－8 磨砂玻璃隔断

5.3.4 镜面玻璃

镜面玻璃亦叫涂层玻璃或镀膜玻璃，它是以金、银、铜、铁、锡、钛、铬或锰等的有机或无机化合物为原料，采用喷射、溅射、真空沉积、气相沉积等方法，在玻璃表面形成氧化物涂层。镜面玻璃的涂层颜色有多种，常用的有金色、银色、灰色、古铜色。镜面玻璃表面平整光滑且有光泽，透光率大于 84%，厚度为 4～6 mm。适用于公共建筑室内的墙面或柱面及门厅、走廊等部位，以及宾馆、饭店、酒家、酒吧间的外墙装潢(玻璃幕墙)(图 5－3－9)。

镜面玻璃　镜面玻璃幕墙　镜面玻璃装饰墙面　车边银镜

图 5－3－9　镜面玻璃及应用

5.3.5 镭射玻璃

镭射玻璃又称激光玻璃、波光玻璃，是以玻璃为基材，经激光表面微刻处理形成的最新一代激光装饰材料，使普通玻璃在白光条件下出现五光十色的三维立体图像(图 5－3－10)。

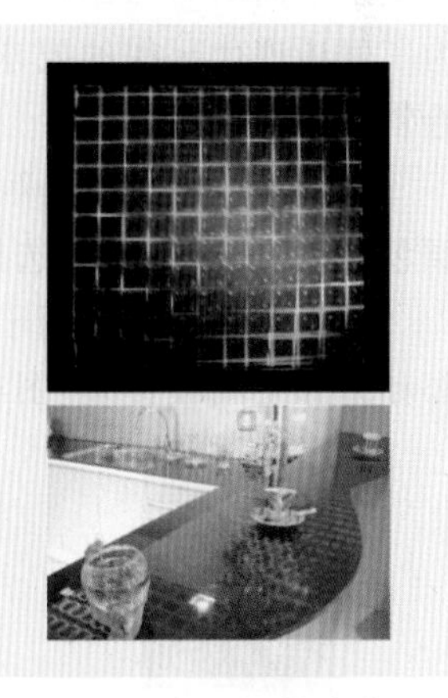
图 5－3－10　镭射玻璃

镭射玻璃耐冲击和防滑性能、耐腐蚀性能均优于大理石、马赛克、真空镀膜玻璃等。其适用于公共设施、酒店、宾馆及各种商业、文化娱乐厅、办公楼、写字间、大堂(大厅)的装饰装修及家庭居室的美化。如内外墙面、商业、门面、招牌、广告牌、装饰牌、门楼、柱面、天顶、雕塑贴面、电梯门、艺术屏风、高级喷水池、发廊、变光观赏鱼缸、变色灯具、钟表及其他电子产品外观装饰材料。镭射玻璃产品规格如下：

(1) 一般产品标准规格(厚度 5mm)。标准规格为：300 mm×300 mm，400 mm×400 mm；500 mm×500 mm，500 mm×1 000 mm 。

(2) 地砖类规格。标准规格为：500 mm×500 mm，600 mm×600 mm ；非标准规格：三角形、圆形、扇形。

(3) 异型镭射柱体玻璃 。直径 ϕ150 mm、ϕ600 mm、ϕ700 mm、ϕ800 mm ϕ900 mm、ϕ1 100 mm、ϕ1 200 mm 为标准规格，其他尺寸为非标准规格。

5.3.6 釉面玻璃

釉面玻璃是指在一定尺寸切裁好的玻璃表面上涂敷一层彩色的易溶釉料，经烧结、退火或钢化等处理工艺，使釉层与玻璃牢固结合，制成的具有美丽的色彩或图案的玻璃。它一般以平板玻璃为基材。其特点是图案精美、不褪色、不掉色、易于清洗，可按用户的要求或艺术设计图案制作。釉面玻璃具有良好的化学稳定性和装饰性，广泛用于室内饰面层，一般建筑物门厅和楼梯间的饰面层及建筑外饰面层(图 5－3－11)。

图 5－3－11　釉面玻璃及釉面玻璃饰面

5.3.7 烤漆玻璃

烤漆玻璃，是一种极富表现力的装饰玻璃品种，可以通过喷涂、滚涂、丝网印刷或者淋涂等方式来体现。烤漆玻璃在业内也叫背漆玻璃，分平面烤漆玻璃和磨砂烤漆玻璃。是在玻璃的背面喷漆在 30～45 ℃的烤箱中烤 8～12 h，在很多制作烤漆玻璃的地方一般采用自然晾干，不过自然晾干的漆面附着力比较小，在潮湿的环境下容易脱落。众所周知，油漆对人体具有一定的危害，为了保证现代环保的要求和人的健康安全需求，在烤漆玻璃制作时要注意采用环保的原料和涂料。

烤漆玻璃的特点是耐水性、耐酸碱性强，附着力极强，不易脱落，防滑性能优越，抗紫外线、抗颜色老化性强，色彩的选择性强，耐候性强和结构胶相容性强，耐污性强，易清洗。

烤漆玻璃广泛应用于玻璃台面、玻璃形象墙、玻璃背景墙、玻璃围栏、包板、私密空间、店面内部和外部空间设计等(图 5－3－12)。

烤漆玻璃

烤漆玻璃外墙饰面

印花烤漆玻璃背景墙

烤漆玻璃橱柜

图 5－3－12　烤漆玻璃

5.3.8 热熔玻璃

热熔玻璃又称水晶立体艺术玻璃或称熔模玻璃。热熔玻璃属于玻璃热加工工艺产品，即把平板玻璃烧熔，凹陷入模成形。热熔玻璃优点显著，跨越现有的玻璃形态，充分地发挥了设计者和加工者的艺术构思，把现代或古典的艺术形式融入玻璃之中，图案丰富、立体感强、装饰华丽、光彩夺目，解决了普通装饰玻璃立面单调呆板的感觉，使玻璃面具有很生动的造型，满足了人们对装饰风格多样和美感的追求(图 5－3－13)。

图 5－3－13　热熔玻璃

5.3.9 彩绘玻璃

彩绘玻璃也称喷绘玻璃。彩绘玻璃是一种应用广泛的高档玻璃。它是用特殊颜料直接着色于玻璃，或者在玻璃上喷雕成各种图案再加上色彩制成的，可逼真地复制原画，而且画膜附着力强、耐候性好，可进行擦洗。根据室内彩度的需要，选用彩绘玻璃可将绘画、色彩、灯光融于一体。如将山水、风景、滨海、丛林等画用于门庭、中厅，可将自然的生机与活力剪裁入室内，给人以自然的美感体验(图 5-3-14)。

图 5-3-14 彩绘玻璃

5.4 安全玻璃

安全玻璃是指与普通玻璃相比，具有力学强度高、抗冲击能力好的玻璃。安全玻璃破碎后对人体伤害小，热稳定性好，经特殊处理还可起到防火、防盗的作用。根据生产时选用玻璃原片的不同，安全玻璃也可具有一定装饰效果。其主要品种有钢化玻璃、夹丝玻璃、夹层玻璃和钛化玻璃。

2003 年，发改委和建设部联合发布的《建筑安全玻璃管理规定》中要求建筑物需要以玻璃作为建筑材料的下列部位必须使用安全玻璃：

(1) 7 层及 7 层以上建筑物外开窗。

(2) 面积大于 1.5 m^2的窗玻璃或玻璃底边离最终装修面小于 500 mm 的落地窗。

(3) 幕墙(全玻幕除外)。

(4) 倾斜装配窗、各类天棚(含天窗、采光顶)、吊顶。

(5) 观光电梯及其外围护。

(6) 室内隔断、浴室围护和屏风。

(7) 楼梯、阳台、平台走廊的栏板和中庭内栏板。

(8) 用于承受行人行走的地面板。

(9) 水族馆和游泳池的观察窗、观察孔。

(10) 公共建筑物的出入口、门厅等部位。

(11) 易遭受撞击、冲击而造成人体伤害的其他部位。

5.4.1 钢化玻璃

1. 玻璃钢化的原理

钢化玻璃又称强化玻璃，是将普通玻璃原片放置在加热炉中加热至接近玻璃软化点温度（约 650 ℃）并保持一段时间，使之消除内应力，然后将玻璃移出加热炉并立即用多头喷嘴将常温空气吹向玻璃的两面，使其迅速且均匀地冷却。冷却到室温后即成为高强度的钢化玻璃（图 5-4-1）。

图 5-4-1 钢化玻璃

2. 钢化玻璃的特性

（1）机械强度高。钢化玻璃的抗弯强度可达 200 MPa 以上，比普通玻璃大 4～6 倍；抗冲击能力也很高 。

（2）弹性好。钢化玻璃的弹性比普通玻璃大得多，比如，一块 1 200 mm×350 mm×6 mm 的钢化玻璃受力后可发生 100 mm 的弯曲挠度，当外力撤除后，仍能恢复原状，而普通玻璃弯曲变形只能有几毫米，否则将发生折断破坏。

（3）热稳定性好。钢化玻璃热稳定性也很好，在受急冷急热作用时，不易发生炸裂。

（4）安全性好。钢化玻璃强度高，抗冲击性好，温度稳定性好，不易发生破坏，一旦发生破碎，玻璃内部产生应力释放，使玻璃破碎成无数无尖锐棱角的小块，对人体不会造成重大伤害。

3. 钢化玻璃的应用

由于钢化玻璃具有良好的机械性能和热稳定性，所以在建筑、汽车、飞机、船舶及其他领域得到广泛应用。

平钢化玻璃常用于建筑物的门窗、隔断、幕墙、地面及橱窗、家具（图 5-4-1）等，弯钢化玻璃常用于汽车、火车、船舶、飞机、展柜等（图 5-4-2）。全钢化玻璃广泛用于高层建筑幕墙、室内玻璃隔断、电梯扶手、栏杆等要求安全的地方。半钢化玻璃广泛用于玻璃幕墙、天棚、暖房、温室、隔墙等固定安装玻璃的场合。

使用时应注意钢化玻璃不能现场切割、磨削，边角亦不能碰击挤压。必须按用户要求在工厂定制。用于大面积玻璃幕墙的玻璃在钢化程度上要加以控制，应根据实际情况选择钢化或半钢化玻璃，其应力不能过小或过大，以避免应力过大时在风压作用下引起震动发生自爆。

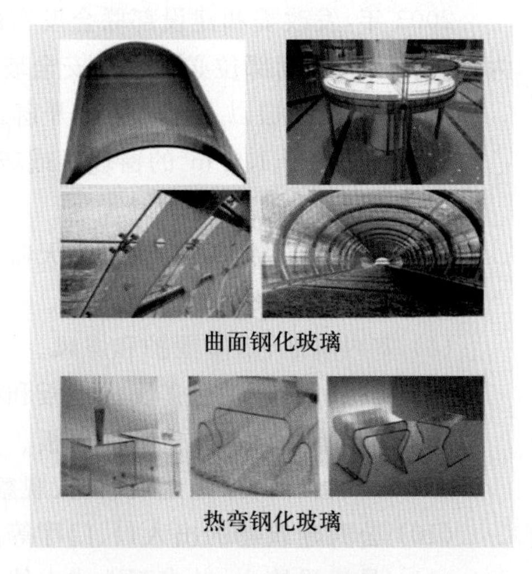

图 5-4-2 弯钢化玻璃

4. 钢化玻璃的规格

如表 5-4-1、表 5-4-2 所示。

表 5-4-1 平板钢化玻璃规格 mm

最小规格	最大规格	厚度
200×200	2 200×1 200	2～12

表 5-4-2 弯钢化玻璃加工规格 mm

加工最大尺寸	加工最小尺寸	加工厚度	最小弯曲半径	最大拱高
2 540×4 600	600×300	5～19	800(5～6 厚)	700

5.4.2 夹丝玻璃

夹丝玻璃也称防碎玻璃或钢丝玻璃(图 5-4-3)。它是用压延法生产的内部夹有金属丝或网的平板玻璃。即在玻璃熔融状态时将经预热处理的钢丝或钢丝网压入玻璃中间，经退火、切割而成的玻璃。

我国生产的夹丝玻璃可分为夹丝压花玻璃和夹丝磨光玻璃两类(图 5-4-4)，可制成无色透明或彩色。

图 5-4-3 夹丝玻璃

图 5-4-4 夹丝压花玻璃和夹丝磨光玻璃

1. 夹丝玻璃的特性

(1) 安全性。夹丝玻璃由于钢丝网的骨架作用，不仅提高了玻璃的强度，而且抗冲击能力和抗温度骤变能力也得到提高。玻璃破裂后由于钢丝的拉扯作用，玻璃碎片不致脱落，不会对人体造成伤害。

(2) 防火性。夹丝玻璃遇火炸裂后，由于钢丝网的作用，玻璃仍能保持固定，隔绝火焰，故可起到一定的防火作用。

此外，夹丝玻璃外表朦胧细腻的花纹，内心银亮有序的丝网，构成了独特的装饰功能，但在一定程度上也影响了透光性。

2. 夹丝玻璃的应用

夹丝玻璃适用于对防火、防爆(坠落)、防震及采光隐秘和装饰等多需求于一体的各类公共及个人场所，如公共建筑的走廊、防火门、楼梯、工业厂房天窗及各种采光屋顶等。

5.4.3 夹层玻璃

夹层玻璃也称夹胶玻璃，即由两片或多片平板玻璃之间嵌夹透明塑料薄片(多为聚乙烯醇缩丁醛 PVB 胶片)，经加热、加压后粘合而成的平面或弯曲的复合玻璃制品。夹层玻璃的层数有

2 层、3 层、5 层、7 层，最多可达 9 层，对于两层的夹层玻璃，原片厚度一般常用 2 mm+2 mm、3 mm+3 mm、3 mm+5 mm 等。夹层玻璃的结构如图 5-4-5 所示。

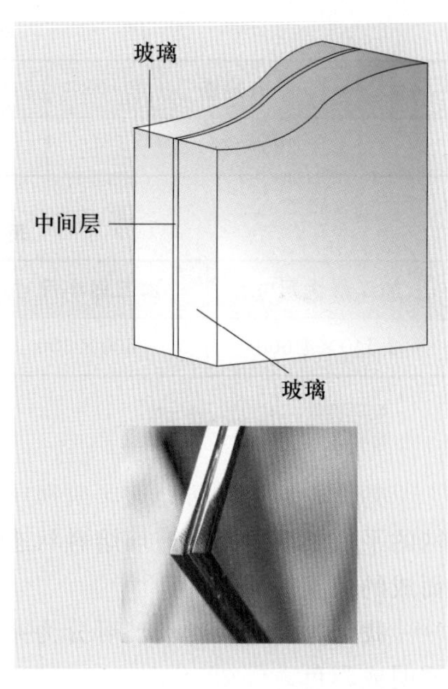

图 5-4-5 夹层玻璃结构示意图

1. 夹层玻璃的特性

(1) 抗冲击性好。夹层玻璃由多层普通玻璃或钢化玻璃中间夹 PVB 胶片粘合而成，抗冲击性能要比普通玻璃高很多。

(2) 安全性高。夹层玻璃的抗冲击性能很高，不易破裂，经过一定处理的夹层玻璃可具有耐震、防盗、防暴甚至防弹的功能。且一旦破裂由于 PVB 胶片的黏结作用，仅产生辐射状裂纹和少量玻璃碎屑，玻璃碎片仍黏贴在膜片上，不会对人体造成伤害。夹层玻璃是钢化玻璃、夹丝玻璃三者之中安全性最高的一种产品，且同夹丝玻璃相比，夹层玻璃内部仅有透明的 PVB 胶片，无金属丝遮挡，所以透光性更好。

2. 夹层玻璃的应用

夹层玻璃主要用作建筑物的门窗、隔墙、吊顶、天窗、幕墙、地面等，也可用于家具制作，尤其适用于有特殊安全要求的建筑，如银行、珠宝行、商行等。同时也广泛应用于汽车、飞机、船舶等的挡风玻璃(图 5-4-6)。

双层钢化夹胶玻璃楼梯

双层钢化夹胶玻璃楼梯

双层钢化夹胶玻璃楼梯

钢化夹胶顶棚

敲击夹胶玻璃

图 5-4-6 钢化夹层玻璃的应用

5.4.4 防火玻璃

具有防火功能的建筑外墙用幕墙或门窗玻璃(图 5-4-7)，是采用物理与化学的方法，对浮法玻璃进行处理而得到的。其在 1 000 ℃火焰冲击下能保持 84～183 min 不炸裂，从而有效地阻止火焰与烟雾的蔓延。

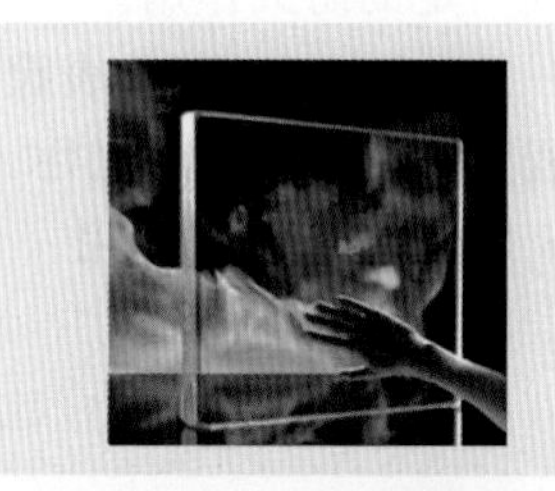
图 5-4-7 防火玻璃

防火玻璃主要有五种，其一是夹层复合防火玻璃，其二是夹丝防火玻璃，其三是特种防火玻璃，其四是中空防火玻璃，其五是高强度单层铯钾防火玻璃。按耐火极限分 5 个等级：0.5 h、1.00 h、1.50 h、2.00 h、3.00 h。

5.4.5 防弹玻璃

防弹玻璃是由玻璃(或有机玻璃)和优质工程塑料经特殊加工得到的一种复合型材料,它通常是透明的材料,比如 PVB/聚碳酸酯纤维热塑性塑料(一般为力显树脂即 lexan 树脂,也叫 LEXAN PC RESIN)。它具有普通玻璃的外观和传送光的行为,对小型武器的射击提供一定的保护。最厚 PC 板能做到 136 mm,最大宽度达 2 166 mm,有效时间达 6 664 d(图 5-4-8)。

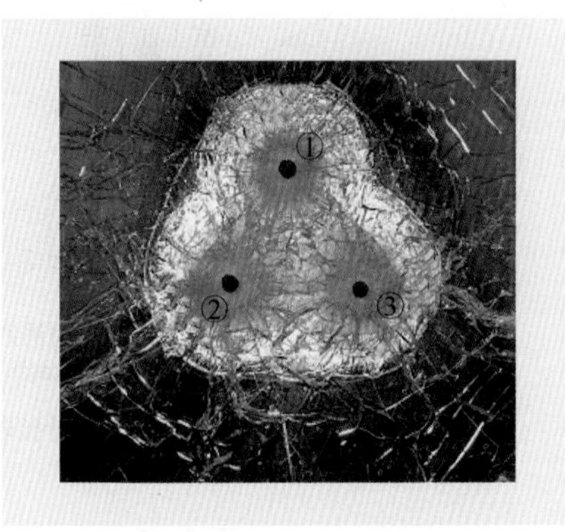

图 5-4-8 防弹玻璃

5.4.6 钛化玻璃

钛化玻璃也称永不碎铁甲箔膜玻璃,是将钛金箔膜紧贴在任意一种玻璃基材之上,使之结合成一体的新型玻璃。钛化玻璃具有高抗碎能力、高防热及防紫外线等功能。不同的基材玻璃与不同的钛金箔膜可组合成不同色泽、不同性能、不同规格的钛化玻璃。钛化玻璃常见的颜色有:无色透明、茶色、茶色反光、铜色反光等。

钛金箔膜又称铁甲箔膜,是一种由 PET -季戊四醇与钛复合而成的复合箔膜,经由特殊黏合剂可与玻璃结合成一体,从而使玻璃变成具有抗冲击、抗贯穿、不破裂成碎片、无碎屑,同时防高温、防紫外线及防太阳能的最安全玻璃。

5.5 节能玻璃

在现代建筑中,追求大面积采光的玻璃设计已成为潮流,但与建筑设计的节能性取向产生了尖锐的矛盾。因此,增强门窗玻璃的保温隔热性能,减少门窗玻璃能耗,是改善室内热环境质量和提高建筑节能水平的重要环节。目前建筑上常用的节能型玻璃主要有吸热玻璃、热反射玻璃和中空玻璃。

5.5.1 吸热玻璃

吸热玻璃是指能吸收大量的红外线辐射能而又保持良好可见光透过率的平板玻璃。目前吸热玻璃多采用本体着色法,即在普通玻璃中加入有着色作用的氧化物,如氧化铁、氧化镍、氧化钴及氧化硒等。吸热玻璃主要有灰色、茶色、绿色、古铜色、金色、棕色和蓝色等几种颜色。

1. 吸热玻璃的特性

吸热玻璃对太阳光有较强吸收能力,尤其是对红外线的吸收效果更为强烈。

当太阳光照射到浮法玻璃上时,相当于太阳光全部辐射能 83.9% 的热量进入室内,这引起热量在室内积聚,引起室内温度升高,即造成所谓的“暖房效应”;而同样厚度的蓝色吸热玻璃合计吸收的热量仅为太阳光全部辐射能的 68.9%,即产生所谓的“冷房效应”,如图 5-5-1 所示。吸热玻璃可以显著降低透射到室内太阳光,从而避免室内升温。

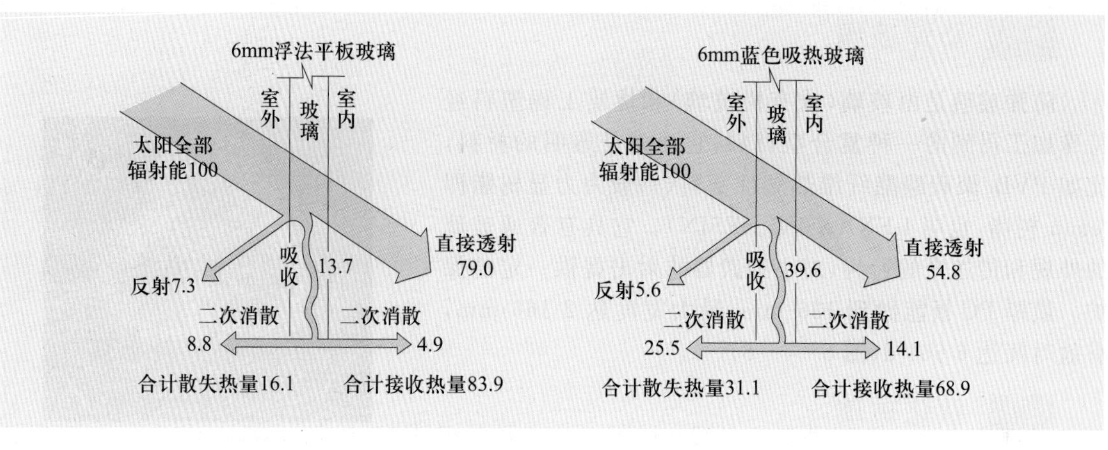

图 5-5-1　6 mm 厚吸热玻璃与同厚浮法玻璃热工性能比较

2. 吸热玻璃的应用

吸热玻璃在建筑工程中广泛应用于门窗、幕墙等部位，是开发较早的节能玻璃品种。它经历了茶色、金黄色到蓝色、绿色，现在正向通透方向发展变化。吸热玻璃对光的吸收率最高，因而减少了进入室内的热量，可起到隔热作用，在很大程度上降低夏季空调负荷，适用于夏季炎热地区使用；同时吸热玻璃有各种不同颜色，具有一定装饰效果。北方地区若使用吸热玻璃，仅可起到装饰作用，在节能上不但没有功效还会起到反作用。

5.5.2 热反射玻璃

热反射玻璃又称阳光控制镀膜玻璃或 Sun-E 玻璃，是具有较高的热反射能力而又保持良好透光性能的平板玻璃(图 5-5-2)。它是在平板玻璃表面涂覆金属或金属氧化物薄膜制成的。薄膜包括金、银、铜、铝、铬、镍、铁等金属及其氧化物。

图 5-5-2　热反射玻璃

1. 热反射玻璃特性

(1) 具有良好隔热、遮阳性能。热反射玻璃的显著特点是能透过可见光，能把大部分太阳光热能反射掉，反射率可高达 60%以上。有一定的隔热、遮阳效果。维持建筑内部的凉爽，可以节省通风及空调的费用。

(2) 单向透视性。热反射玻璃的镀膜层具有单向透视性，在装有热反射玻璃幕墙的建筑里，白天人们从室外(光线强烈的一面)向室内(光线较暗的一面)看去，由于热反射玻璃的镜面反射特性，看到的是街道上车辆和人流组成的街景，而看不到室内的人和物。而夜晚刚好相反，室内有灯光照明，看不到玻璃幕墙外面的事物，给人以不受干扰的合适感，而从室外观看这幢建筑，灯光璀璨宛如一座玻璃的金字塔。

(3) 镜面效应(可见光透过率低)。热反射玻璃具有强烈的镜面效应，用这种玻璃作为幕墙，可以将蓝天白云和周围的美丽的街景真实地映射在建筑外墙之上，构成一幅美丽和谐的图画。这曾在一段时间内引领了建筑时尚，建筑师们争相效仿，但现在有越来越多反对的呼声，因为过多的热反射玻璃幕墙有时也会带来令人厌烦的“光污染”。

2. 热反射玻璃的应用

热反射玻璃具有较强的隔热、遮阳效果。适用于夏季炎热地区的建筑门窗玻璃、幕墙玻璃(图 5-5-3),还可以用于制作高性能的中空玻璃。

图 5-5-3 热反射玻璃幕墙

5.5.3 低辐射镀膜玻璃

低辐射镀膜玻璃也称 LOW-E 玻璃,“LOW-E”是“低辐射”英文的缩写,其中的 E 表示辐射率。普通玻璃的表面辐射率在 0.84 左右,而 LOW-E 玻璃的表面辐射率在 0.25 以下。随着人们建筑节能意识的不断提高,从 20 世纪 80 年代起,低辐射镀膜玻璃以其优良的节能特性,首先在欧美等发达国家得到了迅速的推广和普及,美国民用建筑 LOW-E 玻璃使用量达到 90%以上,且绝大部分深加工为中空玻璃。

1. 低辐射镀膜玻璃特性

(1) 热学性能。具有良好的夏季隔热、冬季保温的特性,能有效地降低能耗。

(2) 美学性能。膜层均匀、色彩丰富,有极佳的装饰效果。

(3) 具有隐形性能或单向透视功能。由于膜层的反射率高,人在室外 1m 远的地方便看不到室内的人或物,室内的人却可以清楚地看到室外景物。

2. 种类

有高透型 LOW-E 玻璃、遮阳型 LOW-E 玻璃、双银型 LOW-E 玻璃等,产品颜色有无色透明、海洋蓝、浅蓝、翡翠等几十种,能满足各种建筑物的不同需求。

3. 低辐射镀膜玻璃应用

低辐射镀膜玻璃多用于中、高纬度冬季气候寒冷地区,当适当调整玻璃的太阳光反射比后,适用性更加广泛,也可用于低纬度夏季炎热地区。当利用低辐射镀膜玻璃作为原片,制作成中空玻璃时效果更佳(图 5-5-4)。

图 5-5-4 低辐射镀膜玻璃应用效果

5.5.4 中空玻璃

中空玻璃是由两片或多片玻璃以有效支撑均匀隔开并周边黏结密封,使玻璃层间形成有干燥气体空间的一种玻璃制品。中空玻璃按玻璃层数有双层和多层之分,一般是双层结构,构造如图 5-5-5 所示。可采用平板玻璃、镀膜玻璃、夹层玻璃、钢化玻璃、半钢化玻璃和压花玻璃等。平板玻璃应符合 GB 11614 的规定,镀膜玻璃应符合 GB/T 18915 的规定,夹层玻璃应符合 GB 15763.3 的规定,钢化玻璃应符合 GB 15763.2

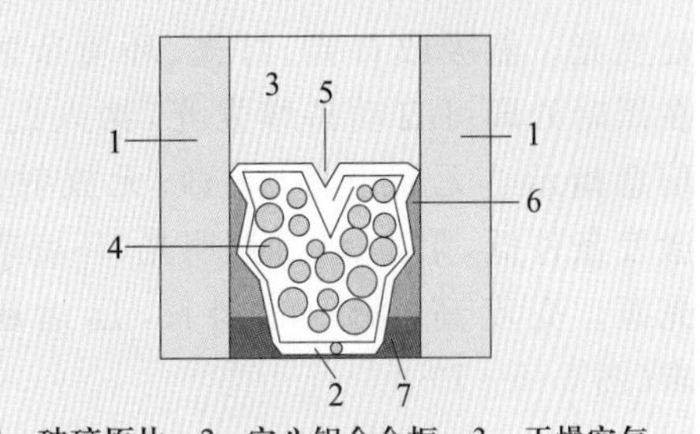

1—玻璃原片; 2—空心铝合金框; 3—干燥空气; 4—干燥剂; 5—缝隙; 6—聚硫橡胶; 7—丁基橡胶

图 5-5-5 中空玻璃构造

的规定。其他品种的玻璃应符合相应标准或由供需双方商定。

1. 中空玻璃的分类

(1) 按形状分类有平型中空玻璃和曲面中空玻璃。

(2) 按间隔层内气体分类有普通中空玻璃(间隔层内为空气的中空玻璃)和充气中空玻璃(间隔层内充入其他气体的中空玻璃)。

2. 中空玻璃性能特性

(1) 保温隔热性能好。

(2) 中空玻璃具有优良的气密性和水密性,且内部填充干燥气体,因而比单片玻璃具有更好的保温隔热性能。当采用吸热玻璃、热反射玻璃和低辐射镀膜玻璃时效果尤为明显。

(3) 隔声性能好。中空玻璃具有良好的隔声性能,一般可使噪声降低 30～40 dB,即能将街道汽车噪声降低到学校教室的安静程度。

(4) 防霜露性能好。在室内一定湿度条件下,当玻璃表面温度下降到一定温度时,室内水汽便会在玻璃上冷凝形成露珠,甚至出现结霜现象。而使用中空玻璃时,靠近室内一侧玻璃表面温度较高不会出现结霜露情况,室外一侧玻璃表面温度虽然很低,但室外温度也很低,所以也不会出现结霜露现象。国家标准《中空玻璃》(GB/T 11944—2012)要求,中空玻璃露点应低于-40 ℃。

中空玻璃的使用寿命与边部密封材料(如间隔条、干燥剂、密封胶)的质量和加工工艺有直接关系。中空玻璃使用寿命的长短也受使用环境的影响,一般可达到 15 年。

3. 中空玻璃的应用

中空玻璃既保温又隔热,同时具有防霜露功效。所以不管是寒冷地区还是炎热地区均可适用,广泛应用于宾馆、住宅、医院、商场、写字楼等建筑门窗(图 5-5-6),也同时适用于车船等交通工具。根据各地区实际情况,采用吸热玻璃、热反射玻璃、LOW-E 玻璃等不同品种作为玻璃原片可起到更好效果。

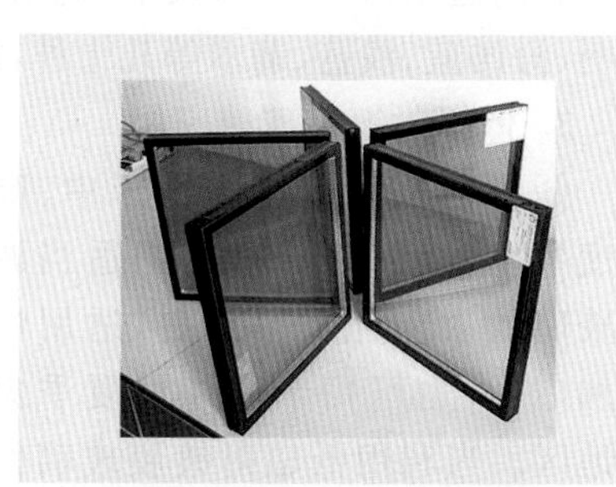

图 5-5-6 中空玻璃窗

5.5.5 自发光玻璃

自发光玻璃,是 EVA 结构的夹胶玻璃,原料玻璃为清玻璃,中间所夹的原料为自发光物体。它在亮处吸光,暗处发光。能吸收日光、灯光、环境杂散光等各种可见光,在黑暗处即可自动持续发光,给人们在黑暗中以更多的信息指示。无需电源,无毒、无放射性,化学性能稳定。激发条件低,阳光、普通照明光、环境杂散光都可作为激发光源。亮度高,发光时间长,远远超过消防疏散的要求(图 5-5-7)。

图 5-5-7 自发光玻璃

5.5.6 光致变色玻璃

光致变色玻璃是在玻璃基料中加入感光剂卤化银或在玻璃与有机层中加入钼和钨的感光化合物，又称为光敏玻璃、变色玻璃。光致变色玻璃的装饰特性是玻璃的颜色和透光度随日照强度自动变化。日照强度高，玻璃的颜色深，透光率低；反之，日照强度低，玻璃的颜色浅，透光率高。用光致变色玻璃装饰建筑物，可使室内光线柔和、色彩多变；建筑物色彩斑斓、变幻莫测，与建筑物的日照环境协调一致。一般用于建筑物幕墙等(图 5-5-8)。

图 5-5-8 光致变色玻璃窗

5.6 其他装饰玻璃及制品

5.6.1 玻璃锦砖

玻璃锦砖又称玻璃马赛克，历史上，马赛克泛指镶嵌艺术作品，后来指由不同色彩的小块镶嵌而成的平面装饰。

玻璃锦砖是将长度不超过45 mm的各种颜色和形状的玻璃质小块铺贴在纸上而制成的一种装饰材料(图 5-6-1)。它与陶瓷锦砖的主要区别是：玻璃质结构，呈乳浊状或半乳浊状，内含少量气泡和未熔颗粒；单块产品断面呈楔形，背面有锯齿状或阶梯状的沟纹，以便粘贴牢固。

图 5-6-1 绚丽多彩的玻璃锦砖

玻璃锦砖的特点：

(1) 色泽绚丽多彩，典雅美观。“赤橙黄绿青蓝紫”诸色彩兼备，用户可根据不同的需要进行选择。

(2) 质地坚硬，性能稳定，具有耐热、耐寒、耐候、耐酸碱等性能。玻璃锦砖的断面比普通陶瓷有所改进，吃灰深，黏结较好，不易脱落，耐久性较好；不积尘，天雨自涤，经久常新。

(3) 规格。玻璃锦砖一般尺寸为 20 mm×70 mm、30 mm×30 mm、40 mm×40 mm 等，厚度为 4～6 mm，有透明、半透明、带金色斑点、银色斑点或银色条纹等。玻璃锦砖一般都制成一面光滑，另一面带有槽纹，以提高施工时的黏结性。

图 5-6-2 玻璃锦砖在室内外的应用效果

玻璃锦砖适用于住宅卫生间、浴室、公共游泳场等场所，也可用于制作壁画、装饰拼贴画，有时也用于宾馆、医院、办公楼、礼堂、住宅等建筑的外墙装饰，如图 5-6-2 所示。

5.6.2 玻璃砖

玻璃砖分为实心砖和空心砖两种。实心玻璃砖是用熔融玻璃采用机械模压制成的矩形块状制品(图 5-6-3)。空心玻璃砖是由箱式模具压成凹形半块玻璃砖，然后再将两块凹形砖熔结或黏结而成的方形或矩形整体空心制品(图 5-6-4)。玻璃空心砖有 115 mm、145 mm、240 mm、300 mm 等规格；可以用彩色玻璃制作，也可以在其内腔用透明涂料涂饰。

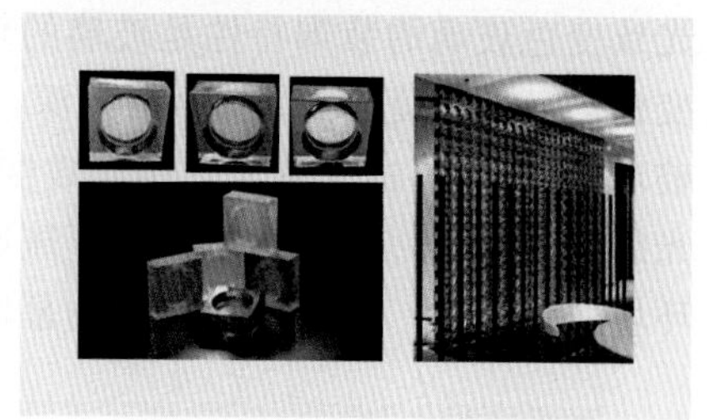

图 5-6-3 实心玻璃砖

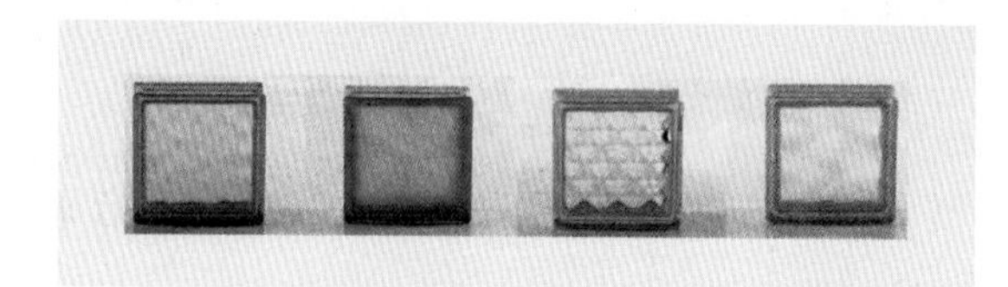

图 5-6-4 空心玻璃砖

玻璃空心砖的特点：体积密度(容重)较低(800 kg/m^3)；强度高，耐冲击，防火防爆；导热系数较低[0.46 W/(m·K)]，有足够的透光率(50%～60%)和散射率(25%)，却不透视。其内腔制成不同花纹可以使外来光线扩散或使其向指定方向折射，具有特殊的光学效果。玻璃砖墙被誉为"透明墙壁"(图 5-6-5)。

图 5-6-5 玻璃砖隔断

玻璃砖可用于建造透光隔墙、浴室隔断、楼梯间、门厅、通道等，特别适用于高级建筑、体育馆、图书馆等需要控制透光、眩光和阳光直射的场合。

5.6.3 微晶玻璃

微晶玻璃又称微晶玉石或陶瓷玻璃，是综合玻璃，是 20 世纪 70 年代发展起来的新型材料，它的学名叫做玻璃水晶。微晶玻璃与人们常见的玻璃看起来大不相同。它具有玻璃和陶瓷的双重特性，普通玻璃内部的原子排列是没有规则的，这也是玻璃易碎的原因之一。而微晶玻璃像陶瓷一样，由晶体组成，也就是说，它的原子排列是有规律的。所以，微晶玻璃比陶瓷的亮度高，比玻璃韧性强。微晶玻璃外观酷似高品质的天然石材(图 5-6-6、图 5-6-7),但其性能均比天然石材更加优越。

图 5-6-6 微晶玻璃

图 5-6-7 微晶玻璃饰面板

微晶玻璃特点是,色泽丰富、质感好,抛光微晶玻璃的表面光洁度远远高于天然石材,其光泽亮丽,使建筑物豪华气派。色调均匀,尤其是高雅的纯白色微晶玻璃,更是天然石材所望尘莫及的。耐水、抗污染,具有高度环保性能。

微晶玻璃装饰板在各方面性能上均优于石材,是传统天然石材的理想替代品,可应用于室内外地面、建筑外墙饰面等。

5.6.4 镶嵌玻璃

由各种优质金属嵌条、中空玻璃密封胶、钢化玻璃、浮法玻璃和彩色玻璃,经过雕刻、磨削、碾磨、焊接、清洗、干燥、密封等工艺制造的高档艺术镶嵌玻璃,广泛应用于家庭、宾馆、饭店和娱乐场所等(图 5-6-8)。

图 5-6-8 镶嵌玻璃

复习思考题

1. 试述平板玻璃的性能、分类和用途。
2. 安全玻璃的安全性能指的是哪几个方面？在建筑的什么部位上应选用安全玻璃？
3. 安全玻璃主要有哪几种？各有何特点？
4. 热反射玻璃和低辐射玻璃在性能和用途上有什么区别？
5. 中空玻璃的最大特点是什么？适合于什么环境下使用？

实 践 任 务

1. 实践目的

让学生自主到装饰材料市场和建筑装饰施工现场进行调查和实习，了解装饰玻璃、安全玻璃和一些成品软包的种类、价格，熟悉装饰玻璃的应用，能够准确识别各种材料的名称、规格、种类、价格、使用要求及适用范围等。

2. 实践方式

(1) 建筑装饰材料市场的调查分析

学生分组：学生3～5人一组，自主地到建筑装饰材料市场进行调查分析。

调查方法：学会以调查、咨询为主，认识各种装饰玻璃种类、调查材料价格、收集材料样本、掌握材料的选用要求。

(2) 建筑装饰施工现场装饰材料使用的调研

学生分组：学生10～15人一组，教师或现场负责人带队。

调查方法：结合施工现场和工程实际情况，由教师或现场负责人带队，讲解材料在工程中的使用情况和注意事项。

3. 实践内容及要求

(1) 认真完成调研日记。

(2) 填写材料调研报告。

(3) 实习总结。

第 6 章 建筑装饰塑料

塑料是指以合成树脂或天然树脂为主要基料，加入一些辅助添加剂，在一定条件下经混炼、塑化、成形，且在常温下能保持制品形状不变的材料。它与合成橡胶、合成纤维并称为三大合成高分子材料。

塑料作为一种新型材料，以其质轻、绝缘、耐腐、耐磨、绝热、隔声等优良性能逐步得到人们越来越多的认可，广泛应用于国民经济的各个领域。在建筑装饰行业，塑料也成了必不可少的一种装饰材料，几乎遍及室内装饰的各个部位。最常见的有塑料地板、铺地卷材、塑料地毯、塑料装饰板、塑料壁纸、塑料门窗型材、塑料管材等。

6.1 塑料的基本知识

6.1.1 塑料的组成

(1) 合成树脂。树脂是塑料的基本组成材料，可分为天然树脂(如松香、虫胶等)和合成树脂，目前使用的塑料中多为合成树脂。

(2) 填料。填料是为了改善塑料制品某些性质如提高塑料制品的强度、硬度、耐热性及降低成本等而在塑料制品中加入的一些材料。填料在塑料组成材料中占40%～70%，常用的填料有木粉、滑石粉、硅藻土、石灰石粉、铝粉、炭黑、云母、二硫化钼、石棉、玻璃纤维等。其中纤维填料可提高塑料的结构强度，石棉填料可改善塑料的耐热性，云母填料能增强塑料的电绝缘性，石墨、二硫化钼填料可改善塑料的摩擦和耐磨性能等。此外，由于填料一般都比合成树脂便宜，故填料的加入能降低塑料的成本。

(3) 增塑剂。掺入增塑剂的目的是增加塑料的可塑性、柔软性、弹性、抗振性、耐寒性及延伸率等，但会降低塑料的强度与耐热性。

(4) 固化剂。固化剂又称硬化剂，其主要作用是使线型高聚物交联成体型高聚物，使树脂具有热固性。

(5) 着色剂。又叫色料，加入的目的是将塑料染制成所需要的颜色。着色剂的种类按其在着色介质中或水中的溶解性分为染料和颜料两大类。

(6) 其他助剂。为了改善或调节塑料的某些性能，以适应使用和加工的特殊要求，可在塑料中掺加各种不同的助剂，如稳定剂、阻燃剂、发泡剂、润滑剂、抗老化剂等。

在种类繁多的塑料助剂中，由于各种助剂的化学组成、物质结构的不同，对塑料的作用机理及作用效果各异，因而由同种型号树脂制成的塑料，其性能会因助剂的不同而不同。

6.1.2 建筑装饰塑料的基本品种

塑料按用途可分为通用塑料、工程塑料(包括特种塑料、增强塑料等)。通用塑料主要有五大品种，即聚乙烯、聚氯乙稀、聚丙烯、聚苯乙烯及ABS。它们在一般情况均属于热塑性塑料。

1. 聚乙烯(PE)

聚乙烯由乙烯单体聚合而成，是不透明或半透明、质轻、无臭、无毒的塑料。它具有优良的耐低温性能(最低使用温度可达−70 ～ −100 ℃)，电绝缘性、化学稳定性好，能耐大多数酸碱的侵蚀，但不耐热。它是塑料工业中产量最高的品种。聚乙烯在建筑上常用于制造防渗防潮薄膜、给排水管道，在装修工程中，可用于制作组装式散光格栅、拉手件等。

2. 聚氯乙烯(PVC)

聚氯乙烯是由氯乙烯聚合而得的塑料，机械强度较高，耐酸碱，化学稳定性好。由于其具有自熄性(遇火时可燃，但火源移走后能自动熄灭)使 PVC 在建筑工程领域有非常广泛的应用，可分软质 PVC 和硬质 PVC(也有半硬质 PVC 和发泡 PVC 等)。软质 PVC 通常在塑料中加入增塑剂，材质柔软；硬质 PVC 通常加入较多的填料，而不添加增塑剂，因此这种 PVC 也称未增塑 PVC、硬质 PVC 或 UPVC、PVC—U。软质材料用于壁纸、地板革、装饰膜及封边材料，硬质材料用于各种板材、管材、异型材和门窗(图 6-1-1)，目前建材市场以硬质 PVC 应用居多。

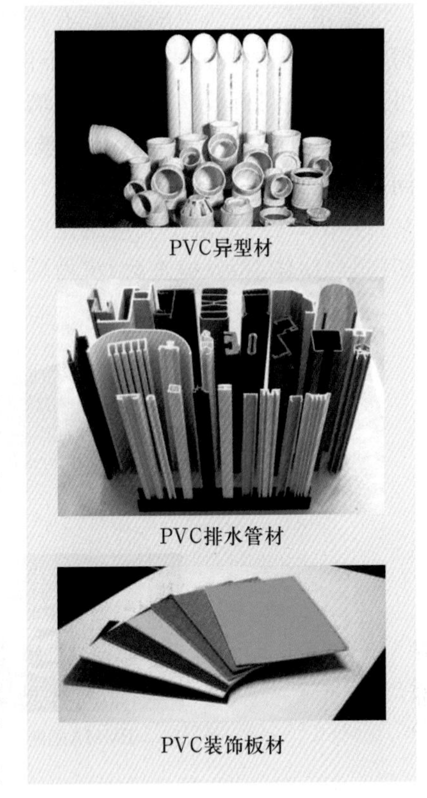
PVC异型材

PVC排水管材

PVC装饰板材

图 6-1-1 PVC 材料的应用

聚氯乙烯是建筑装饰行业用量最大的塑料品种。

3. 聚丙烯(PP)

聚丙烯是由丙烯聚合而得的热塑性塑料，通常为无色、半透明固体，无毒无臭，密度为 0.90 ～ 0.919 g/cm^3，是最轻的通用塑料，其突出优点是具有在水中耐蒸煮的特性，耐腐蚀，强度、刚度和透明性都比聚乙烯好，缺点是耐低温冲击性差，易老化。聚丙烯在建筑行业中主要用作给水管，尤其是热水管制作。如目前使用较多的 PP—R 管，其耐热性能好，长期使用温度高于 70 ℃，最高使用温度高于 95 ℃(图 6-1-2)。

4. 聚苯乙烯(PS)

聚苯乙烯是苯乙烯的聚合物，具有一定的机械强度，透光性好，着色性佳，并易成形。缺点是性脆不耐冲击，制品易老化而出现裂纹；易燃烧，燃烧时会冒出大量黑烟，有特殊气味。聚苯乙烯的透光性仅次于有机玻璃，大量用于低档灯具、灯格板及各种透明、半透明装饰件。硬质聚苯乙烯泡沫塑料大量用于轻质板材芯层和泡沫包装材料。

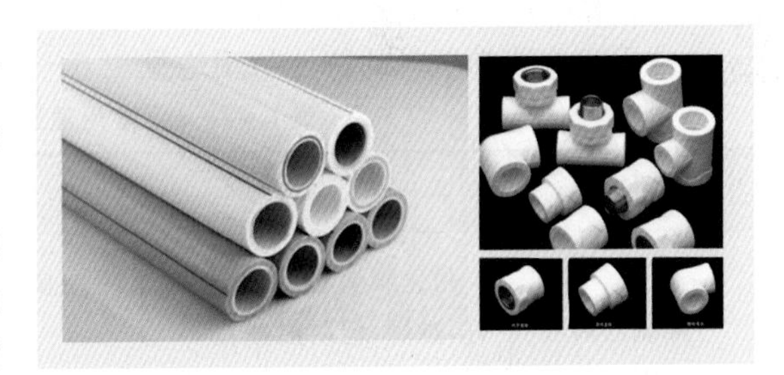
图 6-1-2 PP—R 管及管件

5. ABS 塑料

ABS 塑料为不透明的塑料，呈浅象牙色，具有良好的综合力学性能：硬而不脆，尺寸稳定，易于成形和机械加工，表面能镀铬，耐化学腐蚀。缺点是不耐高温，耐热温度为 96～116 ℃，易燃，耐候性差。ABS 塑料可用于制作压有花纹图案的塑料装饰板材及室内装饰用的构配件；可制作电冰箱、洗衣机、食品箱、文具架等现代日用品；ABS 树脂泡沫塑料尚能代替木材，制作高雅而耐用的家具等。

6. 聚甲基丙烯酸甲酯(PMMA)——有机玻璃

聚甲基丙烯酸甲酯俗称“有机玻璃”、“压克力(亚克力)”,很多光学镜片均是用此种材料制得。PMMA 的抗冲击韧性好,不像玻璃那么易碎,而且它的透光率相当高。这一性能非常有用,可用于制造飞机玻璃、汽车用玻璃、光学仪器、医疗器械等。水族馆的橱窗需要耐数吨的压力,如果用玻璃的话,必须用很厚的玻璃,这样透明性就差了,而用厚的 PMMA,就可以解决这个问题。

PMMA 在建筑中大量用作窗玻璃的代用品,用在容易破碎的场合。此外,PMMA 还广泛用于浴缸、整体浴室、盥洗盆、室内墙板,中、高档灯具等(图 6-1-3)。

PMMA装饰板材

PMMA隔断　PMMA灯箱片　PMMA卫浴

图 6-1-3　PMMA 的应用

6.1.3 塑料的特性

塑料在国民经济的各个领域广泛应用,这与塑料的优越性能是密不可分的。

常用建筑装饰塑料的特性与用途见表 6-1-1。

表 6-1-1　常用建筑装饰塑料的特性与用途

名称	特性	用途
聚氯乙烯(PVC)	耐化学腐蚀性和电绝缘性优良,力学性能较好,难燃,但耐热性差	有硬质、软质、轻质发泡制品,可制作地板、壁纸、管道、门窗、装饰板、防水材料、保温材料等,是建筑工程中应用最广泛的一种塑料
聚乙烯(PE)	柔韧性好,耐化学腐蚀性好,成形工艺好,但刚度差,易燃烧	主要用于防水材料、给排水管道、绝缘材料等
聚丙烯(PP)	耐化学腐蚀性好,力学性能和刚度超过聚乙烯,但收缩率大,低温脆性大	管道、容器、卫生洁具、耐腐蚀衬板等

续表

名称	特性	用途
聚苯乙烯（PS）	透明度高，机械强度高，电绝缘性好，但脆性大，耐冲击性和耐热性差	主要用来制作泡沫隔热材料，也可用来制造灯具平顶板等
改性聚苯乙烯（ABS）	具有韧性、硬度、刚度相均衡的力学性能，电绝缘性和耐化学腐蚀性好，尺寸稳定，但耐热性、耐候性较差	主要用于生产建筑五金和各种管材、模板、异形板等
有机玻璃（PMMA）	有较好的弹性、韧性、耐老化性，耐低温性好，透明度高，易燃	主要用作采光材料，可代替玻璃，但性能优于玻璃
酚醛树脂（PF）	绝缘性和力学性能良好，耐水性、耐酸性好，坚固耐用，尺寸稳定，不易变形	生产各种层压板、玻璃钢制品、涂料和胶黏剂
不饱和聚酯树脂（UP）	可在低温下固化成形，耐化学腐蚀性和电绝缘性好，但固化收缩率较大	主要用于生产玻璃钢、涂料和聚酯装饰板等
环氧树脂（EP）	黏结性和力学性能优良，电绝缘性好，固化收缩率低，可在室温下固化成形	主要用于生产玻璃钢、涂料和胶黏剂等产品
有机硅树脂（SI）	耐高温、低温，耐腐蚀，稳定性好，绝缘性好	用于高级绝缘材料或防水材料
玻璃纤维增强塑料（又名玻璃钢，GRP）	强度特别高，质轻，成形工艺简单，除刚度不如钢材外，各种性能均很好	在建筑工程中应用广泛，可用作屋面材料、墙体材料、排水管、卫生器具等

6.2 塑料装饰板材

塑料装饰板材是指以树脂为浸渍材料或以树脂为基材，采用一定的生产工艺制成的具有装饰功能的普通或异形断面的板材。

塑料装饰板材按原材料的不同可分为硬质 PVC 板、塑料金属复合板、玻璃钢板、聚碳酸酯采光板、有机玻璃装饰板、三聚氰胺层压板等类型。按结构和断面形式可分为平板、波形板、实体异形断面板、中空异形断面板、格子板、夹芯板等类型。

6.2.1 PVC 板材

PVC 塑料板材可分为软质 PVC 板（片）材、硬质 PVC 板材、发泡 PVC 板材等。硬质 PVC 板有透明和不透明两种。硬质 PVC 板按其断面形式可分为平板、波形板和异形板等。按用途可制成 PVC 塑料扣板、吊顶格子板、塑料地板及其他部位装饰板材。

硬质 PVC 异形板表面可印刷或复合各种仿木纹、仿石纹装饰几何图案，有良好的装饰性，而且防潮、表面光滑、易于清洁、安装简单。常用作墙板和潮湿环境（盥洗室、卫生间）的吊顶板。

1. PVC 塑料扣板（PVC 吊顶板）

PVC（或 UPVC、PVC－U）塑料扣板也称 PVC 吊顶板，是以 PVC（聚氯乙烯树脂）为基料，加入增塑剂、稳定剂、颜色剂后经挤压而成（图 6－2－1）。

图 6－2－1　PVC 塑料扣板

PVC 塑料扣板具有重量轻、安装简便、防水、防潮、防蛀虫的特点，它表面的花色图案变化也非常多，并且耐污染、好清洗，有隔声、隔热的良好性能。它成本低、装饰效果好，因此在家庭装修吊顶材料中占有重要位置，成为卫生间、厨房、阳台等吊顶的主导材料（图 6－2－2）。

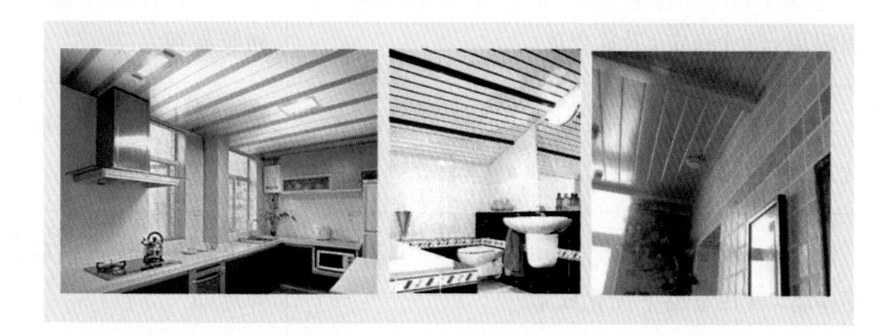

图 6－2－2　厨房、卫生间和阳台 PVC 塑料扣板吊顶

PVC 塑料扣板规格：外观呈长条状居多，条形扣板宽度为 200～450 mm 不等，长度一般有 3 000 mm和6 000 mm两种，厚度为 4～12 mm。

2. PVC 格栅板

格栅板具有空间体形结构，可大大提高其刚度，不但可减少板面的翘曲变形而且可吸收 PVC 塑料板面在纵横两方面的热伸缩。格栅板立体感、层次感强，可形成迎光面和背光面的强烈反差，使空间气氛活跃，极富光影装饰效果。并且冷气口、排风口、灯具可直接装在格栅上面，不影响整体效果，通风性好。常用的规格为 500 mm×500 mm，厚度为 2～3 mm。

PVC 格栅板常用作体育馆、图书馆、展览馆或医院等公共建筑的墙面或吊顶（图 6－2－3）。

图 6－2－3　PVC 格栅顶棚效果图

6.2.2 三聚氰胺层压板

三聚氰胺层压板亦称纸质装饰层压板或塑料贴面板，是以纤维材料厚纸为骨架，面层浸渍三

聚氰胺树脂，而底层浸渍酚醛树脂，多层叠合经热压固化而成的薄型贴面材料(图 6-2-4)。

图 6-2-4 三聚氰胺层压板

三聚氰胺层压板由于采用的是热固性塑料，所以耐热性优良，经 100 ℃以上的温度不软化、开裂和起泡，具有良好的耐烫、耐燃性，因此有时也称为防火装饰板。由于骨架是纤维材料厚纸，所以有较高的机械强度，其抗拉强度可达 90 MPa，且表面耐磨。三聚氰胺层压板表面光滑致密，具有较强的耐污性，耐湿、耐擦洗，耐酸、碱、油脂及酒精等溶剂的侵蚀，经久耐用。

三聚氰胺层压板的常用规格为 915 mm×915 mm、915 mm×1 830 mm、1 220 mm×2 440 mm 等。厚度有 0.5 mm、0.8 mm、1.0 mm、1.2 mm、1.5 mm、2.0 mm 以上等。厚度在 0.8～1.5 mm的常用作贴面板，粘贴在基材(纤维板、刨花板、胶合板)上。而厚度在 2 mm 以上的层压板可单独使用。

三聚氰胺层压板常用于墙面、柱面、台面、家具(图 6-2-5)、吊顶等饰面工程。

图 6-2-5 三聚氰胺层压板家具

6.2.3 聚碳酸酯板

聚碳酸酯(PC)板是以聚碳酸酯塑料为基材，采用挤出成形工艺制成的栅格状中空结构异形断面板材，是由国外引进的优质透光装饰板材，通常用作建筑采光板，如图 6-2-6 所示。厚度有6 mm、8 mm、10 mm、16 mm 不同规格。采光板的两面都覆有透明保护膜，有印刷图案的一面经紫外线防护处理，安装时应朝外；另一面无印刷图案的安装时应朝内。常用的板面规格为 5 800 mm×1 210 mm。

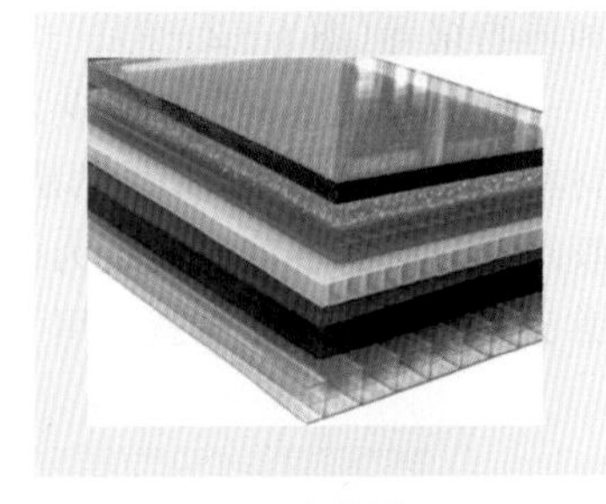
图 6-2-6 聚碳酸酯(PC)板

聚碳酸酯板的特点为：由于采用了多层空间栅格结构，所以刚度大，不易变形，能抵抗暴风雨、冰雹、大雪引起的破坏性冲击；色调多、外观美丽，有透明、蓝色、绿色、茶色、乳白等多种色调，极富装饰性；基本不吸水，有良好的耐水性和耐湿性；透光性好，隔热、保温、阻燃性，耐候性好，板材表面经特殊的耐老化处理，长时间使用不老化、不变形、不褪色，长期使用的允许温度范围为 -40～120 ℃；有足够的变形性，作为拱形屋面最小弯曲半径可达1 050 mm(6 mm 厚的材板)。

聚碳酸酯板材常用在办公室大楼、百货大楼、宾馆、别墅、学校、医院、体育场馆、娱乐中心及公用设施的采光顶棚(图 6-2-7)；高速公路、轻便铁路及城市高架路隔声屏障等。

图 6-2-7 PC 采光顶棚

6.2.4 玻璃钢板

玻璃钢(简称 GRP)是以合成树脂为基体,以玻璃纤维或其制品为增强材料,经成形、固化而成的固体材料。

玻璃钢采用的合成树脂有不饱和聚酯、酚醛树脂或环氧树脂。不饱和聚酯工艺性能好,可制成透光制品,可在室温常压下固化。目前制作玻璃钢装饰材料大多采用不饱和聚酯。

玻璃纤维是熔融的玻璃液拉制成的细丝,是一种光滑柔软的高强无机纤维,直径 9～18μm,可与合成树脂良好结合而成为增强材料。在玻璃钢中常应用玻璃纤维制品,如玻璃纤维织物或玻璃纤维毡。

常用的玻璃钢装饰板材有波形板、格栅板、折板等,也可作为桌椅家具材料(图 6-2-8)。

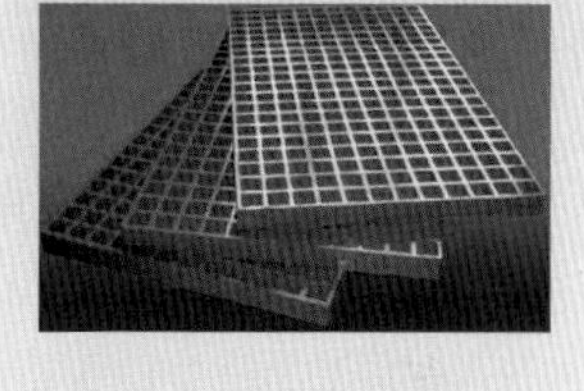

图 6-2-8 玻璃钢板及 GRP 格栅板

6.2.5 ETFE 膜材料

ETFE 是最强韧的氟塑料,它在保持了 PTFE(聚四氟乙烯)良好的耐热、耐化学性能和电绝缘性能的同时,耐辐射和力学性能也有很大程度的改善,拉伸强度可达到 50MPa,接近 PTFE 的 2 倍。

适用于建造需要充足室内阳光的建筑空间的屋盖或墙体。ETFE 膜材料允许产生大的弹性变形,具有轻质与优良的透光性能,重量约为同等尺寸玻璃板的 1/100。

ETFE 薄膜的实际使用始于 20 世纪 90 年代,主要作为农业温室的覆盖材料、各种异形建筑物的篷膜材料,如运动场看台、建筑锥形顶、娱乐场、旋转餐厅篷盖、娱乐厅篷盖、停车场、展览馆和博物馆等(图 6-2-9)。

ETFE 膜使用寿命至少为 25～35 年,是用于永久性多层可移动屋顶结构的理想材料。该膜材料多用于跨距为4 m的两层或三层充气支撑结构,也可根据特殊工程的几何和气候条件,增大膜跨距。膜长度以易安装为标准,一般为 15～30 m。小跨度的单层结构也可用较小规格。国家游泳中心——水立方就采用了 ETFE 膜(图 6-2-10)。

图 6-2-9 ETFE 膜材料锥形顶

图 6-2-10 国家游泳中心——水立方

6.3 塑料壁纸

塑料壁纸是以纸为基材，以聚氯乙烯塑料为面层，经压延或涂布及印刷、轧花、发泡等工艺而制成的，通过胶黏剂贴于墙面或天花板上的饰面材料。因为塑料壁纸所用的树脂为聚氯乙烯，所以也称聚氯乙烯壁纸。塑料壁纸和墙布是目前国内外广泛使用的墙面装饰材料。花色有套花印花并压纹的，有仿锦缎、仿木纹、仿石材的，有仿各种织物的，仿清水砖墙并有凹凸质感及静电植绒的等(图 6－3－1)。

图 6－3－1 壁纸应用效果

6.3.1 塑料壁纸的特点与规格

1. 特点

(1) 具有一定的伸缩性和耐裂强度。

(2) 装饰效果好。由于塑料壁纸表面可以进行印花、压花发泡处理，能仿天然石材、木纹及锦缎，可印制适合各种环境的花纹图案，色彩也可任意调配，做到自然流畅、清淡高雅。

(3) 性能优越。根据需要可加工成具有难燃、隔热、吸声、防霉性，且不易结露、不怕水洗、不易受机械损伤的产品。

(4) 粘贴方便。

(5) 使用寿命长，易维修保养。

2. 规格

(1) 窄幅小卷。幅宽 530～600 mm，长 10～12 m，每卷为 5～7.2 m^2。

(2) 中幅中卷。幅宽 760～900 mm，长 25～50 m，每卷为 19～45 m^2。

(3) 宽幅大卷。幅宽 920～1 200 mm，长 50 m，每卷 46～90 m^2。

小卷壁纸是生产最多的一种规格，它施工方便，选购数量和花色灵活，比较适合民用，一般用户可自行粘贴。中卷、大卷粘贴工效高，接缝少，适合公共建筑，由专业人员粘贴。

6.3.2 常用的塑料壁纸

1. 纸基塑料壁纸

纸基塑料壁纸又称普通壁纸，是以 80 g/m^2 的纸作基材，涂以 100 g/m^2 左右的聚氯乙烯糊状树脂，经印花、压花等工序制成。分为单色压花、印花压花、平光、有光印花等，花色品种多，生产量大，经济便宜，是使用最为广泛的一种壁纸(图 6－3－2)。

纸基壁纸的透气性好，价格便宜，但由于其基层和面层均为纸质，因而不耐水，易断裂，不便于施工，裱糊后的易洁性差。

2. 发泡壁纸

发泡壁纸又可分低发泡壁纸、发泡压花印花壁纸和高发泡壁纸。发泡壁纸以 100 g/m^2 纸作为基材，其上涂 PVC 糊状树脂 300～400 g/m^2，经印花、发泡处理制得。与压花壁纸相比，这种发泡壁纸更富有弹性的凹凸花纹或图案，色彩多样，立体感更强，浮雕艺术效果及柔光效果良好

(图 6-3-3),并且还有吸声作用。但发泡的 PVC 图案易落灰、烟尘,易脏污陈旧,不宜用在烟尘较大的候车室等场所。

图 6-3-2 单色压花、印花压花和平光壁纸

图 6-3-3 白色发泡浮雕壁纸和发泡印花壁纸

3. 特种壁纸

特种壁纸也称专用壁纸,是指特种功能的壁纸。

(1) 特种装饰效果壁纸

面层采用金属彩砂、丝绸、麻毛棉纤维等制成的特种壁纸。可使墙面产生光泽、散射、珠光等艺术效果,使被装饰墙面四壁生辉,可用于门厅、柱头、走廊、顶棚等局部装饰。

① 织物面壁纸。其面层选用布、化纤、麻、绢、丝、绸、缎、呢或薄毡等织物。特点是柔和、舒适,具有高雅感,有些绢、丝织物因其纤维的反光效应而显得十分秀美,但此类壁纸的价格比较昂贵(图 6-3-4)。

② 天然材料面壁纸。以草、麻、木、叶等天然材料干燥后压粘于纸基上(图 6-3-5)。特点是具有浓郁的乡土气息,自然质朴。但耐久性、防火性较差,不宜用于人流较大的场合。

图 6-3-4 织物面壁纸

图 6-3-5 麻面壁纸

③ 砂面壁纸。在基材表面撒布彩色砂粒，再喷涂胶黏剂。这类壁纸耐污染性和易洁性较差（图 6-3-6）。

④ 金属面壁纸。此类壁纸的面层以铜箔仿金、铝箔仿银，具有光华亮丽的效果。金属箔的厚度为 0.006～0.025 mm。通常用于顶棚表面（图 6-3-7）。

图 6-3-6 砂面壁纸

图 6-3-7 金属面壁纸顶棚

（2）耐水壁纸

它是用玻璃纤维毡作为基材（其他工艺与塑料壁纸相同）配以具备耐水性的胶黏剂，以适应卫生间、浴室等墙面的装饰要求，它能进行洒水清洗，但使用时若接缝处渗水，则水会将胶黏剂溶解，导致耐水壁纸脱落。

（3）防火壁纸

它是用 100～200 g/m^2 的石棉纸作为基材，同时面层的 PVC 中掺有阻燃剂，使该种壁纸具有很好的阻燃防火功能，适用于防火要求很高的建筑室内装饰。另外，防火壁纸燃烧时，也不会放出浓烟或毒气。

（4）风景壁画型壁纸

壁纸的面层印刷风景名胜、艺术壁画，常由若干幅拼接而成，适用于装饰厅堂墙面（图 6-3-8）。

与其他各种装饰材料相比，壁纸的艺术性、经济性和功能性综合指标最佳。壁纸的图案色彩千变万化，适应不同用户所要求的丰富多彩的个性。选用时应以色调和图案为主要指标，综合考虑其价格和技术性质，以保证其装饰效果。

图 6-3-8 壁画壁纸背景墙

6.4 塑钢门窗

6.4.1 塑钢门窗的概念、分类和特点

塑钢门窗是以聚氯乙烯(PVC)树脂为主要原料,加上一定比例的稳定剂、改性剂、填充剂、紫外线吸收剂等助剂,经挤出加工成型材,然后通过切割、焊接的方式制成门窗框、扇,配装上橡塑密封条、五金配件等附件而成。为增加型材的刚度,在型材空腔内填加钢衬(加强筋),所以塑料门窗也称为塑钢门窗(图6-4-1)。

图6-4-1 塑钢门窗

目前塑钢门窗的种类很多,按开启方式分为平开窗、平开门、推拉窗、推拉门、固定窗、悬窗等(图6-4-2)。

按构造分为单玻、双玻、三玻门窗(图6-4-3)。

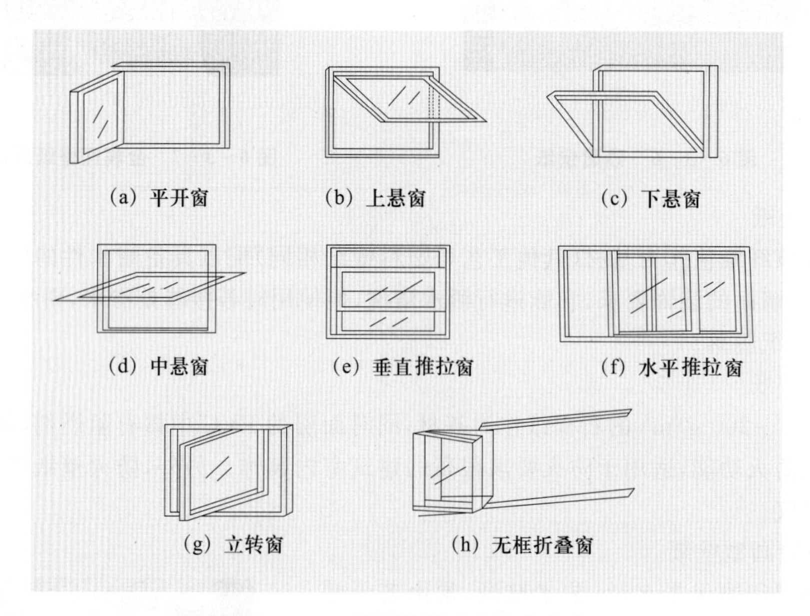

图6-4-2 塑钢窗常用窗开启方式

按颜色分为单色(白色或彩色)、双色(共挤、覆膜或喷涂)。

塑钢门窗有如下特点:

(1) 塑钢窗成本低。与铝合金窗相比,同等使用效能的塑钢窗比铝合金节省成本30%~60%,这是塑钢窗得以普及的最主要原因。

(2) 塑钢窗可加工性强。在熔融状态下,塑料有比较高的流动性,因此通过模具可以形成精确的断面构造,从而实现窗应具备的功能需要。而且可以形成分割的腔室,以提高成窗的保温、隔声、排水的功能,可以避开增强型钢的锈蚀。

图6-4-3 双玻、三玻塑料门窗型材

(3) 塑钢窗的节能性好。塑钢窗比其他窗在节能和改善室内热环境

方面，有更为优越的技术特性。

（4）塑钢窗隔声好。钢窗、铝窗的隔声性能约为 19 dB，塑钢窗的隔声性能可达到 30 dB 以上。在日益嘈杂的城市环境中，使用塑钢窗可使室内环境更为舒适。

（5）塑钢窗耐腐蚀。塑钢窗可用在沿海、化工厂等腐蚀环境中，普通用户使用也能减少维护油漆的人工和费用。

（6）塑钢窗外观好。能和国内的装饰效果要求相适应，而且人体接触感觉比金属的舒适。

6.4.2 产品型号

产品型号由产品的名称代号、特性代号、主参数代号组成。

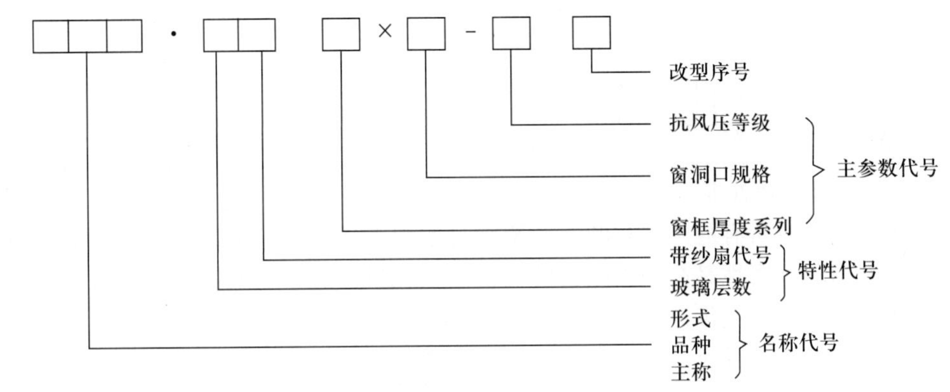

（1）名称代号。固定塑料窗 CSG、平开塑料窗 CSP、推拉塑料窗 CST。

（2）特性代号。玻璃层数 A、B、C（分别为一、二、三层），中空玻璃 K，带纱扇 S。

（3）主参数代号。窗框厚度系列，窗洞口规格，抗风压性能等级。

（4）产品型号示例。平开塑料窗：双层玻璃，带纱扇，窗框厚度 60 系列，洞口宽度 1 500 mm、洞口高度 1 800 mm，抗风压性能 2 级，第一次设计：CSP · BS60×1518－2。

6.4.3 塑料门窗的主要性能

1. 保温节能性

塑料本身导热系数很小，因此其保温效果比钢门窗、铝合金门窗要好。另一方面塑料门窗型材为多腔式结构，使其保温性能进一步提升，传热系数甚小，仅为钢材的 1/357，铝材的 1/1250。据有关部门调查比较：使用塑料门窗比使用木窗的房间，冬季室内温度提高 4～5℃，因此塑料门窗在我国北方的普及率比南方更高。

不同结构窗框具有不同的保温性能，从表 6－4－1 可以看出型材分腔较多的保温性能会更好，目前大多选用三腔结构和四腔结构的窗框设计。

表 6－4－1　不同结构塑料窗框的传热系数

腔结构	窗框型材结构	窗框传热系数 K/[W/(m² · K)]
单腔结构		2.5

续表

腔结构	窗框型材结构	窗框传热系数 $K/[W/(m^2 \cdot K)]$
二腔结构		2.1
三腔结构		1.8
四腔结构		1.6

2. 气密性(空气渗透性能)

塑料门窗在安装时所有缝隙处均装有橡塑密封条和毛条,所以其气密性远远高于铝合金门窗。而塑料平开窗的气密性又高于推拉窗的气密性,一般情况下,平开窗的气密性可达一级,推拉窗可达二级至三级。空气渗透性能分级如表 6-4-2 所示。

表 6-4-2 窗的空气渗透性能 $q_0/[m^3/(h \cdot m)]$

窗型	等级				
	1	2	3	4	5
平开窗	≤0.5	>0.5 ≤1.0	>1.0 ≤1.5	>1.5 ≤2.0	—
推拉窗	—	≤1.0	>1.0 ≤1.5	>1.5 ≤2.0	>2.0 ≤2.5

注:1. 表中数值是压力差为 10Pa 时单位缝长空气渗透量。
2. 平开塑料窗单位缝长空气渗透量的合格指标为不大于 2.0 $m^3/(h \cdot m)$。
3. 推拉塑料窗单位缝长空气渗透量的合格指标为不大于 2.5 $m^3/(h \cdot m)$。

3. 水密性(雨水渗漏性能)

因塑料型材具有独特的多腔式结构,均有独立的排水腔,无论是框还是扇的积水都能有效排出。塑料平开窗的水密性又远高于推拉窗,一般情况下,平开窗的水密性可达到二级,推拉窗可达到三级。塑料窗的雨水渗漏性能分级如表 6-4-3 所示。

表 6-4-3 窗的雨水渗漏性能

等级	1	2	3	4	5	6
Δp/Pa	≥600	<600 ≥500	<500 ≥350	<350 ≥250	<250 ≥150	<150 ≥100

注:1. 在表中所列压力等级下,以雨水不进入室内为合格。
2. 塑料窗雨水渗漏性能的合格指标为不小于 100 Pa。

4. 抗风压性能

取决于型材壁厚和塑料型腔内钢衬，德国型材及国内知名品牌型材壁厚一般在 2.5～3.0 mm，而由于目前国内大多数塑料门窗行业生产的型材壁厚仅有1.5 mm左右，抗风压性能较差。在选择门窗时可根据当地的风压值、建筑物的高度、洞口大小、窗型设计来选择型材系列及加强筋的厚度，以保证建筑对门窗的要求。

5. 隔声性

塑料型材本身具有良好的隔声效果，如采用双玻结构其隔声效果更理想，特别适用于闹市区噪声干扰严重需要安静的场所，如医院、学校、宾馆、写字楼等。

6. 耐候性

塑料型材采用独特的配方，提高了其耐候性。塑料门窗可长期使用于温差较大的环境中（−50～70℃），烈日暴晒、潮湿都不会使其出现变质、老化、脆化等现象，最早的塑料门窗已使用30 年，其材质完好如初，按此推算，正常环境条件下塑料门窗使用寿命可达 50 年以上。

7. 防火性能

塑料门窗不易燃、不助燃、能自熄，安全可靠。

6.5 塑料地板

6.5.1 塑料地板的特点

一般将用于地面装饰的各种塑料块板和铺地卷材通称为塑料地板，目前常用的塑料地板主要是聚氯乙烯(PVC)塑料地板。PVC 塑料地板具有较好的耐燃性和自熄性，色彩丰富，装饰效果好，脚感舒适，弹性好，耐磨、易清洁，尺寸稳定，施工方便，价格较低，是发展最早、最快的建筑装饰塑料制品，广泛应用于各类建筑的地面装饰(图 6－5－1)。

图 6－5－1　地铁、楼梯和儿童游乐场铺设的塑料地板

PVC 塑料地板通常有硬质 PVC 块状地板、软质 PVC 卷材地板、发泡 PVC 地板等几种。硬质 PVC 块状地板的特点为：硬度较大、脚感略有弹性、行走无噪声，耐沾污、易清洗、保养方便，色彩丰富、图案组合性强，价格较低、安装方便；但耐刻划性较差，机械强度低，不耐折。市场上常见的规格为 300 mm×300 mm，厚度一般为 2～3 mm。

6.5.2 常用 PVC 塑料地板的类型

PVC 塑料地板按其组成和结构主要有以下几种：

1. 半硬质单色 PVC 地砖

半硬质单色 PVC 地砖属于块材地板，是最早生产的一种 PVC 塑料地板。单色 PVC 地砖分为素色和杂色拉花两种。杂色拉花是在单色的底色上拉直条的其他颜色的花纹，有的外观类似大理石花纹，也有人称为拉大理石花纹地板(图 6-5-2)。杂色拉花不仅增加表面的花纹，同时对表面划伤有遮掩作用。

图 6-5-2 半硬质石纹塑料地板

半硬质单色 PVC 地砖表面比较硬，有一定的柔性，脚感好，不翘曲，耐凹陷性和耐沾污性好，但耐刻划性较差，机械强度较低。

2. 花 PVC 地砖

(1)印花贴膜 PVC 地砖。它由面层、印刷层和底层组成。面层为透明的 PVC 膜，厚度一般为 0.2 mm 左右，起保护印刷图案的作用；中间层为一层印花的 PVC 色膜，印刷图案有单色和多色，表面一般是平的，也有的压上橘皮纹或其他花纹，起消光作用；底层为加填料的 PVC，也可以使用回收的旧塑料。

(2)印花压花 PVC 地砖。它的表面没有透明 PVC 膜，印刷图案是凹下去的，通常是线条、粗点等，在使用时油墨不易清理干净(图 6-5-3)。印花压花 PVC 地砖除了有印花压花图案外，其他均与半硬质单色 PVC 地砖相同，应用范围也基本相同。

图 6-5-3 印花压花 PVC 地砖

(3)碎粒花纹地砖。它是由许多不同颜色的 PVC 碎粒互相结合，碎粒的粒度一般为 3～5mm，地砖整个厚度上都有花纹。碎粒花纹地砖的性能基本与单色 PVC 地砖相同，其主要特点是装饰性好，碎粒花纹不会因磨耗而丧失，也不怕烟头的危害。

3. 软质单色 PVC 卷材地板

软质单色 PVC 卷材地板(图 6-5-4)通常是匀质的，底层、面层组成材料完全相同。地板表面有光滑的，也有压花的，如直线条、菱形花等，可起到防滑作用。软质单色 PVC 卷材地板主要有以下特点：质地软，有一定的弹性和柔性；耐烟头性、耐沾污性和耐凹陷性中等，

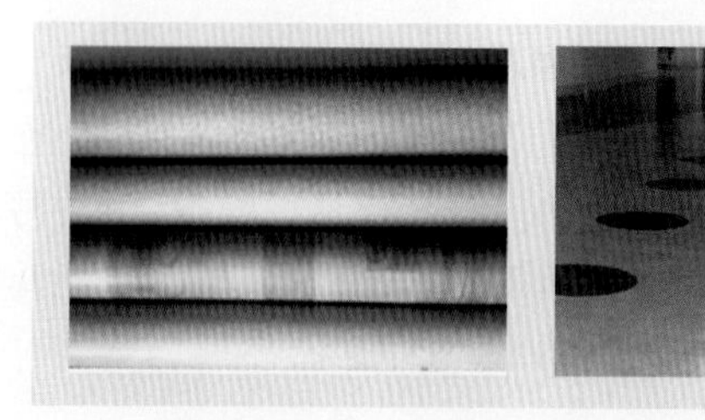

图 6-5-4 软质单色 PVC 卷材地板

不及半硬质 PVC 地砖;材质均匀,比较平伏,不会发生翘曲现象;机械强度较高,不易破损。

4. 印花不发泡 PVC 卷材地板

印花不发泡 PVC 卷材地板结构与印花 PVC 地砖相同,也由三层组成:面层为透明的 PVC 膜,用来保护印刷图案;中间层为一层印花的 PVC 色膜;底层为填料较多的 PVC,有的产品以回收料为底料,可降低生产成本。表面一般有橘皮、圆点等压纹,以降低表面的反光,但仍有一定的光泽(图 6-5-5)。

图 6-5-5　印花不发泡 PVC 卷材地板

印花不发泡 PVC 卷材地板的性能基本与软质单色 PVC 卷材地板接近,但要求有一定的层间剥离强度,印刷图案的套色精度误差小于 1 mm,并不允许有严重翘曲。印花不发泡 PVC 卷材地板适用于通行密度不高、保养条件较好的公共及民用建筑。

5. 印花发泡 PVC 卷材地板

印花发泡 PVC 卷材地板的基本结构与不发泡 PVC 卷材地板接近,但它的底层是发泡的。一般的印花发泡 PVC 卷材地板由三层组成,面层为透明的 PVC 膜,中间层为发泡的 PVC 层,底层通常为矿棉纸、化学纤维无纺布等,可用于要求较高的民用住宅和公共建筑的地面铺装(图 6-5-6)。

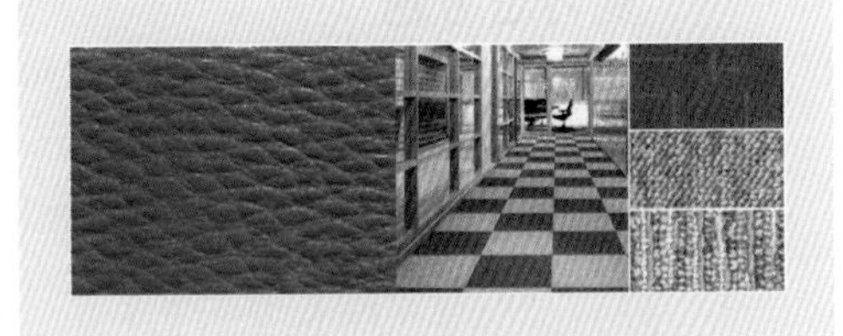

图 6-5-6　印花发泡 PVC 卷材地板

6.5.3 塑料地板的性能及要求

PVC 塑料地板的规格有:每卷长度 20 m 或 30 m,宽度 1 800 mm 或 2 000 mm,总厚度为 1.5 mm(家用)、2.0 mm(公共建筑用)。带基材的发泡聚氯乙烯卷材地板代号为 FB,带基材的致密聚氯乙烯卷材地板代号为 CB。

对 PVC 塑料地板测试的项目主要有:外观尺寸、抗拉强度、延伸率、耐烟头性、耐污染性、耐磨性、耐刻划性、耐凹陷性、阻燃性、硬度等项。各类 PVC 塑料地板的性能比较见表 6-5-1。

表 6-5-1　各类 PVC 塑料地板的性能比较

项目＼种类	半硬质地板	印花贴膜地砖	软质单色卷材	印花不发泡卷材	印花发泡卷材
表面质感	紫色拉花 压花印花	平面橘皮压纹	平面拉花压纹	平面压纹	平面化学压花
弹性	硬	软～硬	软	软～硬	软、有弹性
耐凹陷性	好	好	中	中	差
耐刻划性	差	好	中	好	好
耐烟头性	好	差	中	差	最差
耐污染性	好	中	中	中	中

续表

项目＼种类	半硬质地板	印花贴膜地砖	软质单色卷材	印花不发泡卷材	印花发泡卷材
耐机械损伤性	好	中	中	中	较好
脚感	硬	中	中	中	好
施工性	粘贴	粘贴，可能翘曲	可不粘	可不粘，可能翘曲	可不粘，平伏
装饰性	一般	较好	一般	较好	好

复习思考题

1. 塑料由什么组成？
2. 塑料装饰材料有哪些？其用途各是什么？
3. 常用的塑料装饰板材有哪些品种？简述其构造、性能特点及应用范围。
4. 塑料地板有哪些优良性能？塑料地板如何分类？其主要性能指标是什么？
5. 塑钢窗有哪些特点？

实践任务

了解塑料装饰板材、管材、壁纸及塑料地板的种类、规格、性能、价格和使用情况等。重点掌握三聚氰胺板板层的规格、性能、价格及应用情况。

1. 实践目的

让学生自主去装饰材料市场和建筑装饰施工现场进行调查和实习，了解塑料装饰材料的价格，熟悉塑料装饰材料的应用情况，能够准确识别各种材料的名称、规格、种类、价格、使用要求及适用范围等。

2. 实践方式

(1) 建筑装饰材料市场的调查分析

学生分组：学生3～5人一组，自主去建筑装饰材料市场进行调查分析。

调查方法：学会以调查、咨询为主，认识各种塑料装饰板材、调查材料价格、收集材料样本、掌握材料的选用要求。

(2) 建筑装饰施工现场装饰材料使用的调研

学生分组：学生10～15人一组，由教师或现场负责人带队。

调查方法：结合施工现场和工程实际情况，由教师或现场负责人带队，讲解材料在工程中的使用情况和注意事项。

3. 实践内容及要求

(1) 认真完成调研日记。

(2) 填写材料调研报告。

(3) 完成实习总结。

第 7 章 建筑装饰纤维织物与制品

建筑装饰纤维织物与制品在室内环境装饰中是不可缺少的一部分，它主要包括地毯、墙布、窗帘、台布、沙发及靠垫等(图 7－0－1)。这类制品从色彩、质地、柔软性及弹性等方面对室内的整体装饰效果产生直接影响。合理选用这些织物与制品，既能使室内环境优美，又给人产生温馨舒适的感觉。

图 7－0－1　室内装饰织物的应用

7.1 装饰织物的基本知识

7.1.1 装饰织物产品的分类

装饰织物产品按其使用环境和用途分类，一般可分为墙面装饰织物、地面铺设装饰织物、窗帘帷幔、家具披覆织物、床上用品、卫生盥洗织物、餐厨用纺织物品与装饰织物工艺品八大类，如表 7－1－1 所示。

表 7－1－1　装饰织物产品的分类

装饰织物种类	作用和特点	分类
墙面装饰织物	墙面装饰织物主要是指装饰墙布。墙布具有吸声、隔热、改善室内空间感受的作用	常见的装饰墙布有织物壁纸、玻璃纤维印花墙布、无纺墙布等
地面铺设装饰织物	地面铺设装饰织物主要指的是地毯。地毯具有吸声、吸尘、保温、行走舒适和美化空间等作用	按编织手法主要有手工地毯、机织地毯两大类。 按原料分为纯毛地毯、合成纤维地毯、混纺地毯、橡胶地毯。 按图案分为京式地毯、美术式地毯、东方式地毯、彩花式地毯、素凸式地毯、古典式地毯。 按结构款式分为方块地毯、花式方块地毯、草垫地毯、小块地毯、圆形地毯、半圆形地毯、椭圆形地毯

续表

装饰织物种类	作用和特点	分类
窗帘帷幔 	作为室内空间装饰必备品，窗帘帷幔可起到调节室内色彩、遮蔽光线、分割室内空间等作用	根据形式，窗帘帷幔主要分为成品窗帘和布艺窗帘两种。成品窗帘包括卷帘、折帘、垂直帘和百叶帘。常用的布艺窗帘有薄型窗纱，中、厚型织布窗帘
家具披覆织物 	家具披覆织物是覆盖于家具之上，起到保护及美化作用的织物	主要包括沙发套、椅套、坐垫、靠垫、台布等
床上用品 	床上用品除了具有舒适、保暖等实用功能外，对营造整个室内空间氛围有着重要的作用	床上用品主要包括床单、被子、被套、枕套、毛毯等织物
卫生盥洗织物 	其特征是柔软、舒适、吸湿、保暖	卫生盥洗织物以巾类为主，有毛巾、浴巾、浴衣、浴帘等
餐厨用纺织物品 	餐厨用纺织物品在注重实用性能与卫生性能的同时，其装饰效果也是不可忽视的	一般包括餐巾、方巾、围裙、餐具存放袋等
装饰织物工艺品 	装饰织物工艺品是用各种纤维编织而成的艺术品，主要用于装饰墙面	常见织物工艺品有挂毯、壁挂等

7.1.2 纤维织物分类及其特点

纤维按其原料和性能的不同分为天然纤维和化学纤维两大类，这两类纤维各有其特性，能适应多种装饰织物质地、性能的不同要求。

1. 天然纤维

天然纤维是一种传统的纺织原料，分棉、毛、丝、麻等。这类纤维的特点有使用舒适、外观自然优美，在现代纺织装饰面料中占有十分重要的地位。许多高档装饰用的织物，以及床上用纺织品大都选用天然纤维作原料，它们具有化学纤维所无法比拟的特性，但是它们的开发有一定的局限性，所以天然纤维的合理使用是应值得重视的问题。

(1) 棉纤维。棉纤维是纺织纤维中最重要的植物纤维。棉纤维具有很好的吸湿性和透气性。以棉花为原料制成的床上用装饰纺织品(如床单、被套、枕套及毛巾类织物等)，具有手感柔软、保暖性能好等优点，并且棉纤维还具有较好的拉伸和压缩恢复弹性，耐疲劳性能较好，也是制作靠垫、沙发(如传统的多色提花沙发布，填芯椅绸等)的良好原料，棉织品的窗帘有良好的耐日晒性能(图 7-1-1)。

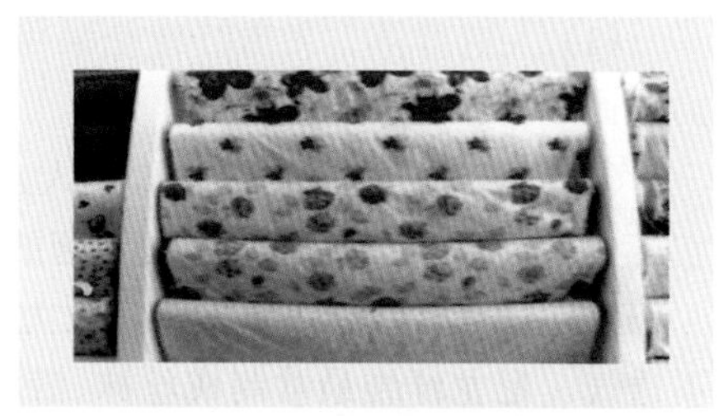

图 7-1-1　棉纤维织物

(2) 羊毛纤维。羊毛纤维柔软而富有弹性，羊毛织物手感丰润、色泽柔和，具有良好的保暖性，不易变形、耐磨损、不燃、不易污染、易于清洗，而且能染成各种颜色，色泽鲜艳、制品美丽豪华、经久耐用，但易虫蛀。在装饰织物中，常用于织制毛毯(绒毯)、床罩、家具铺设织物、帷幕等(图 7-1-2)。

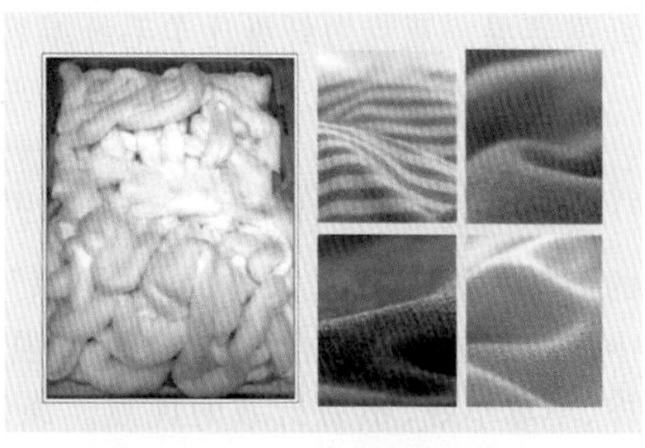

图 7-1-2　羊毛纤维及织物

(3) 蚕丝纤维。丝的使用在我国也比较早，并且是我国利用较多的纺织原料之一。除一般长丝外，装饰面料使用较多的是绢丝。蚕丝有着较好的强伸度，纤维细腻，其织物光泽好、手感滑爽、吸湿透气，是全球公认最华贵的纤维。可以织成夏天透明的纱，也可以制成冬天丝质的厚外套(图 7-1-3)。但蚕丝的耐日光性较差，长时间的阳光照射会逐渐变黄，丝质脆化，强度降低。千万不能用力拉扯或刮伤。

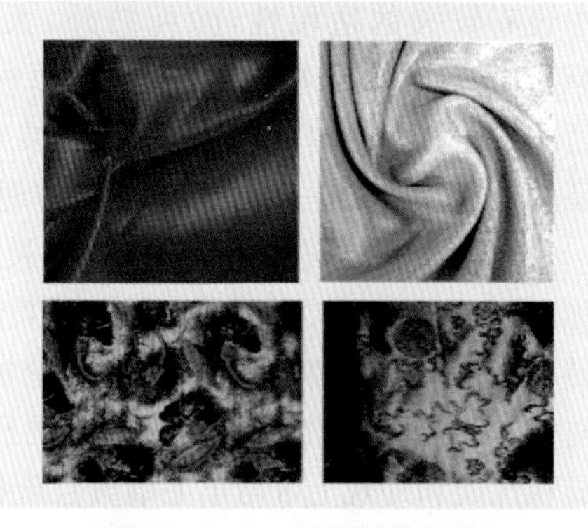

图 7-1-3　蚕丝纤维织物

(4) 麻纤维。目前我国装饰织物生产中，麻的应用也比较广泛。麻纤维性刚、强度高，制品美观挺括、耐磨。所用的麻纺织原料主要有亚麻、苎麻和黄麻。亚麻纤维是将麻茎进行一定加工制成的纺织原料。长期以来亚麻多用于生产粗犷、坚牢的帆布及茶巾、台布类织物。近年来，随着现代审美情趣的变化，以亚麻制作各种装饰面料的趋势正在发展，比较突出的有墙布面料。此外，在现代装饰纤维艺术品中亚麻也被广泛地选用(图 7-1-4)。

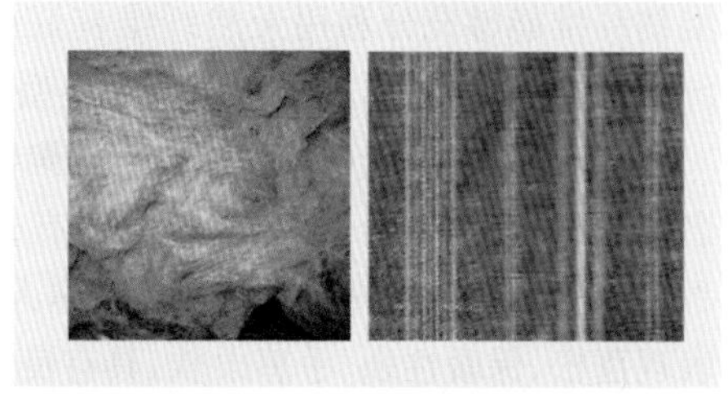

图 7-1-4　麻纤维及织物

(5) 其他纤维。如椰壳纤维、木质纤维、苇纤维及竹纤维等，可查阅相关资料。

2. 化学纤维

化学纤维的优点是资源广泛、易于制造、具备多种性能，物美价廉。它不像天然纤维那样受到土地、气候及生产能力等多方面限制。石化工业的发展，以及先进的化纤制造技术，使各类化学纤维相继产生。

目前，装饰织品常用的化学纤维有人造纤维、合成纤维两种。

(1) 人造纤维。人造纤维是采用天然纤维素纤维或蛋白质纤维为原料，经化学处理和机械加工而成的纤维。

① 醋酸纤维(acetate)。属于人造纤维家族的醋酸纤维，最喜欢模仿丝纤维，所以大家都把它当作丝的替身。一般裙子或外套的里布即采用醋酸纤维制作而成。

② 尼龙纤维(nylon)。尼龙拉力特别好，也不容易起皱，但不太吸水，所以穿起来有点闷热不透气。尼龙纤维最常制成丝袜、游泳衣等需要弹性的衣物。

③ 亚克力纤维(acrylic)。外观看起来与羊毛极为相似，所以常常有人把亚克力纤维与羊毛纤维弄混。亚克力纤维比羊毛纤维容易清洗，不易缩水。但容易起小毛球且较不保暖。

(2) 合成纤维。在合成纤维中，涤纶、锦纶、腈纶、丙纶、维纶和氯纶被称为“六大纶”。它们具有强度高、弹性好、耐磨、耐化学腐蚀、不发霉、不怕虫蛀、不缩水等优点，用途广泛。

① 涤纶(聚酯纤维)。涤纶(图7-1-5)是聚酯纤维的商品名称，市场上又称为“的确凉”。涤纶是装饰织物中运用比较广泛的合成纤维，具有强度高、耐日光、耐摩擦、不霉不蛀、不易折皱的优点。涤纶长纤维常用于各种丝织物经线和窗纱织物。涤纶短纤维在装饰纺织品中也有较大的适用性，除纯纺外，大量地同棉、毛、丝、麻、人造纤维等原料混纺，改进了原材料的外观和性能，适用于包括地毯织物在内的所有装饰织物领域。低级品的涤纶短纤维是制作无纺墙布的理想原料。

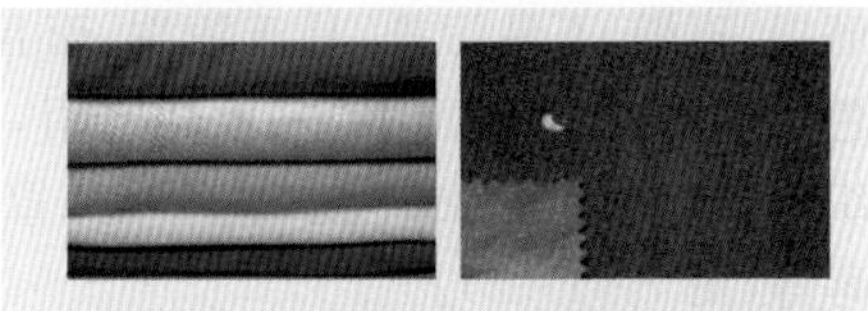

图7-1-5　涤纶

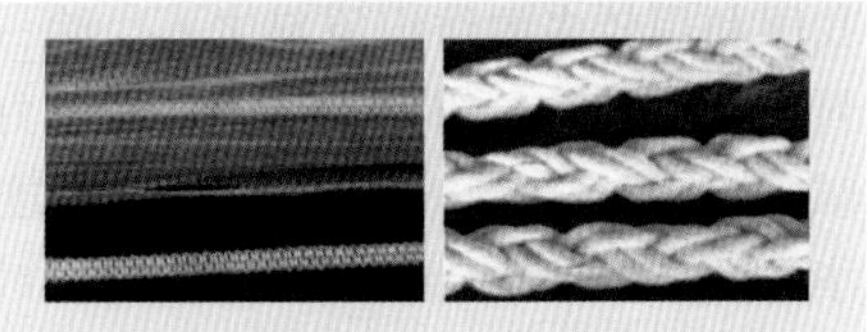

图7-1-6　锦纶

② 锦纶。锦纶(图7-1-6)是聚酰胺纤维的商品名称，具有抗张力强、耐屈曲、耐磨、强度高、弹性好、染色容易、耐寒、耐蛀、耐腐蚀等优点。锦纶短纤维除纯纺外，常与天然纤维棉、毛混纺。锦纶短纤维经特殊加工，能够织成在性能和外观上可与羊毛媲美且价格便宜的装饰织物，目前在欧洲汽车用的织物中这类织物受到普遍的欢迎。混纺纤维能够充分利用天然纤维良好的舒适性能和锦纶纤维的高强度特性，广泛应用于铺垫型织物之中。

图7-1-7　腈纶

③ 腈纶。腈纶(图7-1-7)是聚丙烯腈纤维的商品名称，国外又称奥纶、开司米纶等。有长纤维和短纤维两种，长纤维像蚕丝，短纤维像羊毛(称人造毛)。腈纶纤维表现蓬松、保暖性强、手感柔软，具有良好的耐气候性和不受微生物侵蚀的性能。由于它有特殊的耐日光性，很适宜制作窗帘和户外装饰织物，也可利用它的热性能，制成膨体纱，纺制绒线、毛毯等，另外还可制造人造皮毛。

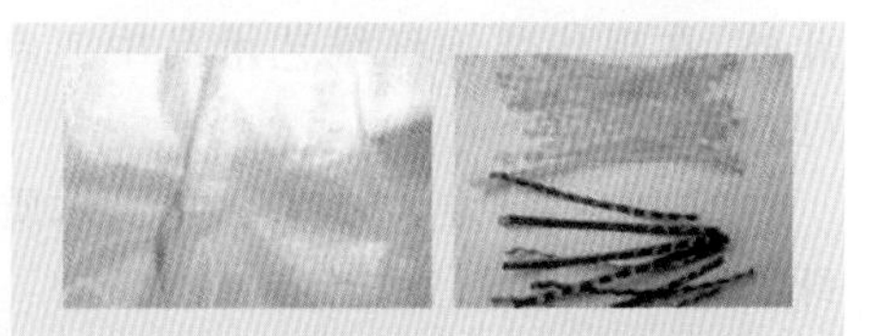

图7-1-8　丙纶

④ 丙纶。丙纶(图7-1-8)是聚丙烯纤维的商品名

称,用石油精炼的副产物丙烯为原料制得。原料来源丰富,生产工艺简单,价格比其他合成纤维低廉。丙纶纤维的密度(0.91 g/cm^3)是合成纤维中最小的。具有耐磨损、耐腐蚀、强度高、蓬松性与保暖性好等特点。品种有长丝(包括未变形长丝和膨体变形长丝)、短纤维、异形纤维、中空纤维、复合纤维及无纺织物等。

图 7-1-9 玻璃纤维

3. 玻璃纤维

玻璃纤维(图 7-1-9)直径数微米至数十微米,性脆、较易折断、不耐磨,但抗拉强度高、吸湿性小、伸长率小、不燃、耐腐蚀、耐高温、吸声性能好,可加工成各种布料、带料等,或织成印花墙布。因对人有刺激,一般不用于对人接触的部位。

7.1.3 纤维的识别鉴别方法

(1) 鉴别的方法有手感法、目测法、燃烧法、显微镜法、溶解法、药品着色法及红外光谱法等。在实际鉴别时,常常需要用多种方法,综合分析和研究以后得出结果。

(2) 一般的鉴别方法步骤如下:

① 首先用燃烧法鉴别出天然纤维和化学纤维(见表 7-1-2)。

表 7-1-2 用燃烧法鉴别各种纤维的特征

纤维名称	感官特征	燃烧特征	产品举例
棉	纤维较细而短并天然卷曲,弹性较差,手感柔软,光泽暗淡	燃烧很快,发出黄色火焰,有烧纸般的气味,灰末细软,呈深灰色	服装面料
麻	纤维细长,强度大,质地粗糙,缺少弹性与光泽,有冷凉感	燃烧起来比棉花慢,也发黄色火焰与烧纸般气味,灰烬颜色比棉花深些	夏装面料及窗帘、沙发布等
丝	有光泽而不刺眼,手感柔软,有弹性,揉搓时有嘶鸣声,用水浸湿后手感较硬并有韧性。揉搓织物,放松后不易出现折皱	燃烧比较慢,且缩成一团,有烧头发的气味,烧后呈黑褐色小球,用指一压即碎	夏装面料及窗帘、围巾等
羊毛	纤维粗长,呈卷曲状态,弹性好,有光泽,手感温暖,其织物揉搓时不易出现折皱	不燃烧,冒烟而起泡,有烧头发的气味,灰烬多,烧后成为有光泽的黑色脆块,用指一压即碎	冬装面料、毛毯等
锦纶	织物色泽艳丽,手感柔软丰满,有弹性,质地不松不烂,是保暖轻松的毛型织物	燃烧时没有火焰,稍有芹菜气味,纤维迅速卷缩,熔融成胶状物,趁热可以把它拉成丝,一冷就成为坚韧的褐色硬球,不易研碎	春秋冬季大衣、便服等

续表

纤维名称	感官特征	燃烧特征	产品举例
涤纶	织物手感挺滑且弹性好。揉搓织物,放松后不易出现折皱。干、湿时强度无明显差别,柔软程度一般	点燃时纤维先卷缩、熔融,然后再燃烧。燃时火焰呈黄白色,很亮、无烟,但不延燃,灰烬成黑色硬块,但能用手压碎	各类衣料和装饰材料,传送带、帐篷、帆布等,耐酸过滤布、医药工业用布等
腈纶	织物蓬松性好,手感柔软,有毛料感但有干燥感,色泽不柔和,弹力较低	点燃后能燃烧,但比较慢。火焰旁边的纤维先软化、熔融,然后燃烧,有辛酸气味,燃后成脆性小黑硬球	毛线、毛毯、针织运动服、篷布、窗帘等
丙纶	色泽鲜艳美观,质地轻而保暖,毛感强	燃烧时可发出黄色火焰,并迅速卷缩、熔融,燃烧后呈熔融状胶体,几乎无灰烬。如不待其烧尽,趁热时也可拉成丝,冷却后也成为不易研碎的硬块	帆布,冬季服装的絮填料或滑雪服、登山服等

② 如果是天然纤维,则用显微镜观察法鉴别出各类植物纤维和动物纤维;如果是化学纤维,则结合纤维的熔点、密度、折射率、溶解性能等方面的差异逐一区别出来。

③ 在鉴别混合纤维和混纺纱时,一般可用显微镜观察确认其中包含几种纤维,然后再用适当方法逐一鉴别。

④ 对于经过染色或整理的纤维,一般是先要进行染色剥离或其他适当的预处理才可能保证鉴别结果可靠。

7.2 墙面装饰织物

墙面装饰织物是装饰材料家族中较高级的品种。它作为内墙装饰材料之一,有着其他装饰材料所不具有的优点:壁纸图案漂亮,款式多,富有艺术性,能随心所欲营造不同的居室风格和品位,体现个性;施工便捷,成本低,易于更换;耐刷洗,易保养。常见的墙面装饰织物有织物壁纸,玻璃纤维印花贴墙布,无纺贴墙布,化纤装饰墙布,棉纺装饰墙布,绸缎,丝绒,呢料装饰墙布、窗帘、帷幔等类型。

7.2.1 织物壁纸

织物壁纸主要是用丝、毛、棉、麻等纤维为原料织成的壁纸(壁布),具有色泽高雅、质地柔和的特性。织物壁纸无毒、吸声、透气,有一定的调湿和防止墙面结露长霉的功效。它的视觉效果好,特别是天然纤维以它丰富的质感具有十分诱人的装饰效果。

1. 纸基织物壁纸

纸基织物壁纸(图 7-2-1)是由棉、麻、毛等天然纤维制成的各种色泽、花色和粗细不一的纺线,经特殊工艺处理和巧妙的艺术编排,黏合于基纸上而制成。这种壁纸用各色纺线排列出图案,或在纺线中编有金、银丝,使壁面呈现金光点点,达到艺术装饰效果。其还可以压制成浮雕图案,别具一格。

纸基棉面壁纸　纸基麻面浮雕壁纸　纸基毛面壁纸

图 7-2-1　纸基织物壁纸

纸基织物壁纸的特点是:色彩柔和优雅、纹理丰富、立体感强、吸声效果好、耐日晒、不褪色、无毒无害、无静电、不反光,而且可调温调湿,但耐污染性和可擦洗性不理想。其适用于宾馆、饭店、办公大楼、会议室、接待室、计算机房、广播室及家庭卧室等室内墙面装饰。

2. 麻草壁纸

麻草壁纸(图 7-2-2)是以纸为基底,以编织的麻草为面层,经复合加工而制成的墙面装饰材料。麻草壁纸具有吸声、阻燃、散潮气、不吸尘、不变形等特点,装饰效果古朴、自然、粗犷,具有回归大自然的感觉,适用于会议室、舞厅、酒吧、影剧院及宾馆饭店的客房等的墙壁贴面装饰(图 7-2-3)。

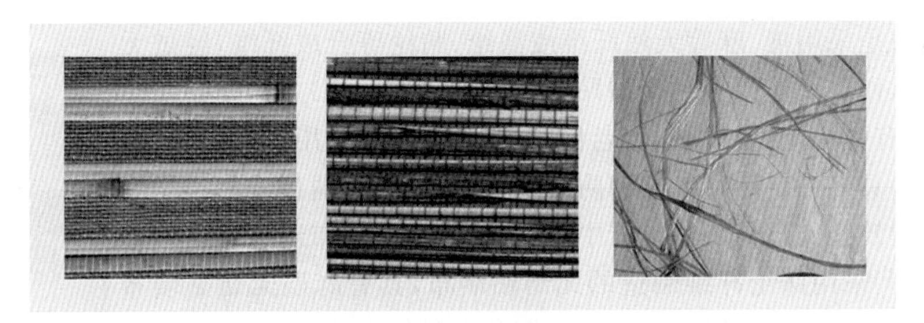

图 7-2-2　麻草壁纸

图 7-2-3　麻草壁纸墙面

7.2.2 玻璃纤维墙布

玻璃纤维壁纸也称玻璃纤维墙布(图 7-2-4)。它是以玻璃纤维布作为基材,表面涂树脂、印花而成的新型墙壁装饰材料。玻璃纤维墙布花样繁多,色彩鲜艳,在室内使用不褪色、不老化,防火、防潮性能良好,可以刷洗,施工也比较简便。

图 7-2-4 玻璃纤维墙布

7.2.3 棉纺装饰墙布

棉纺墙布(图 7-2-5)是装饰墙布之一,它是将纯棉平布经过前处理、印花、涂层制作而成。这种墙布强度大、静电小、蠕变小,无味、无毒、吸声,花型繁多,色泽美观大方,用于宾馆、饭店等公共建筑及较高级的民用住宅的装修(图 7-2-6)。可在砂浆、混凝土、石膏板、胶合板、纤维板及石棉水泥板等多种基层上使用。

图 7-2-5 印花棉纺墙布

图 7-2-6 棉纺墙布墙面装饰

7.2.4 无纺贴墙布

无纺贴墙布是采用棉、麻等天然纤维或涤纶、腈纶等合成纤维,经过无纺成形、上树脂、印花而成的一种新型贴墙材料(图 7-2-7)。这种贴墙布的特点是挺括、有弹性、不易折断、耐老化、对皮肤无刺激作用等,而且色彩鲜艳,粘贴方便,具有一定的透气性和防潮性,能擦洗而不褪色。无纺贴墙布适用于各种建筑物的内墙装饰。其中,涤纶棉无纺贴墙布还具有质地细洁、光滑等特点。采用涤纶纤维制造的无纺贴墙布,具有麻质无纺贴墙布的性能,质地细洁光滑,特别适合于高级宾馆和高级住宅的室内装饰。

图 7-2-7 无纺贴墙布

7.2.5 化纤墙布

化纤墙布(图 7-2-8)是以涤纶、腈纶、丙纶等化纤布为基材,经处理后印花而成。这种墙布具有无毒、无味、透气、防潮、耐磨、无分层等特点。适用于各类建筑的室内装修。花色品种繁多,主要规格为宽 820～840 mm,厚 0.15～0.18 mm,每卷长 50 m。

图 7-2-8　化纤墙布花色

7.2.6 高级墙面装饰织物

指采用锦缎、丝绒和呢料等为原料制成的装饰织物。因纤维材料、制造方法和处理工艺的不同,可产生不同的质感效果。

锦缎也称织锦缎,其面上织有绚丽多彩、古朴精致的各种图案,加上丝织品本身的质感与丝光效果,显得高雅华贵、富丽堂皇。其常用于高档室内墙面的裱糊(图 7-2-9)。但因价格昂贵、柔软易变形、施工难度大、不耐脏、不耐光、不可擦洗、易留下水渍、易发霉等缺点,在应用上受到一定的限制。

丝绒色彩华丽,质感厚实温暖,格调高雅,富贵豪华,主要用于高级建筑室内的窗帘、软隔断或浮挂(图 7-2-10)。

图 7-2-9　锦缎墙布装饰

图 7-2-10　丝绒墙布

7.2.7 皮革和人造革

皮革是动物皮经过去肉、脱脂、脱毛、软化、加脂、鞣制、染色等物理、化学加工过程,所得到的符合人们使用目的要求的产品。皮革和人造革是一种高级墙面装饰材料。这类材料中最高档的皮革是真羊皮，但其价格昂贵，通常采用的是仿羊皮等纹理的人造革(图 7-2-11)。

革与皮不同，革遇水不膨胀、不腐烂、耐湿热稳定性好；革具有一定的成形性、多孔性、挠曲性和丰满度等；革既保留了生皮的纤维结构，又具有优良的物理性能。

皮革在室内装饰中主要用于墙面局部软包、门和沙发等家具的包覆材料(图 7-2-12)，具有保暖、吸声、防磕碰的功能，以及高贵豪华的艺术效果。适用于健身房、幼儿园等要求防止碰撞的房间墙面，也可用于录音室、电话间等声学要求较高的房间。

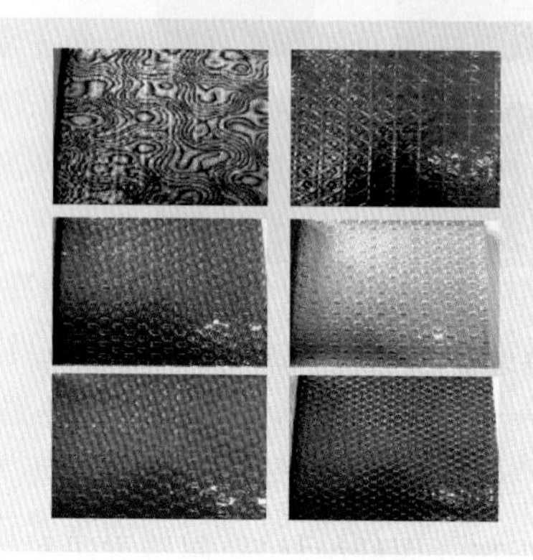

图 7-2-11　人造革壁布

图 7-2-12　墙面皮革软包

7.3 地毯和挂毯

地毯是装饰材料中一种高级地面装饰品，早先采用手工编织，用以铺地御寒、御湿，这些制品是为了满足便于坐、卧等基本要求。在此基础上逐渐发展成为以毛、麻、棉、丝及合成纤维材料为主要原料的制造地毯。地毯不仅具有隔热、保温、吸声、挡风及弹性好等特点，而且铺设后可以使室内具有高贵、华丽、悦目的氛围。所以，自古至今一直使用，并广泛应用于现代建筑和民用住宅(图 7-3-1)。

图 7-3-1　地毯的应用

7.3.1 地毯的分类

1. 按材质分类

制造地毯的材质较多，主要如图 7-3-2 所示。

图 7-3-2　地毯材质

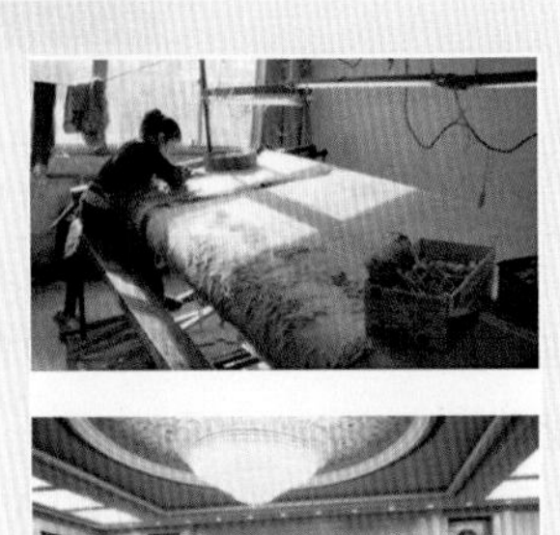

图 7-3-3　人民大会堂会议厅手工纯毛地毯

(1) 纯毛地毯。以羊毛为主要原料，弹性大、拉力强、光泽好，但易腐蚀、霉变和虫蛀，而且价格较贵。纯毛地毯装饰性好，是一种高档铺地材料。纯毛地毯可以分为手工编织地毯和机织地毯两种。手工编织的纯毛地毯是我国传统纯毛地毯中的高档品，采用中国特有的土种优质绵羊毛纺纱，用现代染色技术染出最牢固的颜色，通过精湛的技巧织成瑰丽图案后，再以专用机械平整毯面或剪凹花地毯周边，最后用化学方法洗出丝光。手工编织的纯毛地毯具有图案优美、色泽鲜艳、富丽堂皇、质地厚实、富有弹性、柔软舒适、保温隔热、吸声隔声、经久耐用等特点，由于做工精细、产品名贵，因此常用于国际性、国家级的大会堂(图 7-3-3)、星级宾馆、高级饭店、高级住宅、会客厅、舞台及其他重要的装饰性要求高的场所。机织纯毛地毯具有毯面平整、光泽好、富有弹性、脚感柔软、抗磨耐用等特点，其性能与纯毛手工地毯相似，但价格远低于手工地毯。其回弹性、抗静电、抗老化、耐燃性等都优于化纤地毯。机织纯毛地毯最适合于宾馆、饭店的客房、楼梯、楼道、宴会厅、酒吧间、会客室，以及体育馆、居室等满铺使用。另外，这种地毯还有阻燃性产品，可用于防火性能要求较高的建筑室内地面。

(2) 混纺地毯。是羊毛纤维和合成纤维混纺后编制而成的，性能介于羊毛地毯和化纤地毯之间。常用羊毛加 20%～30%的尼龙，可使地毯的耐磨性能提高 5 倍，装饰性能与纯毛地毯类似，且价格较低。

(3) 化纤地毯。又称为合成纤维地毯，是以各种合成纤维为原料，采用簇绒法或机织法将合成纤维制成面层，再与麻布底层缝合而成。化纤地毯外观和触感酷似羊毛，耐磨、富有弹性。化纤地毯按其织法不同可分为簇绒地毯、针刺地毯、机织地毯、编织地毯、静电植绒地毯等(图 7-3-4)。

簇绒地毯

针刺地毯

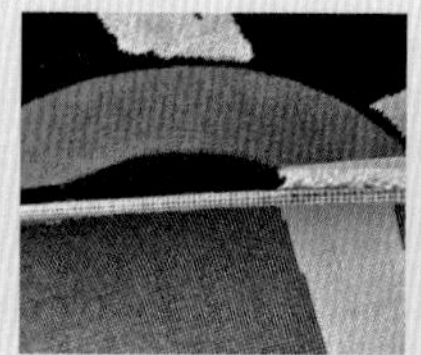
机织地毯

编织地毯

静电植绒地毯

图 7-3-4 化纤地毯织法分类

化纤地毯是用量较大的中、低档品种，它具有不霉、不蛀、耐腐蚀、耐磨、轻质、富有弹性、脚感好、吸湿性小、易于清洗、价格较低等特点，化纤地毯适用于宾馆、饭店、招待所、接待室、船舶、车辆、飞机等地面的装饰（图 7-3-5）。

图 7-3-5 化纤地毯的应用

(4) 天然地毯。采用天然物料编织而成的地毯，如剑麻地毯、椰棕地毯和水草地毯等。剑麻地毯采用剑麻（西沙尔麻）制成，耐酸碱、耐磨、尺寸稳定、无静电，比羊毛地毯经济实用，但弹性较差。

(5) 塑料地毯。以 PVC 树脂为基料，加入多种添加剂，并在地毯模具中成形而制成。色泽美观，耐磨性能好，可水洗，经久耐用。用于公共建筑的出口或通道、住宅的卫生间和浴室等。

(6) 橡胶地毯。以天然橡胶为原料模压而成。色彩丰富、图案美观、脚感舒适、耐磨性好，而且隔潮、防霉、防滑、绝缘、清扫方便。

2. 按图案分类

地毯常见的图案种类如图 7-3-6 所示。

(1) 京式地毯。有主调图案，工整对称、色调典雅、庄重古朴，所有图案均有独特的寓意和象征性，是我国传统编织地毯。其图案精美、色彩丰富、编织工艺精湛，被誉为东方艺术的代表。

(2) 美术式地毯。有主调颜色，图案色彩华丽，富有层次感，有富丽堂皇的艺术风格。它借鉴了西欧装饰艺术的特点，常以盛开的玫瑰和郁金香等组成花团锦簇，给人以繁花似锦之感。源于欧洲宫廷建筑艺术，富有大自然的风韵，图案设计轻松活泼，给人美的享受。

(3) 东方式地毯。东方式地毯纹样多取材波斯图案，各种树、叶、花、藤、鸟、动物经变化加工，并结合几何形资料组成装饰感很强的花纹，具有十分浓郁的东方情调。东方式地毯通常以中心纹样与宽窄不同的边饰纹样相配，中心纹样可采用中心花加四个角花的适合纹样，也可采用缠枝花草自由连缀或重复排列。布局严谨工整，花纹布满毯面。

(4) 彩花式地毯。图案清新活泼，通常以深黑色为主色，配以小花图案，如工笔花鸟画等，可浮现出百花争艳的情调，色彩明快、美观大方。

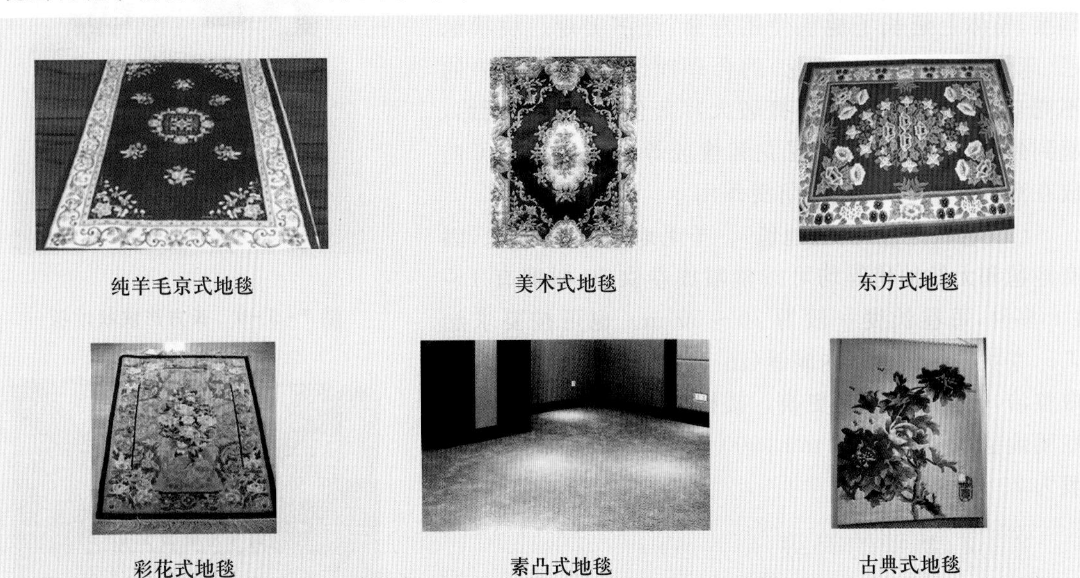

纯羊毛京式地毯　美术式地毯　东方式地毯

彩花式地毯　素凸式地毯　古典式地毯

图 7-3-6　地毯图案种类

（5）素凸式地毯。色调清淡，图案采用单色花纹织作，纹样清晰美观，有如浮雕，富有幽静雅致的情趣。

（6）古典式地毯。以古代的古纹图案、风景或花鸟为题材，给人古色古香的感觉。

3. 按结构款式分类

可分为方块地毯、花式方块地毯、小块地毯、圆形地毯、半圆形地毯、椭圆形地毯，如图 7-3-7 所示。

4. 按织造方法分类

可分为植绒地毯（图 7-3-8）、针刺地毯、机织地毯、编织地毯、黏结地毯、静电植绒地毯等。

图 7-3-7　花式方块地毯与圆形地毯

图 7-3-8　植绒地毯

5. 按规格尺寸分类

（1）块状地毯。形状多为方块、椭圆形、圆形和长方形等多种形状、多种尺寸。主要为方形和长方形（图 7-3-9），通用规格尺寸为 610 mm ×610 mm～3 660 mm ×6 710 mm 共计 56 种。花式方块地毯由花色各一的 500 mm ×500 mm 的方块地毯组成一箱，铺设时可组成不同的图案。铺设方便灵活、位置可随意变动、选择性大，而且可调换，整体上延长了地毯使用寿命，经济美观。块状地毯(床前毯、门口毯和道毯)的合理铺设，可以使室内的不同功能有所划分，还可打破大片灰色地面的单调感，起到画龙点睛的作用。尼龙和橡胶等小块地毯还可铺放在浴室和卫生间，起到防滑作用。

图 7-3-9　长方形块状地毯

(2) 卷状地毯(满铺地毯)。羊毛地毯、化纤地毯、剑麻地毯和无纺地毯等均可按整幅成卷供应，幅宽有 1～4 m多种，每卷长度一般为 20～50 m。也可按要求加工。卷状地毯适合室内满铺(图 7-3-10)，可使室内宽敞整洁，但损坏后不易更换。楼梯和走廊用地毯为窄幅专用地毯，幅宽有 700 mm、900 mm 两种，整卷长度一般为 20 m。

图 7-3-10　满铺地毯

7.3.2 地毯的等级

根据地毯的内在质量、使用性能和适用场所将地毯分为 6 个等级。

(1) 轻度家用级：适用于不常使用的房间。

(2) 中度家用或轻度专业使用级：可用于主卧室和餐室等。

(3) 一般家用或中度专业使用级：起居室、交通频繁部分楼梯、走廊等。

(4) 重度家用或一般专业使用级：家中重度磨损的场所。

(5) 重度专业使用级：家庭一般不用，用于客流量较大的公用场合。

(6) 豪华级：通常其品质至少相当于 3 级以上，毛纤维加长，豪华气派。

地毯作为室内陈设不仅具有实用价值，还具有美化环境的功能。地毯防潮、保暖、吸声与柔软舒适的特性，能给室内环境带来安适、温馨的气氛。在现代化的厅堂宾馆等大型建筑中，地毯已是不可缺少的实用装饰品。随着社会物质、文化水平的提高，地毯以其实用性与装饰性的和谐统一也已步入一般家庭的居室之中。

7.3.3 地毯的基本功能

(1) 保暖、调节功能。地毯织物大多由保温性能良好的各种纤维织成，大面积地铺垫地毯可以减少室内通过地面散失的热量，阻断地面寒气的侵袭，使人感到温暖舒适。地毯织物纤维之间的空隙具有良好的调节空气湿度的功能，当室内湿度较高时，它能吸收水分；室内较干燥时，空隙中的水分又会释放出来，使室内湿度得到一定的调节平衡，令人舒爽怡然。

(2) 吸声功能。地毯的丰厚质地与毛绒簇立的表面具备良好的吸声效果，并能适当降低噪声影响。由于地毯吸收声音后，减少了声音的多次反射，从而改善了听音清晰程度，有利于形成一个宁静的居室环境。

(3) 舒适功能。人们在硬质地面上行走时,脚掌着力于地及地面的反作用力,使人感觉不舒适并容易疲劳。铺垫地毯后,由于地毯为富有弹性纤维的织物,有丰满、厚实、松软的质地,所以在上面行走时会产生较好的回弹力,令人步履轻快,感觉舒适柔软,有利于消除疲劳和紧张。

(4) 审美功能。地毯质地丰满,外观华美,铺设后地面能显得端庄富丽,获得极好的装饰效果。生硬平板的地面一旦铺了地毯便会满室生辉,令人精神愉悦,给人一种美感的享受。

7.3.4 地毯的主要技术性质

(1) 耐磨性。地毯的耐磨性用耐磨次数表示,即地毯在固定压力下磨至背衬露出所需要的次数。耐磨次数愈多,表示耐磨性愈好。耐磨性的优劣与所用材质、绒毛长度及道数有关。耐磨性是反映地毯耐久性的重要指标。

(2) 弹性。地毯的弹性是指经过一定次数的碰撞(动荷载)后厚度减少的百分率。纯毛地毯的弹性好于化纤地毯,而丙纶地毯的弹性不及腈纶地毯。

(3) 剥离强度。剥离强度是衡量地毯面层与背衬复合强度的一项性能指标,也是衡量地毯复合后耐水性指标。

(4) 黏合力。黏合力是衡量地毯绒毛固着在背衬上的牢固程度的指标。

(5) 抗老化性。抗老化性主要对化纤地毯而言。这是因为化学合成纤维在空气、光照等因素作用下会发生氧化,使性能下降。通常是用经紫外线照射一定时间后,化纤地毯的耐磨次数、弹性及色泽的变化情况加以评定。

(6) 抗静电性。化纤地毯使用时易产生静电,产生吸尘和难清洗等问题,严重时,人有触电的感觉。因此化纤地毯生产时常掺入适量抗静电剂。抗静电性用表面电阻和静电压来表示。

(7) 耐燃性。它是指化纤地毯遇火时,在一定时间内燃烧的程度。当化纤地毯试样在燃烧12min时间内,燃烧面积的直径不大于17.96cm时,则认为耐燃性合格。需要特别注意的是,化纤地毯在燃烧时会释放出有毒气体及大量烟气,容易使人窒息,难以逃离火灾现场。因此应尽量选用阻燃型化纤地毯,避免使用非阻燃型化纤地毯。

7.3.5 挂毯

挂毯也称为"壁毯",原料和编织方法与地毯相同,作室内壁面装饰用。我国挂毯历史悠久,自古以来,新疆、西藏和内蒙古等地就善于用羊毛编织挂毯。

挂毯除具有吸声、保温、隔热等实用功能外,还给人以美的艺术享受。挂毯的规格尺寸多样,也可按需加工。挂毯装饰以山水、花卉、鸟兽、人物、建筑风光等为题材,国画、油画、装饰画、摄影等艺术形式均可表现(图 7-3-11)。

图 7-3-11 挂毯

高档挂毯历来就是高贵的装饰品,大型挂毯多用于礼堂、俱乐部等公共场所,小型挂毯多用于住宅卧室等。

7.4 窗帘装饰材料

7.4.1 窗帘帷幔的作用

随着现代建筑的发展，窗帘帷幔已经成为室内装饰不可缺少的一部分。

窗帘帷幔除装饰作用外，还有遮挡外来光线，保护地毯及其他织物陈设和装饰材料不因日晒而褪色变质，防止灰尘进入、保持室内清洁、保持室内清净、消声隔声等作用。若窗帘采用厚质织物，尺寸宽大、折皱较多，其隔声效果就较好，同时可以起到调节室内温度的作用，创造出温馨舒适的室内环境。

7.4.2 窗帘的分类

1. 成品帘

根据其外形及功能不同可分为卷帘、折帘、垂直帘和百叶帘（图 7-4-1）。

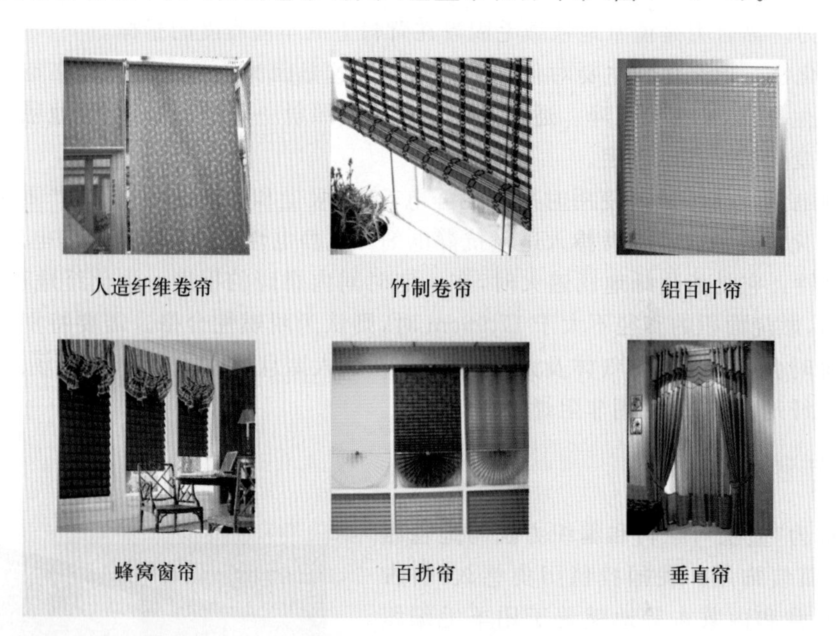

图 7-4-1　成品窗帘

（1）卷帘收放自如，它可分为人造纤维卷帘、木质卷帘、竹质卷帘。其中人造纤维卷帘以特殊工艺编织而成，可以过滤强日光辐射，改造室内光线品质，有防静电、防火等功能。

（2）折帘根据其功能不同可以分为日夜帘、蜂窝帘、百折帘。其中蜂窝帘有吸声效果，日夜帘可在透光与不透光之间任意切换。

（3）垂直帘根据其面料不同可分为铝质帘及人造纤维帘等。

（4）百叶帘一般分为木百叶、铝百叶、竹百叶等，百叶帘的最大特点在于可将光线在不同角度任意调节，使室内的自然光富有变化。

2. 用装饰布经设计缝纫而做成的窗帘

(1) 布艺窗帘。其面料可分为印花布、染色布、色织布、提花印布等。

① 印花布。在素色胚布上用转移或圆网的方式印上色彩、图案，其特点是色彩艳丽，图案丰富、细腻。

② 染色布。在白色胚布上染上单一色泽的颜色，其特点是素雅、自然。

③ 色织布。根据图案需要，先把纱布分类染色，再经交织而构成色彩图案，其特点是色牢度强、色织纹路鲜明、立体感强。

④ 提花印布。把提花和印花两种工艺结合在一起。

(2) 布艺窗帘面料质地有纯棉、麻、涤纶、真丝，也可集中原料混织而成(图 7-4-2)。棉质面料质地柔软、手感好；麻质面料垂感好、肌理感强；真丝面料高贵、华丽，它由 100%天然蚕丝构成；涤纶面料挺括、色泽鲜明、不褪色、不缩水。

图 7-4-2 布艺窗帘

3. 窗纱

与窗帘布相伴的窗纱不仅给居室增添柔和、温馨、浪漫的氛围，而且具有采光柔和、透气通风的特性，它可调节心情，给人一种若隐若现的朦胧感(图 7-4-3)。

窗纱的面料可分为涤纶、仿真丝、麻或混纺织物等；根据工艺可分为印花、绣花、提花等。窗纱基本以 280 cm门幅为主。

图 7-4-3 窗纱

4. 窗帘轨道

(1) 窗帘轨道(窗轨)根据其形态可分为直轨、弯曲轨、伸缩轨等，主要用于带窗帘箱的窗户。最常用的直轨有重型轨、塑料纳米轨、低噪声轨等。

(2) 窗轨根据其材料可分为铝合金、塑料、铁、木头等。

(3) 窗轨根据其工艺可分为罗马杆、艺术杆等。罗马杆、艺术杆适用于无窗帘箱的窗户，最有装饰功能(图 7-4-4)。

图 7-4-4 窗帘轨道

7.4.3 窗帘的选择

窗帘是室内布置的一个普通却又不容忽视的内容，对墙面装饰也有一定的作用，它对于协调整个房间的气氛，起着重要的作用。在选配窗帘时，应注意以下几点：

(1) 选料。名贵的布料可使房间产生豪华感，但没必要花很多钱去追求华丽，只要注意到与房内陈设的档次相配就行了。另外，布料的质地对室内布置的风格和气氛有着重要的影响，如薄透的材料使人觉得凉爽，粗实的材料则使居室产生温暖感。

(2) 色彩。巧妙地运用色彩，可以改变屋中的气氛。一般来说，深暗的色调会使人感到空间缩小，而明亮的浅颜色则会使矮小的空间显得宽大舒展。色彩搭配得当，会造出安定舒适的氛围；色调如不协调，人就会紧张烦躁；颜色太杂，也会给人带来混乱，简而言之，窗帘的颜色不宜太扎眼突出。

(3) 窗帘形状与图案。恰当的窗帘设计，有利于纠正窗户的不良比例，从而获得良好的空间印象。窗帘的图案不论是选择几何抽象形状，还是采用自然景物图案，均应掌握简捷、明快、素雅的原则。

(4) 作为室内装饰的一部分，窗帘必须注意与室内的其他陈设相协调，尤其要注意与床罩、地毯、沙发套等面积较大的布质物品的协调关系，最好能在颜色或图案上安排一些共同点，使其产生内在和谐，增强室内的整体凝聚感。

7.4.4 窗帘的悬挂方式

(1) 整体垂落式。即便是普通窗型，也可设计一整幅落地垂帘进行悬挂装饰，制造出一种完整大气的效果。

(2) 两两分开式。若觉得整幅窗帘单一呆板，可在同一扇窗户上分别采用紧贴窗体的提拉式浅色外帘和对开式内帘搭配悬挂，即可达到多层次、多线条的视觉效果。

(3) 紧密结合式。对于竖长造型的不落地窗型，根据窗户的内轮廓量身定做一套罗马杆帘，简洁的造型及悬挂方式让窗帘与窗户紧密结合，严丝合缝。

(4) 对等并列式。如果两扇普通的窗户相距较近，可采用这种对等并列的效果，得到视觉上的平衡感。

(5) 材质混搭式。外帘采用与窗体贴合的悬挂式竹质卷帘，搭配与室内装饰谐调的落地内帘，帘外有帘，自然使美丽加倍。

(6) 半截悬挂式。悬挂式半截内帘在不影响主人读书的前提下使室内采光达到了最佳程度，可采用与落地外帘对比的花色突出其特色，达到真正的事半功倍。

复习思考题

1. 什么是纤维？如何分类？
2. 常见的墙面装饰织物有哪些？各有什么特点？
3. 地毯的类型有哪些？如何选购纯毛地毯？
4. 什么是化纤地毯？与纯毛地毯有什么区别？

实践任务

了解墙面装饰织物、地毯的种类、规格、性能、价格和使用情况等。重点掌握壁纸及地毯的种类、规格、性能、价格及选用和使用。

1. 实践目的

让学生自主去装饰材料市场和建筑装饰施工现场进行调查和实习，了解墙面装饰织物和地毯装饰材料的价格，熟悉材料的应用情况，能够准确识别各种材料的名称、规格、种类、价格、使用要求及适用范围等。

2. 实践方式

学生分组：学生3～5人一组，自主去建筑装饰材料市场进行调查分析。

调查方法：学会以调查、咨询为主，认识各种装饰纤维织物及制品、调查材料价格、收集材料样本、掌握材料的选用要求。

3. 实践内容及要求

（1）认真完成调研日记。

（2）填写材料调研报告。

（3）完成实习总结。

第 8 章 建筑装饰涂料

涂料是一种兼具灵性和个性的装饰化妆品，它应用于我们生活的每一个角落。无论在家中还是走在街道上，还是徜徉于城市楼宇之间，你都会感受到涂料给生活带来的多姿多彩。

随着涂料产品的不断更新换代，它除了具有安全无毒、施工方便、干燥快、保色性及透气性好等优点外，还具有不同的颜色，人们可根据不同的部位及与家具颜色的匹配性等加以选择，甚至可以采用各色颜料浆自行调配喜欢的颜色。其在国民经济和人民生活中起到了很重要的作用。

建筑装饰涂料是涂料中的一种，随着我国建筑装饰行业的蓬勃发展，它已成为室内外装饰的重要材料。它不仅能装饰美化建筑物，也能提高建筑物的某些使用性能，增强其使用寿命，是比较理想的建筑装饰材料(图 8-0-1)。

图 8-0-1 建筑装饰涂料应用展示

8.1 装饰涂料概述

涂料是指一种涂覆在物体(被保护和被装饰的对象)表面并能形成牢固附着的连续保护薄膜的物质，对物体起到装饰和保护的功能。由于在物体表面结成干膜，故又称涂膜或涂层。用于建筑物的装饰和保护的涂料称为建筑涂料。

8.1.1 涂料的组成

涂料是由主要成膜物质、次要成膜物质和辅助物质三部分组成(图 8-1-1)。

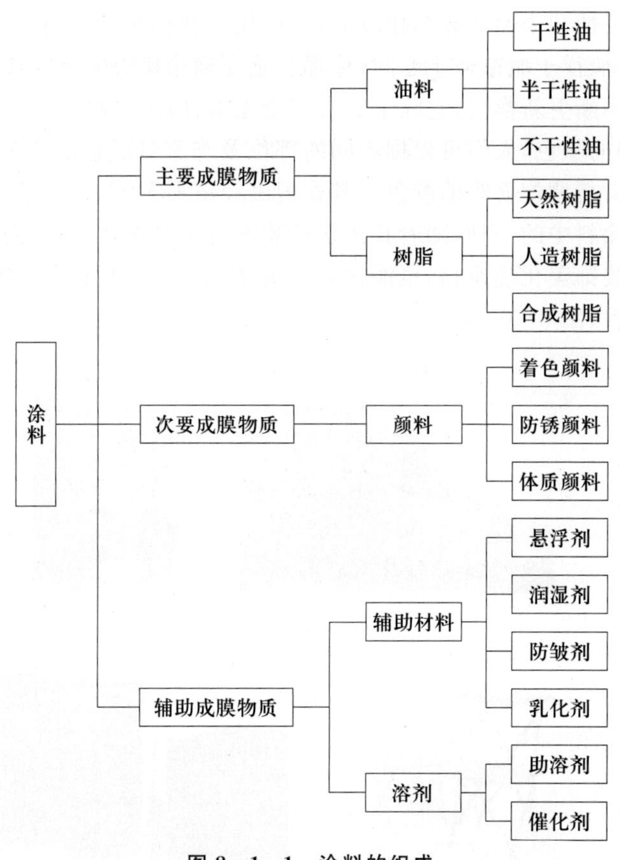

图 8-1-1 涂料的组成

1. 主要成膜物质

主要成膜物质又称胶黏剂或固着剂，是组成涂料的基础，它们是涂料牢固地黏附在物体表面上成为涂膜的主要物质。它的作用是将其他组分黏结成一整体，并能附着在被涂基层表面形成坚韧的保护膜。它决定油漆的主要性能，如油漆的坚韧性、耐磨性、耐候性及化学稳定性等。油漆的主要成膜物质多属于高分子化合物或成膜时能形成高分子化合物的物质，如天然树脂、人造树脂、合成树脂、植物油料及硅溶胶。

2. 次要成膜物质

次要成膜物质包含颜料、填料和增韧剂，其中颜料是组成涂料的另一种主要成分。按其在涂料中所起的作用颜料可分为着色颜料、体质颜料、防锈颜料等。

(1) 着色颜料。主要起显色作用，可分为白、黄、红、蓝、黑五种基本色，并通过这五种基本色调配出各种颜色。

(2) 防锈颜料。根据其防锈作用机理可以分为物理防锈颜料和化学防锈颜料两类。物理防锈颜料的化学性质较稳定，这类颜料有氧化铁红、云母氧化铁、石墨、氧化锌、铝粉等。化学防锈颜料则是借助于电化学的作用，或是形成阻蚀性络合物以达到防锈的目的。这类颜料如红丹、锌铬黄、偏硼酸钡、铬酸锶、铬酸钙、磷酸锌、锌粉、铅粉等。

(3) 体质颜料。又称填料，是基本上没有遮盖力和着色力的白色或无色粉末。但它们能增加涂膜的厚度和体质，提高涂料的物理化学性能。

3. 辅助成膜物质

辅助成膜物质包含多种溶剂和助剂。辅助成膜物质不能单独成膜，只是对涂料形成涂膜的过程或涂膜性能起辅助作用。

在涂料中使用溶剂，为的是降低成膜物质的黏稠度、便于施工，得到均匀而连续的涂膜。溶剂最后并不留在干结的涂膜中，而是全部挥发掉，所以又称挥发组分。

在涂料的组分中，除成膜物质、颜料和溶剂外，还有一些用量虽小，但对涂料性能起重要作用的辅助材料，统称助剂。助剂的用量在总配方中仅占百分之几，甚至千分之几，但它们对改善性能、延长贮存期限、扩大应用范围和便于施工等常常起很大的作用。助剂通常按其功效来命名和区分，主要有以下数种：

催干剂：加速油基漆氧化、聚合而干燥成膜。

润湿剂：降低物质间的界面张力，使固体表面易于被液体所润湿。

分散剂：吸附在颜料表面上形成吸附层，降低微粒间的聚集，防止颜料絮凝。

增塑剂：增加涂膜的柔韧性、弹性和附着力。

防沉淀剂：防止涂料贮存过程中颜料沉底结块。

此外，还有乳化剂、防结皮剂、防霉剂、增稠剂、消光剂、抗静电剂、紫外线吸收剂、消泡剂、流平剂等。每种助剂都有其独特的功能和作用，有时一种助剂又能同时发挥几种作用。各种涂料所需要的助剂种类是不一样的，某种助剂对一些涂料有效，而对另一些涂料可能无效甚至有害。因此，正确地、有选择地使用助剂，才能达到最佳效果。

8.1.2 涂料的分类、命名

1. 涂料的分类

国家标准《涂料产品分类和命名》(GB/T 2075—2003)以涂料产品的用途为主线，并辅以主要成膜物的分类方法，将涂料产品划分为三个主要类别：建筑涂料、工业涂料和通用涂料及辅助材料，其中建筑涂料的分类见表 8-1-1。

表 8-1-1 建筑涂料

<table>
<tr><th colspan="3">主要产品类型</th><th>主要成膜物类型</th></tr>
<tr><td rowspan="4">建筑涂料</td><td>墙面涂料</td><td>合成树脂乳液内墙涂料
合成树脂乳液外墙涂料
溶剂型外墙涂料
其他墙面涂料</td><td>丙烯酸酯类及其改性共聚乳液，醋酸乙烯及其改性共聚乳液，聚氨酯、氟碳树脂，无机黏合剂等</td></tr>
<tr><td>防水涂料</td><td>溶剂型树脂防水涂料
聚合物乳液防水涂料
其他防水涂料</td><td>EVA、丙烯酸酯类乳液，聚氨酯、沥青、PVC胶泥或油膏、聚丁二烯树脂等</td></tr>
<tr><td>地坪涂料</td><td>水泥基等非木质地面用涂料</td><td>聚氨酯、环氧树脂等</td></tr>
<tr><td>功能性建筑涂料</td><td>防火涂料
防霉(藻)涂料
保温隔热涂料
其他功能性建筑涂料</td><td>聚氨酯、环氧树脂、丙烯酸酯类、乙烯类、氟碳树脂等</td></tr>
</table>

注：主要成膜物类型中树脂类型包括水性、溶剂型、无溶剂等

建筑涂料的种类繁多，近年来的发展异常迅速，现标准很难将其准确全面地涵盖，因此人们通常更习惯按其他方法对建筑涂料进行分类。如下所示：

(1) 按部位不同：墙漆、木器漆和金属漆。墙漆包括了外墙漆、内墙漆和顶面漆，它主要是乳胶漆等品种；木器漆主要有硝基漆、聚氨酯漆等；金属漆主要是磁漆。

(2) 按状态不同：水性漆和油性漆。乳胶漆是主要的水性漆，而硝基漆、聚氨酯漆等多属于油性漆。

(3) 按功能不同：防水漆、防火漆、防霉漆、防蚊漆，以及多功能漆等。

(4) 按作用形态不同：挥发性漆和不挥发性漆。

(5) 按表面效果：透明漆、半透明漆和不透明漆。

2. 涂料的命名

涂料全名一般是由颜色或颜料名称加上成膜物质名称，再加上基本名称（特性或专业用途）而组成。对于不含颜料的清漆，其全名一般是由成膜物质名称加上基本名称而组成。

颜色名称通常由红、黄、蓝、白、黑、绿、紫、棕、灰等颜色，有时再加上深、中、浅（淡）等词构成。若颜料对漆膜性能起显著作用，则可用颜料的名称代替颜色的名称，例如铁红、锌黄、红丹等。

成膜物质名称可做适当简化，例如聚氨基甲酸酯简化成聚氨酯、环氧树脂简化成环氧、硝酸纤维素（酯）简化为硝基等。漆基中含有多种成膜物质时，选取起主要作用的一种成膜物质命名，必要时也可选取两或三种成膜物质命名，主要成膜物质名称在前，次要成膜物质名称在后，例如红环氧硝基磁漆。

基本名称表示涂料的基本品种、特性和专业用途，例如清漆、磁漆、底漆、锤纹漆、罐头漆、甲板漆、汽车修补漆等，涂料基本名称可参见表 8-1-2。

表 8-1-2 部分涂料的基本名称

基本名称	基本名称	基本名称
清油	透明漆	耐酸漆、耐碱漆
清漆	斑纹漆、裂纹漆、桔纹漆	防腐漆
厚漆	锤纹漆	防锈漆
调和漆	皱纹漆	耐油漆
磁 漆	金属漆、闪光漆	耐水漆
粉末涂料	防污漆	防火涂料
底漆	水线漆	防霉（藻）涂料
腻子	甲板漆、甲板防滑漆	耐热（高温）涂料
木漆	船壳漆	内墙涂料
电泳漆	船底防锈漆	外墙涂料
乳胶漆	饮水舱漆	防水涂料
水溶（性）漆	油舱漆	地板漆、地坪漆

在成膜物质名称和基本名称之间,必要时可插入适当词语来标明专业用途和特性等,例如白硝基球台磁漆、绿硝基外用磁漆、红过氯乙烯静电磁漆等。

需烘烤干燥的漆,名称中(成膜物质名称和基本名称之间)应有“烘干”字样,例如银灰氨基烘干磁漆、铁红环氧聚酯酚醛烘干绝缘漆。如名称中无“烘干”词,则表明该漆是自然干燥,或自然干燥、烘烤干燥均可。

凡双(多)组分的涂料,在名称后应增加“(双组分)”或“(三组分)”等字样,例如聚氨酯木器漆(双组分)。注意:除稀释剂外,混合后产生化学反应或不产生化学反应的独立包装的产品,都可认为是涂料组分之一。

3. 涂料的作用

装饰作用:目的首先在于遮盖被装饰物原表面的各种缺陷,使其与周围环境协调配合。

保护作用:能阻止或延迟空气中的氧气、水分、紫外线及其他有害物质对被装饰物的破坏,或延长被装饰物的使用寿命。

特殊功能:如防火、防水、防辐射、隔声、隔热等。

标志作用:应用涂料的颜色作为标识,如各种化学品、危险品、交通安全标志等。

8.1.3 涂料的技术性能

涂料作为一种装饰材料,具有保护内墙体以抵抗各有害介质侵蚀的能力,同时还可以不同的颜色、质感、花纹来美化墙面改善室内环境。对于一些特殊的涂料还具有阻燃防水、吸声隔声、保温隔热、杀菌防霉防蛀等功能,它们可以改善室内的使用功能。一般来讲,一种涂料能否取得良好的装饰和经济效果,与选用涂料的技术性能、被涂饰的基层情况、施工技术、自然环境条件等都有密切关系,其中涂料的技术性能起决定性作用。

涂料的主要技术性能要求有在容器中的状态、黏度、含固量、细度、干燥时间、最低成膜温度等。

(1) 容器中的状态。容器中的状态反映涂料体系在储存时的稳定性。各种涂料在容器中储存时均应无硬块,搅拌后应呈均匀状态。

(2) 黏度。涂料应有一定的黏度,使其在涂饰作业时易于流平而不流挂。建筑涂料的黏度取决于主要成膜物质本身的黏度和含量。

(3) 遮盖力。主要与涂料中的颜料品种和质量有关。遮盖力越小,涂刷时涂料的用量越多。

(4) 含固量。含固量是指涂料中不挥发物质在涂料总量中所占的百分比。含固量的大小不仅影响涂料的黏度,同时也影响到涂膜的强度、硬度、光泽及遮盖力等性能。薄质涂料的含固量通常不小于45%。

(5) 细度。细度是指涂料中次要成膜物质的颗粒大小,它影响涂膜颜色的均匀性、表面平整性和光泽。薄质涂料的细度一般不大于60μm。

(6) 干燥时间。涂料的干燥时间分为表干时间和实干时间,它影响涂饰施工的时间。一般涂料的表干时间不应超过2h,实干时间不应超过24h。

(7) 最低成膜温度。最低成膜温度是乳液型涂料的一项重要性能。乳液型涂料是通过涂料中分散介质——水分的蒸发,细小颗粒逐渐靠近、凝结而成膜的,这一过程只有在某一最低温度以上才能实现,此温度称为最低成膜温度。乳液型涂料只有在高于这一温度时才能进行涂饰作业。乳液型涂料的最低成膜温度都应在10°C以上。

(8) 附着力。是根据规定制备样品后，用规定的刀片切割涂层后，观察涂膜脱落程度来判定的。附着力越大，涂料与基层黏结越牢固，在使用过程中，涂层不易脱落。

(9) 耐水性。将涂层三分之二的面积侵入(25±1)℃的蒸馏水中浸泡24h后，目测其表面有无起泡、脱粉现象。耐水性合格的涂层，在遇水后能保持表面完整。

(10) 耐碱性。若内墙基层为水泥混凝土、砂浆或石灰抹面，在此种碱性基层上涂刷的涂料必须有良好耐碱性，否则容易受碱性影响而脱落、起泡。

(11) 耐洗刷性。内墙面在使用过程中不可避免地会被灰尘等物污染，这时一般应可以用肥皂或洗衣粉溶液清洗。不同种类的内墙涂料，其耐洗刷次数不尽相同。耐洗刷性好坏反映了涂料的耐污染性。一般地内墙涂料的耐洗刷次数低于外墙涂料和地面涂料的耐洗刷次数。

(12) 耐擦性。用干净且干燥的食指在样板表面的涂层上往复擦两次(擦痕长5～7cm)，根据手指上涂料粒子多少评定耐擦性等级。

(13) 等级脱粉状况。0——无脱粉；1——用力擦样板表面，手指沾有少量涂料粒子；2——用力擦样板表面，手指沾有较多涂料粒子；3——用力较轻，手指沾有较多涂料粒子。

以上各项技术性能指标是否符合要求，生产厂家在产品出厂以前都要进行检验，只有所有指标完全合格，产品才能以合格品出厂，并应附有合格证及产品使用说明，这样的产品才是优质产品。

8.2 内墙涂料

内墙涂料也可以用作顶棚涂料，它具有装饰和保护室内墙面、顶棚的作用。为达到良好的装饰效果，要求内墙涂料应色彩丰富、协调，色调柔和，质地平滑细腻，并具有良好的透气性、耐碱、耐水、耐粉化、耐污染等性能。

一般的内墙建筑涂料的涂装体系分为底漆和面漆两层。

(1) 底漆。底漆具有封闭墙面碱性、增加油漆的附着力、增进漆膜丰满度及延长油漆使用寿命的作用。它的处理程度对涂装最后性能及表面效果有较大影响。

(2) 面漆。面漆是涂装体系中的最后涂层，具有装饰、保护和对恶劣环境的抵抗功能。

8.2.1 内墙涂料的类型

第一类是低档水溶性涂料，第二类是合成树脂乳液内墙涂料(乳胶漆)，第三类是目前十分流行的多彩涂料、仿瓷漆和艺术漆。一般装修采用的是乳胶漆。

8.2.2 水溶性内墙涂料

水溶性涂料由聚乙烯醇溶解在水中，再在其中加入颜料等其他助剂而制成。这种涂料的缺点是不耐水、不耐碱，涂层受潮后容易剥落，属低档内墙涂料，多为中低档居室或临时居室室内墙装饰选用。如“106”、“107”、“831”、“803”涂料等，包括目前农村广泛使用的“801”、“仿瓷”、“钢化”涂料等均属于水性涂料。

8.2.3 合成树脂乳液内墙涂料

图 8-2-1 内墙乳胶漆及乳胶漆色板

合成树脂乳液内墙涂料也称乳胶漆，是以合成树脂乳液为主要成膜物质，以水为稀释剂，加入着色颜料、体质颜料、助剂，经混合、研磨而制得的薄质内墙涂料。它是一种施工方便、安全、耐水性好、透气性好、颜色种类丰富的薄质内墙漆。这种涂料基本上由水、颜料、乳液、填充剂和各种助剂组成，这些原材料是不含毒性的。高级乳胶漆还可以随意配色，具有多种光泽(高光、亚光、无光、丝光等)。乳胶漆适用于在混凝土、水泥砂浆、灰泥类墙面及加气混凝土等基层上涂刷(图 8-2-1)。

1. 合成树脂乳液内墙涂料的技术性能

应符合国家标准《合成树脂乳液内墙涂料》(GB/T 9756—2009)的要求，见表 8-2-1。

表 8-2-1 合成树脂乳液内墙涂料的技术性能

内墙底漆		内墙面漆			
项目	性能指标	项目	性能指标		
			合格品	一等品	优等品
在容器中的状态	无硬块，搅拌后呈均匀状态	在容器中的状态	无硬块，搅拌后呈均匀状态		
施工性	刷涂无障碍	施工性	刷涂二道无障碍		
低温稳定性(3 次循环)	不变质	低温稳定性(3 次循环)	不变质		
涂膜外观	正常	涂膜外观	正常		
干燥时间(表干)	≤2h	干燥时间(表干)	≤2h		
耐碱性(24h)	无异常	耐碱性(24h)	无异常		
抗泛碱性(48h)	无异常	对比率(白色和浅色) ≥	0.90	0.93	0.95
		耐洗刷性/次 ≥	300	1 000	5 000

2. 乳胶漆的特性

(1) 覆遮性和遮蔽性。它们是高质量乳胶漆的组成要素，代表了效果更好、时间消耗更少、用量更省的粉刷工作。

(2) 附着力和易清洗性。良好的附着力可以避免出现裂缝和瑕疵；易清洗性确保了光泽和色彩的保持。

(3) 适用性。适用性好的乳胶漆在操作过程中不会引起气泡四处流溢、飞溅等状况，它会带给居室光滑的墙面。

(4) 防水功能。弹性乳胶漆具有优异的防水功能，防止水渗透墙壁、损坏水泥，从而保护墙壁，并具抗菌藻功能。它具有良好的抗碳化、抗菌、耐碱性能。

(5) 可弥盖细微裂纹。弹性乳胶漆具有的特殊“弹张”性能,能延伸及弥盖细微裂纹。

8.2.4 多彩花纹内墙涂料

多彩花纹内墙涂料,又称多彩内墙涂料,是由不相混溶的两相组成,其中一相为连续相,另一项为分散相,分散相以大小为肉眼可见的液滴分散在连续相中。在分散相中,有两种或两种以上的着色粒子,在含有稳定剂的分散介质中均匀地悬浮,并在其中呈现稳定状态。多彩花纹内墙涂料以其丰富的色彩、多变的构图、具有立体感的装饰效果曾一度广泛应用于建筑物的内墙装饰(图 8-2-2)。多彩花纹内墙涂料涂装时一般需先做好底涂层和中涂层,然后喷涂多彩花纹,涂料干燥后着色粒子相互凝结成为坚实的多彩涂层。

图 8-2-2 多彩花纹内墙涂料

8.2.5 艺术漆

1. 壁纸漆

壁纸漆是一种新型艺术涂料,也称液体壁纸,是集壁纸和乳胶漆特点于一身的环保水性涂料。通过各类特殊工具和技法配合不同的上色工艺,使墙面产生各种质感纹理和明暗过渡的艺术效果,把墙身涂料从人工合成的平滑型时代带进天然环保型凹凸涂料的全新时代,满足了消费者多样化的装饰需求,也因此成为现代空间最时尚的装饰元素(图 8-2-3)。壁纸漆的黏合剂选用无毒、无害的有机胶体,是真正天然的、环保的产品。壁纸漆是水性涂料,因此也具有良好的防潮、抗菌性能,不易生虫、不易老化,无毒无味、绿色环保,有极强的耐水性和耐酸碱性,不褪色、不起皮、不开裂,能确保使用 20 年以上。

图 8-2-3 壁纸漆墙面

壁纸漆施工简便、迅速,采用最新研制的模具和施工方法,可使施工速度更快、效果更好、材料更省,尤其是独创的印花施工方法使效果别具一格(图 8-2-4)。

滚花模具实物照片

印花模具实物照片

图 8-2-4 印花、滚花模具

壁纸漆产品系列齐全(图8-2-5),有印花、滚花、夜光、变色龙、浮雕五大产品系列、上千种图案及专用底涂供顾客选择,花色不仅有单色系列、双色系列,还有多色系列。能够最大程度上满足不同顾客的需求。

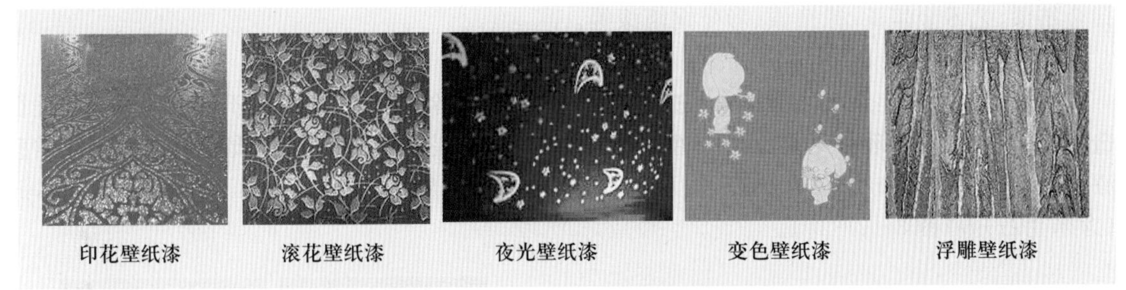

图 8-2-5 壁纸漆五大产品系列

2. 真石漆

真石漆装饰效果酷似大理石、花岗石,主要采用各种颜色的天然石粉、纯丙乳液、增塑剂、增稠剂等配制而成。

图 8-2-6 真石漆墙面效果

真石漆的特点是具有天然真实的自然色泽,给人以高雅、和谐、庄重之美感,适合于各类建筑物的室内外装修(图 8-2-6)。特别是在曲面建筑物上装饰,可以收到生动逼真、回归自然的效果。真石漆具有防火、防水、耐酸碱、耐污染、无毒、无味、黏结力强、永不褪色等特点。真石漆具备良好的附着力和耐冻融性能,能有效地阻止外界恶劣环境对建筑物的侵蚀,延长建筑物的寿命。

3. 马来漆

马来漆(图 8-2-7)是高档、新兴墙面装饰漆,批刮到墙面上会产生各类艺术纹理。马来漆具体包括单色马来漆、混色马来漆、金银线马来漆、金银马来漆、幻影马来漆(彩韵马来漆)等。

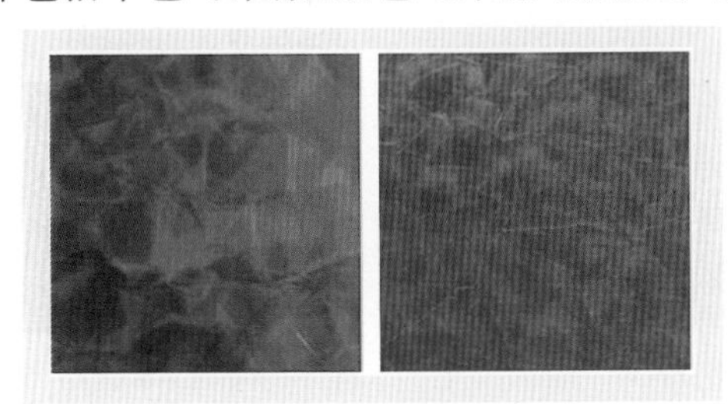

图 8-2-7 马来漆

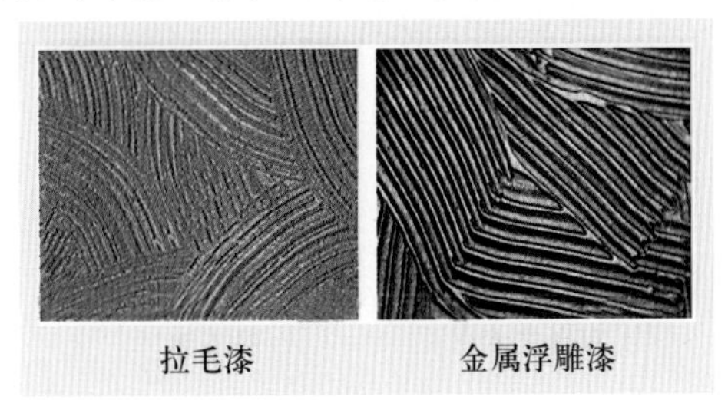

图 8-2-8 复层肌理漆

4. 复层肌理漆

复层肌理漆是一种新型墙面装饰漆种,因其具有独特的立体肌理、色彩、造型、花纹而广受客户欢迎。复层肌理漆(图 8-2-8)包括拉毛漆、立体浮雕漆、金属浮雕漆、珠光肌理漆、梳刷痕纹理漆、薄浆艺术肌理漆、厚浆墙体艺术漆等。

5. 金属箔质感漆

是在油脂中添加珠光颜料形成的，能创造出各种光泽效果（图 8－2－9）。金属箔质感漆包括金箔漆、艺术金箔漆、银箔漆、彩曼铜箔漆等。

6. 质感漆

质感漆是市面上新型装饰材料，它的制作方式是在已涂饰的漆面上，用不同的质感工具进行造型，产生立体化纹理。此类漆可个性搭配，能创造无穷特殊装饰效果。质感漆包括颗粒质感漆、标准质感（树皮拉纹、树叶纹理、蟹爪纹理）漆、刮砂漆、质感肌力（滚筒压花）漆、砂壁艺术漆（含米兰石）等（图 8－2－10）。

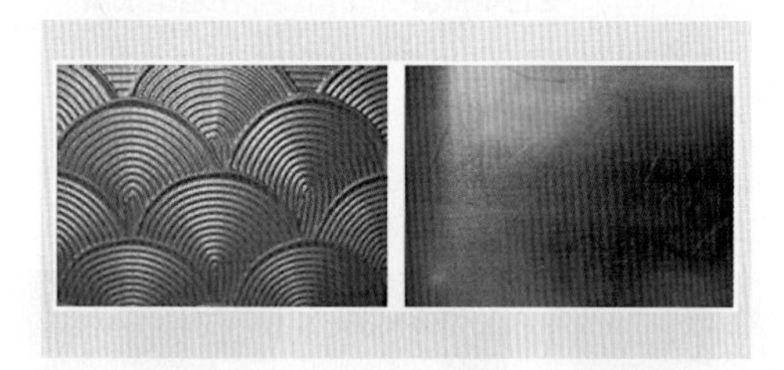

图 8－2－9　金属箔质感漆

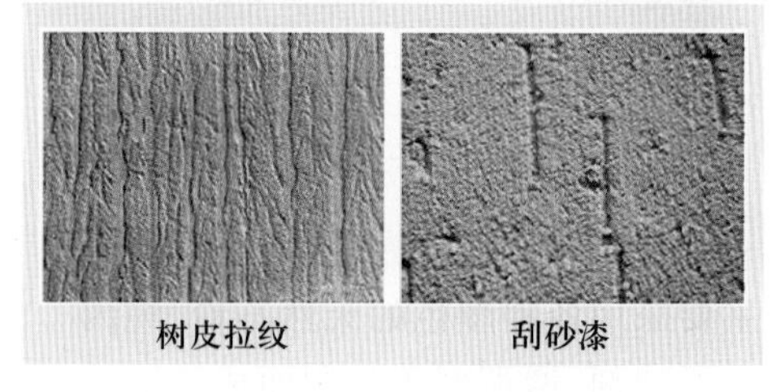

树皮拉纹　　刮砂漆

图 8－2－10　质感漆

7. 艺术帛

是指用帛、宣箔、肌理壁纸等造型材料在墙面造型处理，待完全干燥后，用多色普通水性漆进行面涂即可获得类似帛的效果。艺术帛包括素色宣箔、双色艺术帛、艺术锦帛、轩帛漆、钻石漆（水性）等（图 8－2－11）。

8. 平面艺术漆

用专用喷枪在墙面或其他各种板材表面喷涂时，根据不同的处理方式产生各种平面且自然的纹理。平面艺术漆包括新梦幻粉彩漆、珍珠彩喷漆、欧式复古漆、梳刷痕纹理漆、印花纹理漆、拍花纹理漆、木纹漆（水纹漆）、乱丝漆（云丝漆、彩丝漆）、彩云漆等（图 8－2－12）。

9. 特殊漆

特殊漆是指根据油漆性能，利用特殊施工方法形成特殊效果的漆种。特殊漆包括裂纹漆、贝母漆、砂岩雕刻漆、墙体浮雕漆等（图 8－2－13）。

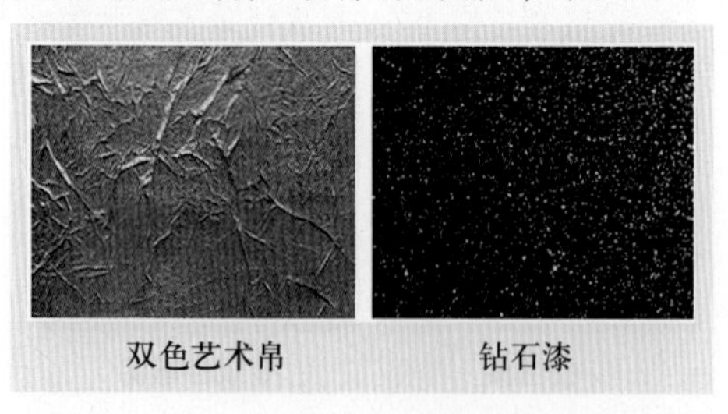

双色艺术帛　　钻石漆

图 8－2－11　艺术帛

图 8－2－12　乱丝漆

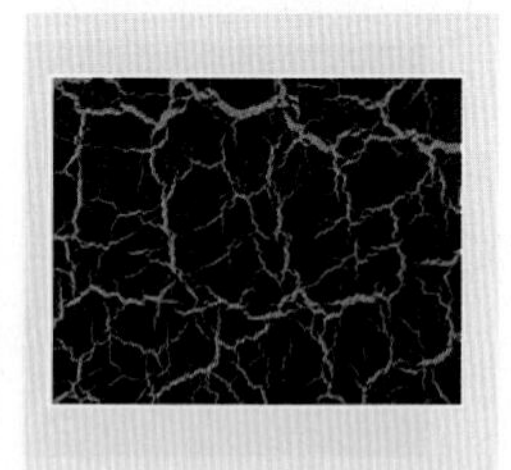

图 8－2－13　裂纹漆

8.3 外墙涂料

外墙涂料起装饰和保护建筑物的外墙面，使建筑物外貌整洁美观，达到美化城市环境的目的（图 8－3－1），同时还保护建筑物的外墙免受大气环境的侵蚀，延长其使用寿命，其特点有装饰性好、耐候性好、耐沾污性好、耐水性好，因此，外墙涂料要求达到的指标比内墙漆高。

图 8－3－1　外墙涂料

8.3.1 外墙涂料性能要求

外墙漆涂料要有优良的耐水性、耐碱性、耐污性、耐候性、耐霉变性和抗风化性，要能有效防止漆膜粉化、开裂、脱落，能抑制潮湿环境下霉菌和藻类繁殖生长。同时，漆膜也要具有良好的耐光性、保色性。

8.3.2 外墙涂料种类

外墙涂料主要分为合成树脂乳液外墙装饰涂料、合成树脂乳液砂壁外墙涂料、溶剂型外墙装饰涂料、复层外墙涂料、无机外墙漆和弹性建筑外墙涂料。

1. 合成树脂乳液型外墙涂料

合成树脂乳液外墙涂料是以合成树脂乳液作为主要成膜物质，加入着色颜料、体质颜料和助剂，经过混合、研磨而制得的外墙涂料（图 8－3－2）。按涂料的质感可分为薄质乳液涂料（乳胶漆）、厚质涂料及彩色砂壁状涂料等。

合成树脂乳液外墙涂料的主要特点如下：

（1）以水为分散介质，涂料中无易燃的有机溶剂，因而不会污染周围环境，不易发生火灾，对人体毒性小。

（2）施工方便，可以刷涂，也可辊涂、喷涂，施工工具可以用水冲洗。

图 8－3－2　合成树脂乳液外墙涂料

（3）涂料透气性好，涂料中又含有大量的水分，因而可以在稍湿的基层上施工，非常适用于建筑工地。

（4）涂料耐候性好，尤其是高质量的丙烯酸酯外墙乳胶涂料其光亮度、耐候性、耐水性、耐久性等各种性能可以与溶剂型丙烯酸酯类外墙涂料媲美。

目前乳液型外墙涂料存在的主要问题是其在太低的温度下不能形成优良的涂膜，通常必须在 8℃以上施工才能保证质量，因而冬季不宜应用。

合成树脂乳液外墙涂料的主要技术指标必须符合国家标准 GB/T 9755—2001 的规定。

2. 合成树脂溶剂型外墙涂料

溶剂型涂料是以高分子合成树脂为主要成膜物质、以有机溶剂为分散介质而制得的建筑涂料。因其涂膜致密，具有较高的光泽、硬度、耐水性、耐酸性及良好的耐候性、耐污染性等特点，因而主要用于建筑物的外墙涂饰。但由于施工时有大量易燃的有机溶剂挥发，容易污染环境，且涂料价格一般比乳液型涂料贵，所以这类外墙涂料的用量低于乳液型外墙涂料的用量。目前常用的溶剂型外墙涂料主要有聚氨酯丙烯酸外墙涂料、丙烯酸酯有机硅外墙涂料和氟碳外墙涂料（图 8-3-3）等。

图 8-3-3　氟碳外墙涂料

3. 彩色砂壁状外墙涂料

彩色砂壁状涂料又称彩砂涂料或彩石漆，以合成树脂乳液为主要黏结料，彩色砂粒和石粉为骨料，采用喷涂方法施涂于建筑物外墙的，形成粗面涂层的厚质涂料。这种涂料质感丰富，色彩鲜艳且不易褪色变色，而且耐水性、耐气候性优良（图 8-3-4）。这种涂料是一种性能优异的建筑外墙用中高档涂料。

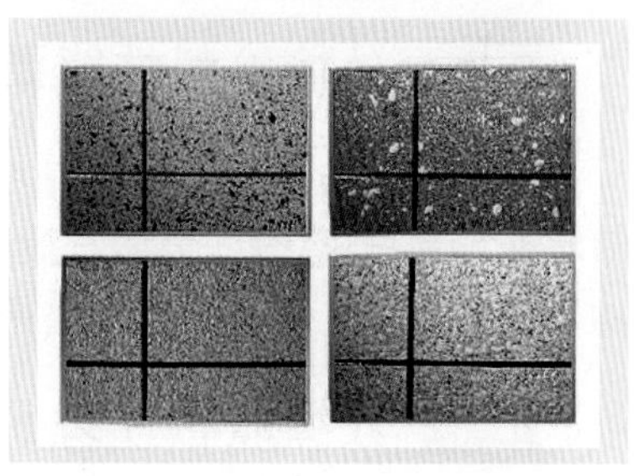

图 8-3-4　彩色砂壁状涂料

砂壁状建筑涂料的主要特征在于其涂膜的饰面风格粗犷、质感性强、装饰效果极好。此外，通过采用不同的施工方法（喷涂、批涂等）或者对涂膜表面是否采取罩光措施等，也能够得到装饰效果明显不同的涂膜。由于该类涂料的组成材料中含有大量的廉价细砂（其粒径较粗），所需要的成膜物质用量很少，因而涂料的生产成本很低。

4. 外墙氟碳漆

外墙氟碳漆是指以氟树脂为主要成膜物质的涂料，又称氟碳漆、氟涂料、氟树脂涂料等。在各种涂料之中，氟树脂涂料由于引入的氟元素电负性大，具有特别优越的各项性能。外墙氟碳漆具有超常的耐候性、漆膜不刮落、不褪色时间长、寿命可达 20 年，附着力强，具有优异的耐化学腐蚀性、抗沾污性、耐洗刷性，漆膜柔和、阻燃。

外墙氟碳涂料适合于高层、超高层、别墅等建筑外墙（图 8-3-5），屋顶、高速公路围栏、桥梁等重要建筑及各种金属表面的涂装。氟碳涂料在建筑、化学工业、电器电子工业、机械工业、航空航天产业、家庭用品的各个领域得到广泛应用。成为继丙烯酸涂料、聚氨酯涂料、有机硅涂料等高性能涂料之后，综合性能最高的涂料。

图 8-3-5　外墙氟碳漆

目前，应用比较广泛的氟碳涂料主要有 PTFE、PVDF、FEVE 三大类型。

5. 水乳型环氧树脂乳液外墙涂料

水乳型环氧树脂乳液外墙涂料是另一类乳液型涂料。它是由环氧树脂配以适当的乳化剂、增稠剂、水，通过高速机械搅拌分散而成的稳定乳液为主要成膜物质，加入颜料、填料、助剂配制而成的外墙涂料。这类涂料以水为分散介质，无毒无味，施工较安全，环境污染较少。目前，用于外墙装饰的品种主要是水乳型环氧树脂乳液外墙涂料。

水乳型环氧树脂乳液外墙涂料的特点是：与基层墙面黏结性能优良，不易脱落；装饰效果好；涂层耐老化、耐候性优良；耐久性好。国外已有应用十年以上的工程实例，外观仍完好美观。但这种涂料价格较贵，因为是双组分，故施工比较麻烦。

6. 复层外墙漆

复层外墙漆是一种中高档漆种，它以水泥、硅溶胶、合成树脂乳液等黏结料和骨料为主要原料。在建筑外墙上以刷涂、喷涂等施工方法涂覆三层，能形成凸凹状花纹或平状面层（图 8-3-6）。复层外墙漆无毒无害，具有良好的耐水、耐候、耐擦洗性。这种漆由三层组成：封底层为抗碱底漆，可提高基层与漆膜的黏结力；中涂层能形成凸凹或平状装饰效果，增加了外墙质感，因这层漆具有防裂增强纤维作用，所以其漆膜有较好的抗裂性、耐久性和防火性；面层用于赋予涂层颜色和光泽，以提高漆膜的耐久性和耐沾污性、耐候性。

图 8-3-6 复层多彩外墙漆

7. 弹性建筑外墙涂料

弹性建筑外墙漆是以一种具有弹性的合成树脂乳液为基料，与颜料、填料及助剂配置而成的油漆。漆膜厚，能遮盖施工表面的缺陷，是一种防护和美化效果兼备且使用寿命长的漆种。漆膜表面坚硬，内里柔软，因而可以兼得耐沾污性与高延伸率之利，具有很高的耐久性（图 8-3-7、图 8-3-8）。

图 8-3-7 外墙弹性拉毛复层漆

图 8-3-8 外墙弹性漆

8.4 门窗、家具涂料

在装饰工程中，门窗、家具涂料在整个空间装饰中占了很大的比例，对空间环境也有很重要的影响。这部分涂料的功能是对门窗、家具起装饰保护作用。涂料所用的主要成膜物质以油脂、分散于有机溶剂中的合成树脂或混合树脂为主，一般人们常称之为“油漆”。这类涂料的品种繁多，性能各异，大多由有机溶剂稀释，所以也可称为有机溶型涂料。

8.4.1 油漆的分类

国家标准《涂料产品分类和命名》（GB/T 2705—2003）中油漆的分类见表 8-4-1。

表 8-4-1 油漆的分类

主要成膜物类型		主要产品类型
油脂漆类	天然植物油、动物油(脂)、合成油等	清油、厚漆、调和漆、防锈漆、其他油脂漆
天然树脂漆类	松香、虫胶、乳酪素、动物胶及其衍生物等	清漆、调和漆、磁漆、底漆、绝缘漆、生漆、其他天然树脂漆
酚醛树脂漆类	酚醛树脂、改性酚醛树脂等	清漆、调和漆、磁漆、底漆、绝缘漆、船舶漆、防锈漆、耐热漆、黑板漆、防腐漆、其他酚醛树脂漆
沥青漆类	天然沥青、(煤)焦油沥青、石油沥青等	清漆、磁漆、底漆、绝缘漆、防污漆、船舶漆、耐酸漆、防腐漆、锅炉漆、其他沥青漆
醇酸树脂漆类	甘油醇酸树脂、季戊四醇醇酸树脂、其他醇类的醇酸树脂、改性醇酸树脂等	清漆、调和漆、磁漆、底漆、绝缘漆、船舶漆、防锈漆、汽车漆、木器漆、其他醇酸树脂漆
氨基树脂漆类	三聚氰胺甲醛树脂、脲(甲)醛树脂及其改性树脂等	清漆、磁漆、绝缘漆、美术漆、闪光漆、汽车漆、其他氨基树脂漆
硝基漆类	硝基纤维素(酯)等	清漆、磁漆、铅笔漆、木器漆、汽车修补漆、其他硝基漆

注:主要成膜物类型中树脂类型包括水性、溶剂型、无溶剂型、固体粉末等。

目前市场上行销的油漆有千余种,花色繁多,名称也不一致,但按成分属性归纳,目前常用的油漆分为以下几种:

1. 油脂漆

油脂漆是以干性油为主要成膜物质的一类油漆(涂料)。它装饰施涂方便、渗透性好、价格低、气味与毒性小,干固后的涂层柔韧性好。但涂层干燥缓慢,涂层较软、强度差,不耐打磨抛光,耐高温和耐化学性差。常用的有以下几种:

(1) 清油。又名熟油、调漆油,可作为原漆和防锈漆调配时使用的油料,也可单独使用。有的清油(调薄厚漆与红丹)可单独涂于木材或金属防锈防腐。加入适量颜料可配成带色清油。该漆干燥快、光泽好、耐水性较好,但黏度大,涂刷较困难。主要用于一般木质物件表面涂装,也可调制腻子用(图8-4-1)。

图 8-4-1 清油及清油作业

(2) 厚漆。又称铅油,它是颜料与土性油混合研磨而成,需要加油、溶剂等稀释后才能使用,广泛用于面层的打底,也可单独作为面层涂饰,是一种价格最便宜、品质较差的油漆品种,是用大量体质颜料和少量油料研制而成的膏状半成品。只适用于作为质量要求不高的建筑物及木质打底漆及水管接头的填充材料。

(3) 油性调和漆。又称调和漆,它是最常用的一种油漆。

质地较软、均匀、稀稠适度、耐腐蚀、耐晒、长久不裂、遮盖力强、耐久性好、施工方便、不易脱落、不起龟裂、不易粉化、经久耐用，但干燥较慢、漆膜较软，故适用于室外面层涂刷。

2. 天然树脂漆

天然树脂漆是指各种天然树脂加干性植物油经混炼后，再加入催干剂、分散介质、颜料等制成的。常用的天然树脂漆有虫胶漆、大漆等。

(1) 虫胶清漆。又名泡立水、酒精凡立水，也简称漆片。它是用虫胶片溶于95%以上的酒精中制得的溶液。这种漆使用方便、干燥快、漆膜坚硬光亮；缺点是耐水性、耐候性差，日光暴晒会失光，热水浸烫会泛白。一般用于室内木器家具的涂饰(图8-4-2)。

图8-4-2 虫胶清漆涂饰家具

(2) 大漆。又称天然漆，有生漆、熟漆之分。是一种天然树脂涂料，是割开漆树树皮，从韧皮内流出的一种白色黏性乳液，经加工而制成的涂料。

生漆有毒，漆膜粗糙，很少直接使用，经加工成熟漆或改性后可制成各种精制漆。熟漆适于在潮湿环境中干燥，所生成漆膜光泽好、坚韧、稳定性高、耐酸性强，但干燥慢。经改性的快干推光漆、提庄漆等毒性低、漆膜坚韧，可喷、可刷，施工方便，耐酸、耐水，适于高级涂装、木器家具、工艺美术品(图8-4-3)及某些建筑制品。

图8-4-3 清代大漆半圆桌

3. 清漆

清漆又分为油基清漆和树脂清漆两大类，是一种不含颜料的透明涂料(图8-4-4)。清漆有以下几种：

图8-4-4 清漆作业前后对比

(1) 酯胶清漆。又称耐水清漆，漆膜光亮，耐水性好，但光泽不持久，干燥性差。适宜于木制家具、门窗、板壁的涂刷和金属表面的罩光。

(2) 酚醛清漆。俗称永明漆，干燥较快，漆膜坚韧耐久，光泽好，耐热、耐水、耐弱酸碱，缺点是漆膜易泛黄、较脆。适用于木制家具门窗、板壁的涂刷和金属表面的罩光。

(3) 醇酸清漆。又称三宝漆，这种漆的附着力、光泽度、耐久性比前两种好。它干燥快、硬度高，可抛光、打磨，色泽光亮；但膜脆，耐热、抗大气性较差，适于涂刷室内门窗、地面、家具等。

(4) 硝基清漆。又称清喷漆、腊克，是一种由硝化棉、醇酸树脂、增塑剂及有机溶剂配制而成的透明漆(图8-4-5)，属挥发性油漆，具有干燥快、坚硬、光亮、耐磨、耐久等特点，是一种高级涂料，适于木材、金属表面的涂覆装饰，用于高级的门窗、板壁、扶手。硝基清漆分为亮光、半亚光和亚光三种，可根据需要选用。硝基清漆高湿天气易泛白，丰满度、硬度低。

图8-4-5 硝基清漆涂饰效果

4. 磁漆

磁漆是以清漆为基料，加入颜料研磨制成的，涂层干燥后呈磁光色彩且涂膜坚硬，酷似瓷（磁）器，所以称为磁漆。适合于室内装饰和家具、金属窗纱网格，也可用于室外的钢铁和木材表面，以及各种车辆、机械仪表、水上钢铁构件船舶。常用的有醇酸磁漆、酚醛磁漆等品种。

5. 聚酯漆

聚酯漆（PE）是用聚酯树脂为主要成膜物制成的一种厚质漆。聚酯漆的漆膜丰满，层厚面硬，环保性能好。它包括聚酯清漆和不饱和聚酯漆等品种。高档家具常用的为不饱和聚酯漆，也就是通称的“钢琴漆”。聚酯漆为三组分：主漆、稀释剂、固化剂。

聚酯漆的漆膜综合性能优异，因为有固化剂的使用，使漆膜的硬度更大，坚硬耐磨，丰富度高，耐湿热、干热、酸碱油、溶剂及多种化学药品，绝缘性很高。清漆色浅，透明度、光泽度高，保光保色性能好，具有很好的保护性和装饰性（图 8－4－6）。不饱和聚酯漆的柔韧性差，受力时容易脆裂，一旦漆膜受损不易修复，故搬迁时应注意保护家具。

图 8－4－6　聚酯漆饰面板

缺点：调配较麻烦，促进剂、引发剂比例要求严格。配漆后活化期短，必须在 20～40 min 内完成，否则会胶化而报废，因此要随配随用，用多少配多少。另外，其修补性能也较差，损伤的漆膜修补后有印痕。

6. 聚氨酯漆

聚氨酯漆（PU）即聚氨基甲酸漆。它漆膜强韧，光泽丰满，附着力强，耐水、耐磨、耐腐蚀，被广泛用于高级木器家具，也可用于金属表面（图 8－4－7）。其缺点主要有遇潮起泡、漆膜粉化等；与聚酯漆一样，也存在着变黄的问题。聚氨酯漆的清漆品种称为聚氨酯清漆。

图 8－4－7　聚氨酯漆饰面板

目前市场上常见的所谓“聚酯漆”，实际上是聚氨酯漆。它是双组分，一个是主漆，另一个是固化剂，使用时按要求的比例混合，再加适量的稀释剂，搅拌均匀即可涂刷，工艺简单，适合家庭装修用。目前“聚酯漆”或“聚氨酯漆”的大多数商品中，含有较多没有反应的甲苯二异氰酸酯（简称 TDI），它对人体有害，刺激眼睛、皮肤和呼吸道，能引起哮喘，长期接触有致癌的危险，所以选购时要特别小心。区分“聚酯漆”和“聚氨酯漆”最简单的办法是：聚酯漆配套的产品多，有三个组分，而聚氨酯漆配套的产品少，有单组分和双组分两大类，现在市场上双组分的产品居多，即一个是主漆，一个是固化剂，配比和施工都相对容易些。

8.4.2 选购水性油漆注意事项

由于水性油漆是一种新型环保型涂料，目前市场上所能见到的产品还不很多，所以水性油漆的选择可以从以下几个方面进行辨别。

第一：外观上，水性油漆一般标注有水性或者水溶性字样，而且在使用说明中会标明它是可以用清水进行稀释的。

第二：看颜色，根据目前水性技术，水性油漆一般采用乳液技术或分散液技术生产，通常使用的乳液多为丙烯酸型，水性的无色漆一般呈乳白色或半透明浅乳白色或浅黄色，而普通的清漆往往是透明色。

第三：闻气味，水性油漆区别于溶剂型油漆最大也是最明显的一个特点就是在气味上：水性油漆的气味非常小，略带一点芳香，而普通油漆都有比较强的刺激性气味。

8.5 地面漆

地面漆以树脂或乳液为成膜物质，主要涂覆于水泥砂浆地面，形成一种耐磨的装饰漆膜，以保护和装饰地面。地面漆通常又称为地坪漆。

8.5.1 地面漆的特点

(1) 能使地面无缝，整体性强，易于清洁。

(2) 较厚且有弹性。

(3) 耐磨性、抗冲击性能好，经久耐用。

(4) 耐化学腐蚀性能好且化学物品不渗漏，易彻底清除。

(5) 无毒，安全性好。

(6) 施工方便，容易维护保养。

(7) 表面平整光洁，色彩丰富，价格合理。

8.5.2 地面漆的种类

按主要成膜物质的化学成分可分为乙烯类地面漆、环氧树脂类地面漆、聚氨酯地面漆、丙烯酸硅树脂地面漆、合成树脂厚质地面漆等。现在，地面漆正向水性、无溶剂、弹性、自流平及浅色导电等方向发展。

1. 乙烯类地面漆

乙烯类地面漆是一种较早的地面漆，主要用107胶等作为黏结剂，与水泥掺和形成装饰效果好、强度高、柔韧性好的地面漆，这种漆俗称“777地面漆”。乙烯类地面漆中过氯乙烯地面漆最常用，其特点是价格低、施工方便、黏结力好，具有良好的耐水性、耐磨性、耐腐蚀性。由于漆中含有大量易挥发、易燃的有机溶剂，施工时要注意通风。

2. 环氧树脂类地面漆

这类漆与基层黏结力强，固化过程短且在固化过程中收缩性低。它具有良好的抗冲击性、耐化学腐蚀性、耐霉菌性、耐磨性、耐久性，并且施工容易、维护方便、造价低廉，漆膜平整光滑、伸展性好，还是一种优良的绝缘材料。但施工时应注意通风、防火，主要适用于生产车间、办公室、厂房、仓库及停车场等场合(图8-5-1)。

图8-5-1 环氧树脂类地面漆

3. 聚氨酯地面漆

聚氨酯地面漆主要为薄质面漆和厚质弹性地面漆，前者主要应用于木质地板，后者用于水泥地面。这里主要介绍聚氨酯弹性地面漆，其特点是与基层黏结力强、弹性高、柔韧性好、行走舒适，漆膜光洁平滑，容易清理，具有良好的装饰性、耐磨性、耐水性、耐化学药品性和耐腐蚀性。此类地面漆耐潮湿性差，施工不当易出现漆膜剥离、起小泡等弊病。主要适用于车间、停车场、体育场等弹性防滑地面(图 8-5-2)。

图 8-5-2 弹性聚氨酯地面漆

4. 丙烯酸地面漆

丙烯酸地面漆，涂饰后形成无缝漆面。采取滚涂法或喷涂法均可。这种漆的特性是附着力强、耐弱酸碱、耐候性好，防尘、防水、施工方便、价格便宜、色彩多样，是一种装饰效果好的多功能漆种。丙烯酸地面漆适用于制药、微电子、食品、服装和化工等厂房，也适用于室外运动场等场所的地面(图 8-5-3)。

图 8-5-3 丙烯酸地面漆

8.6 功能性建筑涂料

涂料除了具有装饰和保护两种基本功能外，还具有某种特殊的功能，这种涂料称为功能性建筑涂料。例如，防水涂料、防火涂料、建筑保温隔热涂料、防霉涂料等。功能性建筑涂料是建筑涂料的重要组成部分，它是伴随着现代涂料的发展而逐步发展起来，其应用得到各个方面的重视，并得到了相应的开发，其用途不断拓宽，性能不断提高。

功能性建筑涂料主要品种有防火涂料、防水涂料、防毒涂料、防锈涂料、耐温耐湿涂料、保温隔热涂料等，其中防火涂料、防水涂料用量较大。

1. 防火涂料

防火涂料又称阻燃涂料，它是一种涂刷在建筑物某些易燃材料表面上，能够提高易燃材料的耐火能力，为人们提供一定的灭火时间的一类涂料。

防火涂料按其组成的材料不同一般可分为非膨胀型防火涂料和膨胀型防火涂料两大类。非膨胀型防火涂料是由难燃性或不燃性的树脂作为主要成膜物质，与难燃剂、防火填料等组成。膨胀型防火涂料是由难燃树脂、难燃剂及成碳剂、脱水成碳催化剂、发泡剂等组成。涂层在高温作用下会发生膨胀，形成比原来涂层厚度大几十倍的泡沫碳质层，能有效地阻挡外部热源对底材的作用，从而阻止燃烧的进一步扩展。其阻止燃烧的效果优于非膨胀型防火涂料。国内目前膨胀型防火涂料的主要品种是膨胀型丙烯酸乳胶防火涂料，该涂料是以丙烯酸乳液为主要成膜物质。

防火涂料通常适用于宾馆、娱乐场所、公共场所，医院、办公大楼、机房、大型厂房等建筑的钢结构、混凝土、木材饰面、电缆上，可起到防火阻燃的作用(图 8-6-1)。

图 8-6-1 钢结构防火涂料

2. 防水涂料

防水涂料在常温条件下施涂于建筑物基层后，通过溶剂的挥发、水分的蒸发，固化后形成一层无接缝的防水漆膜。漆膜使建筑物表面与水隔绝，对建筑物起到防水与密封作用。防水漆大量运用于建筑屋面、阳台、厕所、浴室、游泳池、地下工程及外墙墙面等需要进行防水处理的基层表面上(图 8-6-2)。

图 8-6-2 聚氨酯防水涂料施工

(1) 种类。防水涂料主要有聚氨酯类防水涂料、丙烯酸类防水涂料、橡胶沥青漆类防水涂料、氯丁橡胶类防水涂料、有机硅类防水涂料以及其他防水涂料等品种。

(2) 基本特点。经涂饰固化后，能形成无接缝、连续的防水漆膜；操作简便，维修比较方便；由于固化后形成自重轻的漆膜，常用于轻型薄壳等异型屋面；耐水、耐候、耐酸碱性强；漆膜有较好的抗拉伸强度，能适应基层局部变形的需要，容易对基层裂缝、预制板节点松动、管道根等一些容易渗漏的细节部位进行保护和维修。

3. 防毒涂料

防毒涂料是一种通过在油漆中添加抑菌剂而起到抑制霉菌繁殖和生长的功能性建筑漆。常处于温湿环境下的建筑物外墙面及恒温、恒湿的室内墙面、地面、顶棚，例如食品加工厂、酿造厂、制药厂等车间及库房都应使用防毒涂料，以防止因细菌作用而引起菌变。一般外墙防毒涂料也具备防藻功能(图 8-6-3)。

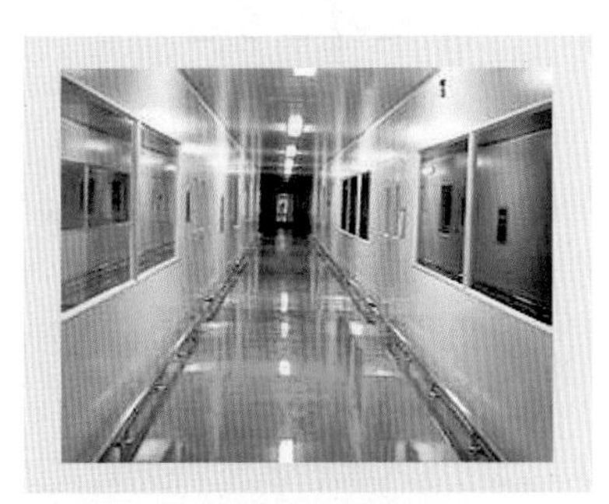

图 8-6-3 制药厂防毒涂料地面

4. 耐高温涂料

耐高温涂料是一种能够在一定时限内和一定温度内，暴露于高温环境下，能避免被氧化腐蚀或被介质腐蚀，达到保护被涂物表面的功能性涂料，一般分有机硅系列和无机硅系列。主要适用于钢铁冶炼、石油化工等高温生产车间及高温热风炉内外壁等需要抗高温保护的部位(图 8-6-4)。

图 8-6-4 耐高温涂料饰面

耐高温涂料能有效抑制太阳和红外线的辐射热；漆膜耐热性和耐候性好；抗氧化、耐腐蚀、绝缘、防水；附着力强、自重轻、施工方便、使用寿命长。

5．防腐涂料

随着混凝土构筑物（例如污水处理设施、排污管道）的大量出现及化学工业、食品工业、造纸和饮料等工业建筑防腐的需求，防腐涂料得到大量应用。建筑防腐涂料是在防腐涂料的基础上，通过引用新型涂料原料（例如高性能基料、功能性填料等）对性能的改进，能够适应和满足新的应用场合的要求，并在应用过程中显示出优越的技术经济综合性能。建筑防腐涂料在钢结构防腐、防锈、混凝土输送管道防腐和一些混凝土储存容器防腐中的应用，伴随着功能需要和新型高效防腐涂料的研究开发而越来越多。得到应用的建筑防腐涂料品种有聚氨酯类、环氧树脂类、氯化橡胶类及无机类或者外加功能性防腐填料（例如玻璃片）的高性能防腐涂料等。

6．防锈涂料

防锈涂料是一种可保护金属表面免受大气、海水等腐蚀的涂料(图8－6－5)。因它具有斥水作用，因此能彻底防锈。这类涂料施工方便、无粉尘、价格合理并且使用寿命长。漆膜更是坚韧耐久，附着力强。它适用于潮湿地区的金属制品表面涂装。防锈涂料可分为利用物理性防腐蚀的铁红、铝粉、石墨防锈涂料，利用化学性防腐蚀的红丹、锌黄防锈涂料两大类。

图8－6－5　钢结构防锈涂料

复习思考题

1. 什么是涂料？它由哪几部分组成？
2. 建筑涂料有哪些基本类型？其作用有哪些？
3. 涂料的技术性能有哪些？
4. 什么是乳胶漆？如何选用乳胶漆？
5. 内墙涂料在选择时应注意什么问题？
6. 外墙涂料有哪些类型？
7. 油漆有哪些类型？什么是聚氨酯漆？
8. 室内家具应选用什么样的油漆？
9. 功能性建筑涂料分为哪几类？适用于哪些范围？

实 践 任 务

了解涂料的种类、规格、性能、价格和使用情况等，重点掌握合成树脂乳液内墙涂料及溶剂型内、外墙涂料的种类、规格、性能、价格及选用和使用。

1. 实践目的

让学生自主地到装饰材料市场和建筑装饰施工现场进行调查和实习，了解涂料的价格、熟悉涂料的应用情况，能够准确识别各种涂料的名称、规格、种类、价格、使用要求及适用范围等。

2. 实践方式

(1) 建筑装饰材料市场的调查分析

学生分组：学生 3～5 人一组，自主地到建筑装饰材料市场进行调查分析。

调查方法：学会以调查、咨询为主，认识各种装饰涂料的价格，收集涂料样本，掌握涂料的选用要求。

(2) 建筑装饰施工现场装饰涂料使用的调研

学生分组：学生 10～15 人一组，由教师或现场负责人带队。

调查方法：结合施工现场和工程实际情况，由教师或现场负责人带队，讲解涂料在工程中的使用情况和注意事项。

3. 实践内容及要求

(1) 认真完成调研日记。

(2) 填写材料调研报告。

(3) 填写《涂料市场调研表》。

涂料市场调研表

材料名称	规格型号	单位	品牌	价格	产地	特点	选购方法

第 9 章
建筑装饰木材制品

在我国建筑工程应用木材已有悠久的历史，我国古建筑之木构架、木制品等巧夺天工，为世界建筑独树一帜(图 9-0-1)。岁月流逝，木质建筑历经千百年而不朽，依然显现当年的雄姿。而时至今日，木材在建筑结构、装饰上的应用仍不失其高贵、显赫地位，并以它质朴、典雅的特有性能和装饰效果，在现代建筑的新潮中，为我们创造了一个个自然美的生活空间。

木材作为建筑装饰材料，具有许多优良性能，如轻质高强(即比强度高)，有较高的弹性和韧性，耐冲击和振动；易于加工；保温性好；大部分木材都具有美丽的纹理，装饰性好等。但木材也有缺点，如内部结构不均匀，对电、热的传导极小，易随周围环境湿度变化而改变含水量，引起膨胀或收缩；易腐朽及虫蛀；易燃烧；天然疵病较多等。然而由于高科技的参与，这些缺点将逐步消失，将优质、名贵的木材旋切薄片，与普通材质复合，变劣为优，能满足消费者对天然木材喜爱心理的需求。

图 9-0-1　中国传统木结构楼阁式建筑及中国榫卯结构屋顶

9.1　天然木材的基础知识

9.1.1　木材的分类

1. 按树叶分

木材的树种很多，按树叶的不同可分为针叶树和阔叶树两大类。

(1) 针叶树。针叶树树叶细长如针，多为常绿树，树干通直而高大，纹理平顺，材质均匀，木质较软而易于加工，故又称“软木材”。针叶树木强度较高，体积密度和胀缩变形较小，常含有较多的树脂，耐腐蚀性较强。针叶树木材是主要的建筑用材，广泛用于各种构件、装修和装饰部件，常用的树种有红松(图 9-1-1)、落叶松、云杉、冷杉、杉木、柏木等。

图 9-1-1　红松板材切面

(2) 阔叶树。阔叶树树叶宽大，叶脉成网状，大都为落叶树，树干通直部分一般较短，大部分树种的体积密度大，材质较硬，较难加工，故又称“硬木材”。这种木材胀缩和翘曲变形大，易开裂，建筑上常用作尺寸较小的构件，有的硬木经过加工后出现美丽的纹理,适用于室内装修、制作家具和胶合板等,常用的树种有榉木、柞木、水曲柳(图 9-1-2)、榆木及质地较软的桦木、椴木等。

图 9-1-2 水曲柳板材切面

2. 按加工程度分

为了合理用材,按加工程度和用途的不同,木材可分为原木、杉原条、板方材(图 9-1-3)等。

(1) 原木。是指树伐倒后,经修枝并截成规定长度的木材。

(2) 杉原条。是指只经修枝、剥皮,没有加工造材的杉木。

(3) 板方材。板方材,是指按一定尺寸锯解,加工成的板材和方材;板材 ,是指截面宽度为厚度的 3 倍以上者;方材,是指截面宽度不足厚度的 3 倍者。

图 9-1-3 原木、板方材

9.1.2 木材的构造

木材属于天然建筑材料,其树种及生长条件的不同,构造特征有显著差别,从而决定着木材的使用性和装饰性。木材的构造可分为宏观和微观两个方面。

1. 木材的宏观构造

木材的宏观构造,是指用肉眼或放大镜所能看到的木材组织。图 9-1-4 显示了木材的三个切面,即横切面(垂直于树轴的面)、径切面(通过树轴的纵切面)和弦切面(平行于树轴的纵切面)。由图可见,木材由树皮、木质部和髓心等部分组成。

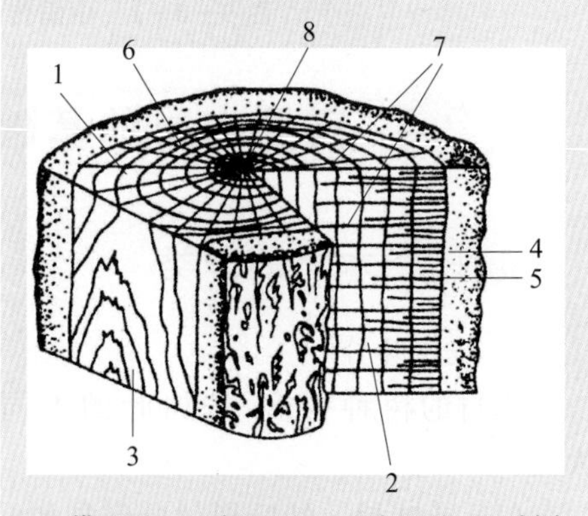

1—横切面;2—径切面;3—弦切面;4—树皮;5—木质部;6—髓心;7—髓线;8—年轮

图 9-1-4 木材的宏观构造

髓心在树干中心,质松软、强度低、易腐朽、易开裂,对材质要求高的用材不得带有髓心。木质部是木材的主要部分,靠近髓心颜色较深的部分,称为“心材”;靠近横切面外部颜色较浅的部分,称为“边材”;在横切面上深浅相同的同心环,称为“年轮”。年轮由春材(早材)和夏材(晚材)两部分组成。春材颜色较浅,组织疏松,材质较软;夏材颜色较深,组织致密,材质较硬。相同树种,夏材所占比例越多木材强度越高,年轮密而均匀,材质好。从髓心向外的辐射线,称为“髓线”。髓线与周围联结弱,木材干燥时易沿此线开裂。

2. 木材的微观构造

木材的微观构造，是指用显微镜所能观察到的木材组织。在显微镜下可以看到木材是由无数管状细胞结合而成的，绝大多数为纵向排列，少数横向排列。每个细胞由细胞壁和细胞腔两部分组成，细胞壁由细纤维组成，且细纤维的纵向连接比横向牢固，造成细胞纵向强度高，横向强度低。纤维之间有微小的空隙能渗透和吸附水分。木材的细胞壁愈厚，其空隙愈小，木材愈密实，表观密度和强度也愈大，同时胀缩性也愈大。

9.1.3 木材的基本性质

1. 密度和体积密度

(1) 密度。由于木材的分子结构基本相同，因此木材的密度几乎相等，平均约为1.55 g/cm³。

(2) 体积密度。木材的体积密度因树种不同而不同，在常用木材中体积密度较大者为980 kg/m³，较小者为280 kg/m³，如泡桐。我国最轻的木材为台湾的二色轻木，体积密度只有186 kg/m³，最重的木材是广西的蚬木，体积密度高达1 128 kg/ m³。一般体积密度低于400 kg/m³者为轻，高于600 kg/m³者为重。

2. 导热性

木材具有较小的体积密度，较多的孔隙，是一种良好的绝热材料，表现为导热系数较小，但木材的纹理不同，即各向异性，使得方向不同时，导热系数也有较大差异。

3. 含水率

木材中所含水的质量与木材干燥后质量的百分比值，称为木材的含水率。木材中的水分可分为细胞壁中的吸附水和细胞腔与细胞间隙中的自由水两部分，当木材细胞壁中的吸附水达到饱和，而细胞腔与细胞间隙中无自由水时的含水率，称为“纤维饱和点”。纤维饱和点因树种而异，一般为25%～35%，平均为30%，它是含水率是否影响强度和胀缩性能的临界点。如果潮湿木材长时间处于一定温度和湿度的空气中，木材便会干燥，达到相对恒定的含水率，这时木材的含水率称为平衡含水率。平衡含水率随空气湿度的变大和温度的变低而增大，反之，则减少。

4. 吸湿性

木材具有较强的吸湿性。木材的吸湿性对木材的性能，特别是木材的干缩湿胀影响很大，因此，木材在使用时其含水率应接近于平衡含水率或稍低于平衡含水率。

5. 湿胀与干缩

当木材从潮湿状态干燥至纤维饱和点时，其尺寸并不改变。当干燥至纤维饱和点以下时，细胞壁中的吸附水开始蒸发，木材发生收缩；反之，干燥木材吸湿后，将发生膨胀，直到含水率达到纤维饱和点为止，此后木材含水率继续增大，也不在膨胀。由于木材构造的不均匀性，木材不同方向的干缩湿胀变形明显不同。干缩对木材的使用有很大影响，它会使木材产生裂缝或翘曲变形，以至引起木结构的结合松弛，装修部件破坏等。

6. 强度

建筑上通常用的木材强度，主要有抗压强度、抗拉强度、抗弯强度和抗剪强度。并且又有顺纹与横纹之分。每一种强度在不同的纹理方向上均不相同，木材的顺纹强度与横纹强度差别很大，木材各种强度之间的关系见表9-1-1。

表 9-1-1　木材各种强度的关系　MPa

抗压		抗拉		抗弯	抗剪	
顺纹	横纹	顺纹	横纹		顺纹	横纹切断
100	10～20	200～300	6～20	150～200	15～20	50～100

9.2 人造板材

人造板材是利用木材加工过程中剩下的边皮、碎料、刨花、木屑等废料，进行加工处理而制成的板材。它是提高木材利用率、避免浪费、物尽其用、节约木材的方向，是对木材进行综合利用的主要途径。人造板材种类很多，常用的有刨花板、中密度板、细木工板（大芯板）、胶合板，以及防火板等装饰型人造板。因为它们有各自不同的特点，被应用于不同的家具制造领域。

9.2.1 胶合板

胶合板是将原木旋切成薄片，再用胶黏剂按奇数层数，以各层纤维互相垂直的方向，黏合热压而成的人造板材（图 9-2-1）。胶合板俗称三夹板、五夹板、九厘板、十二厘板等，胶合板的最高层数为 15 层，建筑装饰工程常用的是三层板和五层板。我国目前主要采用水曲柳、椴木、桦木、马尾松及部分进口原木制作胶合板。

图 9-2-1　胶合板

1. 分类

胶合板可分为以下四类：

Ⅰ类（NQF）——耐气候、耐沸水胶合板。这类胶合板具有耐久、耐煮沸或蒸汽处理和抗菌等性能，能在室外使用。这类胶合板是以酚醛树脂或其他性能相当的胶黏剂胶合制成。

Ⅱ类（NS）——耐冷胶合板。这类胶合板能在冷水中浸渍。能经受短时间热水浸渍，并具有抗菌性能，但不耐煮沸。这类胶合板的胶黏剂同上。

Ⅲ类（NC）——耐湿胶合板。这类胶合板能耐短期冷水浸渍，适于室内常态下使用。这类胶合板是以低树脂含量的尿醛树脂胶、血胶或其他性能相当的胶黏剂胶合制成。

Ⅳ类（BNC）——不耐潮胶合板。这类胶合板在室内常态下使用，具有一定的胶合强度。这类胶合板是以豆胶或其他性能相当的胶黏剂胶合制成。

按材质和加工工艺质量，胶合板分为“一、二、三”三个等级。

2. 规格与尺寸

胶合板的厚度为 2.7 mm、3 mm、3.5 mm、4 mm、5 mm、5.5 mm、6 mm、…、15 mm，胶合板规格见表 9-2-1。

表 9-2-1 胶合板规格 mm

种类	规格	面积	厚度
柞木板、柳桉木板、核桃楸木板、杨木板、水曲柳木板、柚木板、白元木板、椴木板、桦木板、松木板、荷木板、印尼板	915×915	0.837 m^2	2.5、2.7、3.0、4.0、4.5、5.5、6.0、7.0、9.0、11.0、12.0、15.0
	915×1 220	1.116 m^2	
	915×1 830	1.675 m^2	
	915× 2 135	1.953 m^2	
	1 220×1 830	2.233 m^2	
	1 220× 2 135	2.605 m^2	
	1 220× 2 440	2.977 m^2	
	1 525× 2 440	3.721 m^2	

3. 特点与应用

胶合板幅面大、平整易加工、材质均匀、不翘不裂、收缩性小，尤其是板面具有美丽的木纹，自然、真实，是较好的装饰板材之一。适用于建筑室内的墙面装饰，设计和施工时采取一定手法可获得线条明朗、凹凸有致的效果。一等品适用于较高级建筑装饰，高中档家具、各种电器外壳等制品；二等品适用于家具、普通建筑、车船等的装饰；三等品适用于低档建筑装饰，如木质制品的衬板、底板。由于厚薄尺度多样，质地柔韧、易弯曲，也可以配合木芯板用于结构细腻处，弥补了木芯厚度不均匀的缺陷。胶合板还可以制作隔墙、弧形天花、装饰门面板及家具的衬板等构造。

9.2.2 细木工板

细木工板俗称大芯板，属于特种胶合板的一种，是一种板芯由胶拼或不胶拼实木条组成的实木板状，两个表面为胶贴木质单板的实心板材(图 9-2-2)。

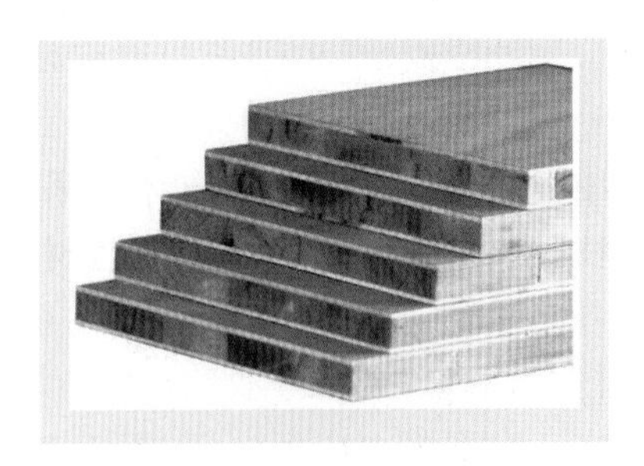

图 9-2-2 细木工板

1. 分类

细木工板按结构不同，可分芯板条不胶拼的和芯板条胶拼的两种；按表面加工状况可分为一面砂光、两面砂光和不砂光三种；按所使用的胶黏剂不同，可分为Ⅰ类胶细木工板、Ⅱ类胶细木工板两种；按面板的材质和加工工艺质量不同，可分为一、二、三等三个等级。

2. 规格等级

细木工板的尺寸规格和技术性能见表 9-2-2。

表 9-2-2 细木板的尺寸规格、技术性能 mm

长度						宽度	厚度	技术性能
915	1 220	1 520	1 830	2 135	2 440			
915	—	—	1 830	2 135	—	915	16、19、22、25	含水率：10%±3%。静曲强度：厚度为 16 mm，不低于 15MPa；厚度<16 mm，不低于 12 MPa；胶层剪切强度不低于 1 MPa
—	1 220	—	1 830	2 135	2 440	1 220		

依据细木工板最新国家标准 GB/T 5849—2006，细木工板等级可分为 E0 级、E1 级、E2 级三级。

E0 级甲醛释放量为≤0.5 mg/L，E1 级甲醛释放量为≤1.5 mg/L，E2 级甲醛释放量为≤5 mg/L。

3. 特点与应用

细木工板具有天然木材特性，质轻、易加工、握钉力好、表面平整光滑、不易翘曲变形、吸声绝热、加工方便等优点。细木工板应用广泛，是制作门窗套、各种柜子、家具、隔断、吊顶造型、假墙、暖气罩、窗帘盒等常用的材料(图 9－2－3)。

图 9－2－3 细木工板的应用

9.2.3 纤维板

纤维板(图 9－2－4)也称密度板，是以植物纤维为原料，经破碎浸泡、热压成形、干燥等工序制成的一种人造板材。纤维板的原料非常丰富，如木材采伐加工剩余物(树皮、刨花、树枝等)、稻草、麦秸、玉米秆、竹材等。其特点是材质构造均匀，各向强度一致，抗弯强度高、耐腐，不易胀缩和翘曲变形，不腐朽，无木节、虫眼等缺陷，幅面大，绝热性好，用材广，价格便宜。在装饰中应用广泛，用于基层，室内壁板、门板、家具、复合地板等。

图 9－2－4 纤维板

按纤维板的体积密度分为硬质纤维板(体积密度＞800 kg/m^3)、软质纤维板(体积密度＜500 kg/m^3)和中密度纤维板(体积密度为 500～800kg/m^3)；按表面分为一面光板和两面光板；按原料分为木材纤维板和非木材纤维板。

1. 硬质纤维板

硬质纤维板也称高密度板，它强度高、耐磨、不易变形。一般高密度板都是用来做室内外装潢、办公和民用家具、音响、车辆内部装饰，还可用作计算机房抗静电地板、护墙板、防盗门、墙板、隔板等的制作材料。它还是包装的良好材料。硬质纤维板幅面尺寸有 610 mm×1 220 mm、915 mm×1 830 mm、1 000 mm×2 000 mm、915mm×2 135 mm、1 220 mm×1 830 mm、1 220 mm×2 440 mm，厚度为 2.50 mm、3.00 mm、3.20 mm、4.00 mm、5.00 mm。硬质纤维板按其物理力学性能和外观质量分为特级、一级、二级、三级四个等级。

2. 中密度纤维板

中密度纤维板的长度为 1 830 mm、2 135 mm、2 440 mm，宽度为 1 220 mm，厚度为 10 mm、12 mm、15 mm(16 mm)、18 mm(19 mm)、21 mm、24 mm(25 mm)等。中密度纤维板应用广泛，门板、墙面、隔墙、地面等，一般做家具用的都是中密度板，因为高密度板密度太高，很容易开裂。中密度纤维板按外观质量分为特级品、一级品、二级品三个等级。

3. 软质纤维板

软质纤维板的结构松软，故强度低，但吸声性和保温性好，主要用于吊顶、艺术雕刻和隔断等(图 9-2-5)。

图 9-2-5 软质纤维板的应用

9.2.4 刨花板

刨花板是利用施加胶料和辅料，或未施加胶料和辅料的木材，或非木材植物制成的刨花材料(如木材刨花、亚麻屑、甘蔗渣等)压制成的板材(图 9-2-6)。装饰工程中常使用 A 类刨花板。幅面尺寸有 1 830 mm×915 mm、2 000 mm×1 000 mm、2 440 mm×1 220 mm、1 220 mm×1 220 mm，厚度有 4 mm、8 mm、10 mm、12 mm、14 mm、16 mm、19 mm、22 mm、25 mm、30 mm等。A 类刨花板按外观质量和物理力学性能等分为优等品、一等品、二等品。刨花板整体较为松软，握钉力不强，是一种低档板材，一般不宜作为家具底衬，也不能用以制作门窗套。一般主要用作绝热、吸声材料，用于地板的基层(实铺)。

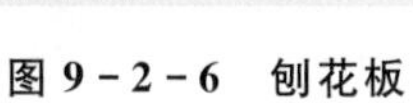

图 9-2-6 刨花板

图 9-2-7 木丝板、木屑板

9.2.5 木丝板、木屑板

木丝板、木屑板(图 9-2-7)是分别以刨花渣、短小废料刨制的木丝、木屑等为原料，经干燥后拌入胶凝材料，再经热压而制成的人造板材。所用胶料可为合成树脂，也可为水泥、菱苦土等无机胶结料。

这类板材一般体积密度小，强度较低，主要用作绝热和吸声材料，也可做隔墙，也可代替木龙骨使用，然后在其表面可粘贴塑料贴面或胶合板作饰面层，这样既增加了板材的强度，又使板材具有装饰性，可用作吊顶、隔墙、家具等材料。

9.2.6 欧松板

“欧松板”(OSB)的学名是定向结构刨花板，是一种来自欧洲、20 世纪七八十年代在国际上迅速发展起来的板种(图 9-2-8)。“欧松板”甲醛释放几乎为零，远远低于其他板材，是绿色环保建材，并且结实耐用，稳定性好，材质均匀，握螺钉力较高，且比中密度纤维板制作的家具重量轻，平整度更好。欧松板广泛用于建筑、装饰、家具、包装等领域，是细木工板、胶合板的升级换代产品。

图 9-2-8　欧松板

9.2.7 澳松板

澳松板一种进口的中密度板，是大芯板、欧松板的替代升级产品，特性是更加环保(图 9-2-9)。

图 9-2-9　澳松板

澳松板主要使用原生林树木，能够更直接地确保所用纤维线的连续性。

澳松板具有很高的内部结合强度，每张板的板面均经过高精度的砂光，确保一流的光洁度。不但板材表面具有天然木材的强度和各种优点，同时又避免了天然木材的缺陷，是胶合板的升级换代产品。

澳松板一般被广泛用于装饰、家具、建筑、包装等行业，其硬度大，不变形，适合做衣柜、书柜甚至地板，承重好，防火、防潮性能优于传统大芯板，材料非常环保。

9.3 人造饰面板材

9.3.1 装饰胶合板

图 9-3-1 不饱和聚酯树脂胶合板

装饰胶合板是指两张面层单板或其中一张为装饰单板的胶合板。装饰胶合板的种类很多，主要有不饱和聚酯树脂胶合板、贴面胶合板、浮雕胶合板等。目前主要使用的为不饱和聚酯树脂装饰胶合板(图 9-3-1)，俗称宝丽板。

聚酯树脂装饰胶合板是以Ⅱ类胶合板为基材，复贴一层装饰纸，再在纸面涂饰不饱和聚酯树脂经加压固化而成，不饱和聚酯树脂装饰胶合板板面光亮、耐热、耐磨、耐擦洗、色泽稳定性好、耐污染性高、耐水性较高，并具有多种花纹图案和颜色，广泛应用于室内墙面、墙裙等装饰及隔断、家具等。

不饱和聚酯树脂装饰胶合板的幅面尺寸与普通胶合板相同。厚度为 2.8 mm、3.1 mm、3.6 mm、4.1 mm、5.1 mm、6.1 mm等，自 6.1 mm 起，按 1 mm 递增。不饱和聚酯树脂装饰胶合板按面板外观质量分一、二两个等级。

9.3.2 微薄木饰面板

微薄木饰面板是采用柚木、橡木、榉木、花梨木、枫木、水曲柳等树材，精密旋切，制得厚 0.2～0.5 mm 的微薄木(图 9-3-2)，常以胶合板、刨花板、密度板等为基材。其纹理细腻、真实，立体感强，色泽美观，是板材表面精美装饰用材之一(图 9-3-3)。目前国内供应的微薄木一般规格尺寸为 2 100 mm×1 350 mm×(0.2～0.5)mm。

常用于高级建筑室内墙面的装饰，墙裙、门、橱、家具的饰面，车船内部装修制作，幅面尺寸同胶合板。

图 9-3-2 微薄木

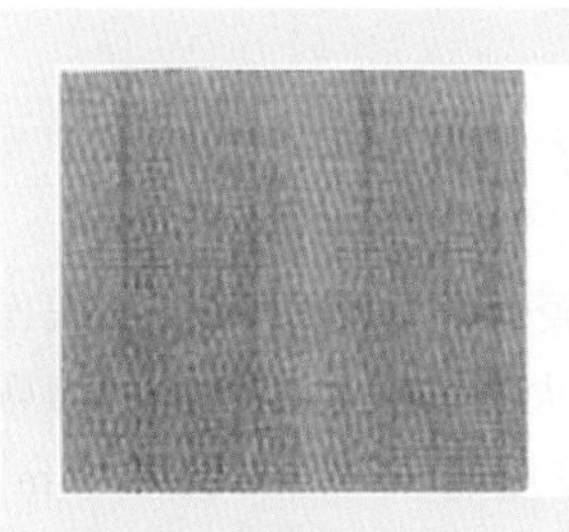

白榉木

梧桐木

樱桃木

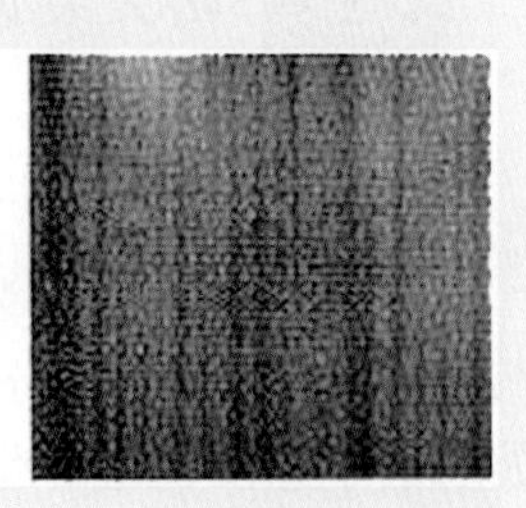

沙比利

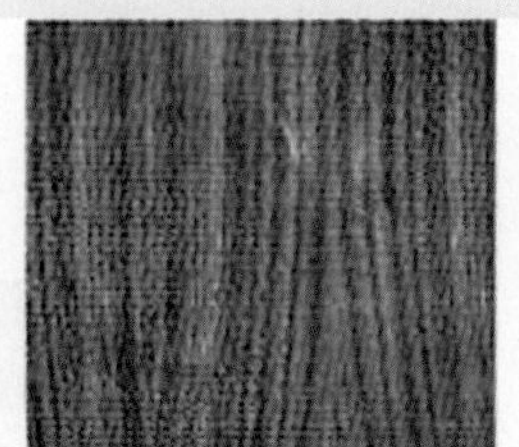

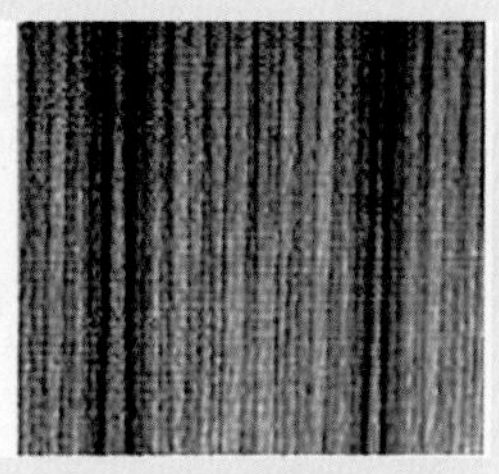
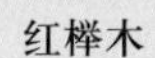

红榉木　　泰柚　　黑胡桃　　乌藤木

图 9-3-3　常见天然微薄木饰面板

9.3.3 三聚氰胺板

三聚氰胺板又叫做双饰面板，也有人称它为一次成形板。三聚氰胺板全称是三聚氰胺浸渍胶膜纸饰面人造板，是将带有不同颜色或纹理的纸放入三聚氰胺树脂胶黏剂中浸泡，然后干燥到一定固化程度，将其铺装在刨花板、细木工、中密度纤维板或硬质纤维板表面，经热压而成(图 9-3-4)。

图 9-3-4　三聚氰胺板

三聚氰胺板令家具外表坚强，印有色彩或仿木纹的纸本身是脆弱的，在三聚氰胺透明树脂中浸泡之后形成的胶膜纸要坚硬许多。这种胶膜纸与基材热压成一体后有着很好的性能，用它打制的家具不必上漆，表面自然形成保护膜，耐磨、耐划痕、耐酸碱、耐烫、耐污染。在挑选此种板式家具时，除了色彩及纹理满意，还可以从以下几个方面辨别外观质量：有无污斑、划痕、压痕、孔隙，颜色光泽是否均匀，有无鼓泡现象、有无局部纸张撕裂或缺损现象。缺点是档次低、封边易崩边、胶水痕迹较明显、颜色较少、不能锣花而只能直封边。

在国内，三聚氰胺板是制作橱柜、浴室柜、衣帽间、家具的常用材料(图 9-3-5)，由于材质松软，故不宜作为门套的底板。

图 9-3-5　三聚氰胺板家具

9.3.4 防火装饰板

防火装饰板又名防火板，是表面装饰用耐火建材。防火板是原纸(钛粉纸、牛皮纸)经过三聚氰胺与酚醛树脂的浸渍工艺，高温高压压成。

防火板是前期商场装修和家用橱柜的主要饰面材料，现在使用量较少了。防火板根据表面光泽和平滑度的不同，分为亮光与亚光、光面与麻面等。麻面即是指防火板表面由很多的细微颗粒组成，手感没有光面滑顺。防火板规格为 1 220 mm×2 440 mm，厚度有 0.4 mm、0.6 mm、0.8 mm 多种。防火板具有耐磨、耐热、耐撞击、耐酸碱、耐烟灼、防火、防菌、防霉及抗静电的特性，装饰性好(图 9-3-6、图 9-3-7)。

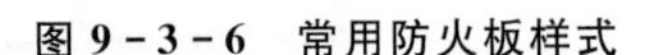

图 9-3-6 常用防火板样式

图 9-3-7 防火板的应用

9.4 常用木装饰制品

木装饰是利用木材进行艺术空间创造，赋予建筑空间以自然典雅、明快富丽，同时展现时代气息，体现民族风格；不仅如此，木材构成的空间可使人们心绪稳定，这不仅因为它具有天然纹理和材色引起的视觉效果，更重要的是它本身就是大自然的空气调节器，因而具有调节温度、湿度，散发芳香、吸声、调光等多种功能。

9.4.1 木装饰线条

木装饰线条简称木线，木线种类繁多，主要有楼梯扶手、压边线、墙腰线、天花角线、弯线、挂镜线等(图 9-4-1)，所用部位如下：

(1) 天花线。天花上不同层次面的交接处的封边，天花上各不同料面的对接处封口，天花平面上的造型线，天花上设备的封边。

(2) 天花角线。天花与墙面、天花与柱面的交接处封口。

(3) 墙面线。墙面上不同层次面的交接处封边、墙面上各不同材面的对接处封口、墙裙压边、踢脚板压边、设备的封边装饰边、墙饰面材料压线、墙面装饰造型线；造形体、装饰隔墙、屏风上的收口线和装饰线，以及各种家具上的收边线装饰。

(4) 门线。门不同层次面的交接处封边、各不同材面的对接处封口；饰面材料压线、门面装饰造型线等。

木线在各种材质中有其独特的优点，因为它是选用木质细、不劈裂、切面光滑、加工性质好、油漆色性好、黏结性好、钉着力强的木材，经干燥处理后，用机械加工或手工加工而成的。同时，木线可油漆成各种色彩和木纹本色，又可进行对接、拼接，还可弯曲成各种弧线。

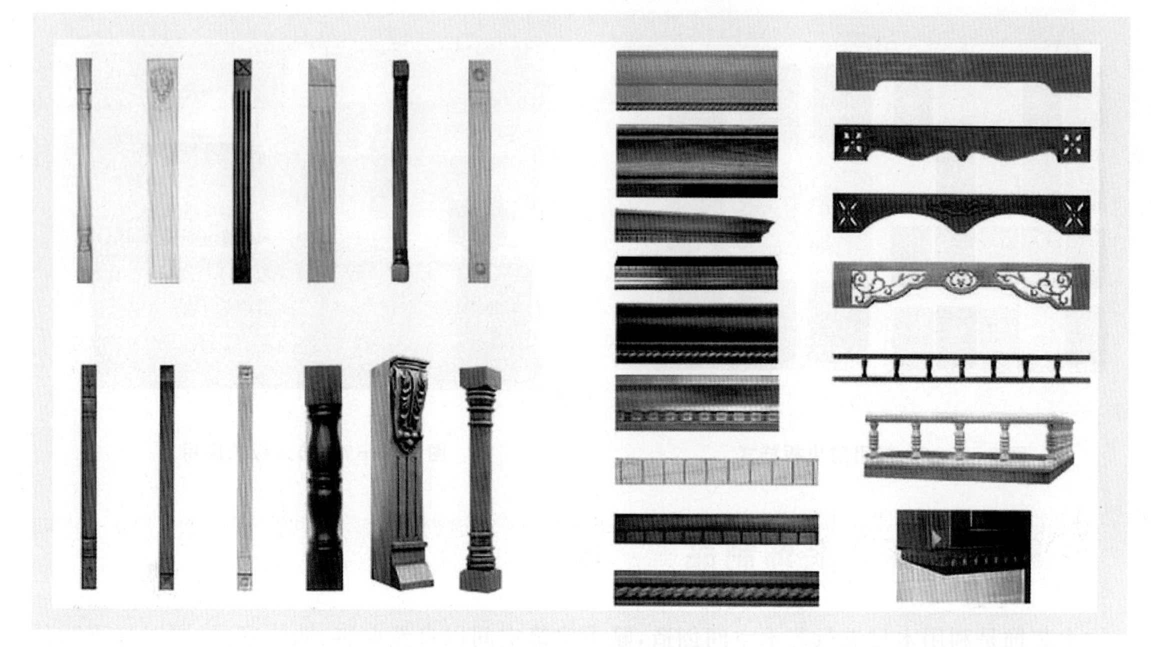

图 9-4-1 各类木装饰线条

木线主要用作建筑物室内墙面的腰饰线，墙面洞口装饰线，护壁板和勒脚的压条装饰线，门窗的镶边及家具的装饰等，采用木线装饰，可增添高雅、古朴、自然亲切的美感（图 9-4-2）。

图 9-4-2 木线条装饰效果

9.4.2 木花格

木花格即为用木板和枋木制作成具有若干个分格的木架，这些分格的尺寸或形状一般都各不相同。由于木花格加工制作较简便，饰件轻巧纤细，加之选用材质木色好、木节少、由无虫蛀无腐朽的硬木或杉木制作，表面纹理清晰，整体造型别致，用于建筑物室内的花窗、隔断、顶棚装饰（图 9-4-3、图 9-4-4）等，它能起到调整室内设计的格调，改进空间效果和提高室内艺术质量等作用。

图 9-4-3 木花格样式

图 9-4-4 木花格应用效果

9.4.3 木骨架材料

木骨架材料也称木龙骨，是木材通过加工而成的截面为方形或长方形的条状材料(图 9-4-5)。

室内装饰工程的骨架材料，用于天花、隔墙、棚架、造型、家具的固定、支持、承重。

1. 内木骨架材料

天花(天棚)、隔墙的内骨架所用木材多选材质较松、材色和纹理不甚显著，含水干缩小、不劈裂、不易变形的树种，主要为红松木、白松木、落叶松木、马尾松、美国花旗松、杉木、椴木等。

2. 外木骨架材料

装饰工程中有些外露式隔架、支架、高级门窗及家具的骨架，要求木质较硬、纹理美观清晰，主要木材有水曲柳、柞木、东北榆、桦木、柚木、红木、核桃木、楠木、洋杂木、花梨木、紫檀木、铁刀木、铁力木。

截面为方形

长方形条状

图 9-4-5 木骨架材料

3. 木骨架规格

根据使用部位不同而采取不同尺寸的截面。天花吊顶的木龙骨一般采用松木龙骨较多，一般规格都是 4 m 长，截面有 20 mm×30 mm、30 mm×40 mm、40 mm×40 mm 等。一般用于室内隔墙的主龙骨，截面尺寸为 50 mm×70 mm 或 60 mm×80 mm，而次龙骨截面尺寸为40 mm×60 mm 或 50 mm×50 mm。用于轻质扣板吊顶和实木地板铺设的龙骨截面尺寸为30 mm×40 mm 或 25 mm×30 mm。

4. 木骨架的用途

在室内装饰装修中所使用的木骨架材料主要是指用于隔墙、天花板、护墙板、门窗套等内部的龙骨、立筋、骨架，以及具备承载或平衡重力的基层框架材料，也可用于墙面、棚面的各种造型(图 9-4-6)。这种材料大部分被隐藏在装饰结构内部，具有较强的抗压性；而装配在外部的骨架材料又具有较强的装饰美，但防火功能差。

图 9-4-6 木龙骨吊顶

9.4.4 藤制装饰饰品

藤是一种密实坚固又轻巧坚韧的天然材料，具有不怕挤压、柔韧有弹性的特点。藤材常被用于制作藤制家具及具有民间风格的室内装饰用品，其特点是淳朴自然、清新爽快，同时又充满了现代气息和时尚韵味(图 9-4-7)。

图 9-4-7 藤制装饰饰品

9.5 木地板

在现代的装饰材料中，地面铺设的木地板（图 9－5－1）是指用木材制成的地板，中国生产的木地板主要分为实木地板、实木复合地板、强化复合地板、竹材地板和软木地板。

图 9－5－1　地面铺设木地板

9.5.1 实木地板

实木地板又名原木地板，是天然木材经烘干、加工后形成的地面装饰材料（图 9－5－2）。

1. 实木地板特点

优点：它呈现出的天然原木纹理和色彩图案，给人以自然、柔和、富有亲和力的质感。实木地板是热的不良导体，能起到冬暖夏凉的作用；脚感舒适，使用安全，构造简单、施工方便、环保性能好，使其成为卧室、客厅、书房等地面装修的理想材料（图 9－5－3）。

图 9－5－2　实木地板

图 9－5－3　实木地板地面

缺点：不耐火、不耐腐、耐磨性差等，但较高级的木地板在加工过程中已进行防腐处理，其防腐性、耐磨性有显著的提高，其使用寿命可提高 5～10 倍。对潮湿及阳光的耐久性差，潮湿令天然木材膨胀，而干透反而会收缩，导致产生隙缝甚至是屈曲翘起，因而需要定期打蜡。所以一般只用在卧室、书房、起居室等室内地面的铺设。

2. 实木地板常用规格

实木地板的规格根据不同树种来订制，一般宽度为 90～125 mm，长度为 450～1 200 mm，厚度为 12～25 mm。优质实木地板表面经过烤漆处理，应具备不变形、不开裂的性能，含水率均控制在10%～15%。

3. 实木地板的分类

实木的装饰风格返璞归真，质感自然，在森林覆盖率下降，大力提倡环保的今天，实木地板则更显珍贵。实木地板分AA级、A级、B级三个等级，AA级质量最高。

(1) 实木地板因材质的不同，可分为国产材地板和进口材地板。国产材常用的材种有桦木、水曲柳、柞木、水青岗、榉木、榆木、槭木、核桃木、枫木、色木等，最常见的是桦木、水曲柳、柞木。进口材常用的材种有甘巴豆、印茄木、摘亚木、香脂木豆、重蚁木、柚木、古夷苏木、孪叶苏木、二翅豆、蒜果木、四籽木、铁线子等。材质决定其硬度，天然的色泽和纹理差别也较大。

(2) 按表面有无涂饰分为涂饰实木地板和未涂饰实木地板，如图9-5-4所示。

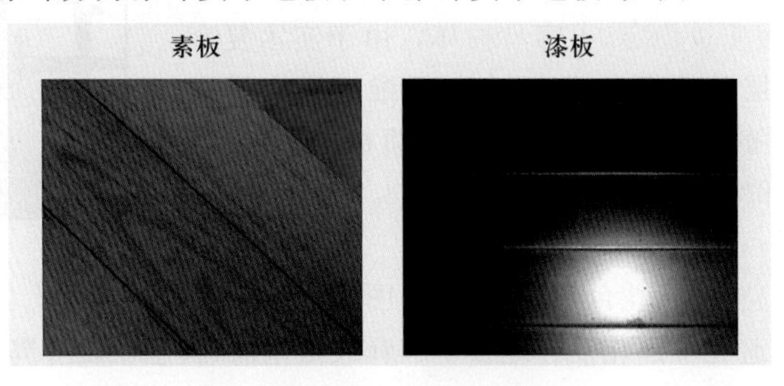

图9-5-4 素板与漆板对比

涂饰实木地板分为淋漆和滚涂板，即地板的表面已经涂刷了地板漆，可以直接安装后使用；未涂饰实木接板是素板，即木地板表面没有进行淋漆处理，在铺装后必须经过涂刷地板漆后才能使用。

(3) 铺装方式。可分为榫接地板、平接地板、镶嵌地板等，如图9-5-5所示，现在最常见的是榫接地板。

图9-5-5 实木地板铺装方式

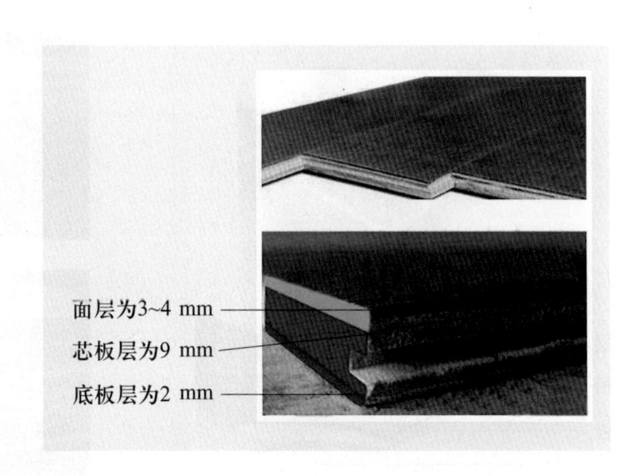

图9-5-6 实木复合地板及结构图

9.5.2 实木复合地板

实木复合地板是利用珍贵木材或木材中的优质部分及其他装饰性强的材料作为表层，材质较差或质地较差部分的竹、木材料作为中层或底层，经高温高压制成的多层结构的地板(图9-5-6)。

1. 实木复合地板的特点

实木复合地板不仅充分利用了优质材料，提高了制品的装饰性，而且所采用的加工工艺也不同程度地提高了产品的力学性能，克服了实木地板单向同性的缺点，干缩湿胀率小，具有较好的尺寸稳定性，并保留了实木地板的自然木纹和舒适的脚感。具体有以下几方面优点：

(1) 易打理清洁。护理简洁，光亮如新，不嵌污垢，易于打扫。实木复合地板的表面涂漆处理得很好，耐磨性好，实木复合地板3年内不打蜡，也能保持漆面光彩如新。这与实木地板的保养成了强烈的对比。

(2) 实木复合地板质量稳定，不容易损坏。由于实木复合地板的基材采用了多层单板复合而成，木材纤维纵横交错成网状叠压组合，使木材的各种内应力在层板之间相互适应，确保了木地板的平整性和稳定性。

(3) 价格实惠。

(4) 色泽鲜艳，纹路清晰，花色给人以美感(图9-5-7)。

图9-5-7　实木复合地板铺装效果

(5) 环保、舒适。避免了强化复合地板甲醛释放量偏高、脚感生硬等弊端。

2. 实木复合地板的分类

实木复合地板主要是以实木为原料制成的，有以下三种：

(1) 三层实木复合地板(图9-5-8)。采用三层不同的木材黏合制成。表层使用硬质木材，如榉木、桦木、柞木、樱桃木、水曲柳等，厚度一般为3.5 mm和4 mm。芯层，也就是中间层，为平衡缓冲层，应选用质地软、弹性好的树种，常采用白松、杨木等较软的木材。软质木材弹性足、比热大，细胞间隙气体多，使整块地板的弹性好，足感舒适，隔声效果佳，保温效果好。底层采用旋切单板，也应选用质地软、弹性好的树种，树种多为杨木、松木等廉价树种的单板。

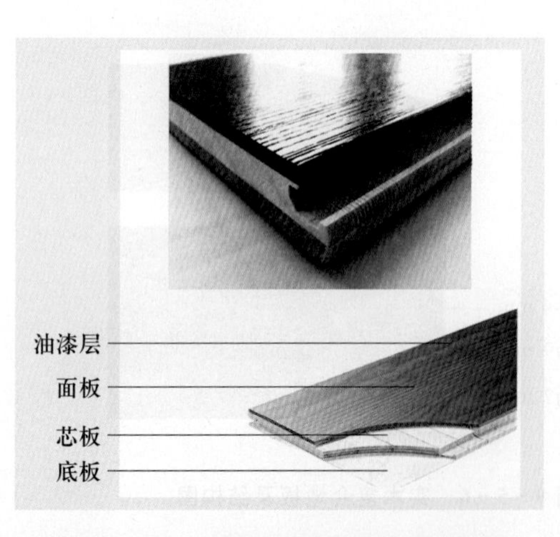

图9-5-8　三层实木复合地板及结构图

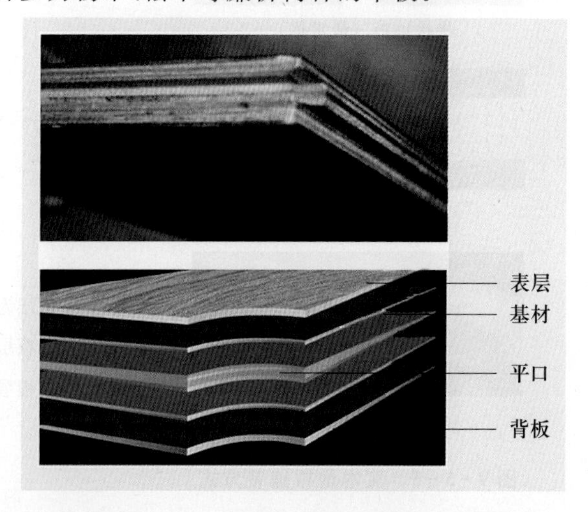

图9-5-9　多层实木复合地板及结构图

(2) 多层实木复合地板。表层镶拼硬木薄板，为0.6～1.5 mm的精贵实木皮，基材是超过7层的为纵横交错的多层胶合板为基材，通过脲醛树脂胶层压而成(图9-5-9)。

多层实木地板面层有美观的天然纹理，结构细腻，富于变化，色泽美观大方；价格实惠，多层实木地板与三层实木地板相比，价格便宜得多；多层实木地板材质好、易加工、可循环利用；有良好的地热适应性能；地板稳定性强。

(3) 新型实木复合地板。表层使用硬质木材，如榉木、桦木、柞木、樱桃木、水曲柳等，中间层和底层使用中密度纤维板或高密度纤维板。效果和耐用程度都与三层实木复合地板相差不多。由于新型复合木地板尺寸较大，因此不仅可作为地面装饰，也可作为顶棚、墙面的装饰，如吊顶和墙裙等 。

3. 实木复合地板的应用和常用规格

实木复合地板在施工中一般直接铺设，也可以架设木龙骨，多用于家居装修的客厅、卧室，以及会议室、办公室、中高档宾馆、酒店等地面铺设，也可做吊顶、墙裙及民用建筑的地面铺设。实木复合地板可制成大小不同的各种尺寸，条状的长度可达 2.5m，块状的幅面可达 1m×1m，易于安装和拆卸。企口地板条的规格有(300～400)mm× (60～70)mm×18 mm，(500～600)mm×(70～80)mm×20 mm，(2 000～2 400)mm×(100～200)mm×(20～25)mm 等；地板块的规格有(200～500)mm×(200～500)mm×(12～20)mm，600 mm×600 mm×(22～25) mm 等。

9.5.3 强化复合木地板

1. 强化复合地板的结构

强化复合木地板(图 9-5-10)由多层不同材料复合而成，其主要复合层从上至下依次为：强化耐磨层、着色印刷层、高密度板层、防震缓冲层、防潮树脂层(图 9-5-11)。

图 9-5-10 强化复合木地板

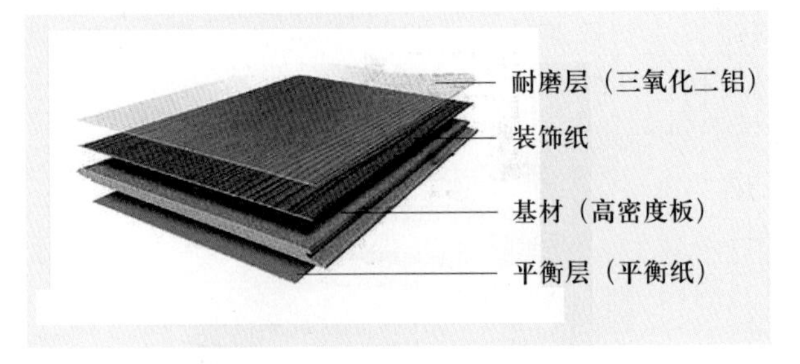

图 9-5-11 强化复合木地板分层构造

第一层——强化耐磨层，用于防止地板基层磨损。

第二层——着色印刷层，为饰面贴纸，即为装饰层，是一层经密胺树脂浸渍的纸张，纸上印刷有仿珍贵树种的木纹或其他图案，纹理色彩丰富，设计感较强。

第三层——中密度或高密度板层，是由木纤维及胶浆经高温高压压制而成的基层。有一定的防潮、阻燃性能，基本材料是木质纤维。

第四层——防震缓冲及树脂层，垫置在高密度板层下方的平衡层。它是一层牛皮纸，有一定的强度和厚度，并浸以树脂，起到防潮、防地板变形的作用，同时也起保护基层板的作用。

2. 强化复合木地板的特点

(1) 强化复合木地板的优点：

① 具有很高的耐磨性，强化复合木地板表面耐磨度为普通油漆木地板的 10～30 倍。

② 具有很强的稳定性，其内结合强度、表面胶合强度和冲击韧性力学强度都较好。

③ 具有良好的耐污染、耐腐蚀、抗紫外线、耐烟头灼烧等性能。

④ 美观，可用计算机仿真出各种木纹和图案、颜色(图 9-5-12)。

⑤ 安装简便，维护保养简单。

(2) 强化复合地板的缺点。强化复合地板的脚感或质感不如实木地板，其次是基层和各层间的胶合不良时，使用中会脱胶分层无法修复，并且强化复合木地板水泡损坏后不可修复。此外，地板中所包含的胶黏剂较多，游离甲醛释放会污染室内环境，这要引起高度重视。

图 9-5-12 强化复合木地板样式

3. 强化复合木地板的应用和规格尺寸

强化复合木地板的长度为 900～1 500 mm，宽度为 180～350 mm，厚度有 6mm、8mm、12mm、15mm、18mm，其中厚度越高，价格越高。目前市场上售卖的强化复合木地板以 12mm 居多(图 9-5-13)。高档优质强化复合木地板还增加了 3m 厚的天然软木，具有实木脚感，噪声小、弹性好。

图 9-5-13 12mm 厚强化复合木地板

图 9-5-14 强化复合木地板的铺装效果

强化复合木地板施工极为简单，将地面打扫干净后铺上 PVC 防潮毡，即可直接拼接安装。购买地板时，商家一般会附送配套踢脚线、分界边条、PVC 防潮毡等配件，并负责运输安装。在家居室内空间，强化复合木地板成为年轻人消费的首选(图 9-5-14)。

9.5.4 精竹地板

精竹地板是用优质天然竹材料加工成竹条，经特殊处理后，在压力下拼成不同宽度和长度的长条，然后刨平、开槽、打光、着色、上多道耐磨漆制成的带有企口的长条地板(图 9-5-15)。

图 9-5-15 竹地板

这种地板自然、清新、高雅，具有竹子固有的特性：经久耐用、耐磨、不变形、防水、脚感舒适、易于维护、清扫，并且环保性能高，地板无毒，牢固稳定，具有超强的防虫蛀功能。地板六面用优质耐磨漆密封，阻燃、耐磨、防霉变。地板表面光洁柔和，几何尺寸好，品质稳定。精竹地板是目前可选用的地面材料中的高档产品，适用于宾馆、办公楼、居室等处。

9.5.5 软木地板

软木最初是葡萄牙人用于制作葡萄酒瓶塞的材料，进行处理后也被用作保温材料，并制作成装饰墙板等用于各个领域，直至应用到今天的装饰地板中。软木实际上并非木材，其原料是阔叶树种的树皮上采割获得的"栓皮"。该类栓皮质地柔软、皮厚、纤维细、成片剥落。

软木地板以优质天然软木为原料，经过粉碎、热压而成板材，再通过机械设备加工成地板(图9-5-16)。软木地板可分为纯软木地板、软木夹层地板、软木(静音)复合地板三类。软木地板弹性好、耐磨、防滑、脚感舒适，抗静电、阻燃、防潮、隔热性好，其独特的吸声效果和保温性能非常适用于卧室、会议室、图书馆、录音棚等场所。

图 9-5-16 软木地板

9.6 木材的防腐与防火

木材虽然具有很多优点，但也存在缺点，其中主要是易腐和易燃，因此建筑工程中应用木材时，应该考虑木材的防腐和防火问题。

9.6.1 木材的腐朽及防腐

1. 木材的腐朽

木材的腐朽为真菌侵害所致。真菌分变色菌、霉菌和腐朽菌三种，前两种真菌对木材质量影响较小，后者影响很大。腐朽菌生长在木材的细胞壁中，它能分泌出一种酵素，把细胞壁物质分解成简单的养分，供自身摄取生存，从而致使木材产生腐朽，并遭彻底破坏，但真菌在木材中生存和繁殖必须具备三个条件，即：

(1) 水分。当木材的含水率在20%以下时不会发生腐朽，木材含水率在35%～50%时适宜真菌繁殖生存，也就是说木材含水率在纤维饱和点以上时易产生腐朽。

(2) 温度。真菌繁殖适宜的温度为25～35 ℃，温度低于5 ℃时，真菌停止繁殖，而高于60 ℃时，真菌则死亡。

(3) 空气。真菌繁殖和生存需要一定的氧气，因此完全浸入水中的木材，则因缺氧而不易腐朽。

2. 木材的防腐措施

防止木材腐朽的措施有以下两种：

(1) 破坏真菌生存的条件。破坏真菌生存的条件最常用的办法是使木制品、木结构和储存的木材处于经常保持通风干燥的状态，并对木制品和木结构表面进行油漆处理，油漆涂层既使木材隔绝了空气，又隔绝了水分，由此可知，木材油漆首先是为了防腐，其次才是为了美观。

(2) 把木材变成有“毒”的物质。将化学防腐剂注入木材中，使真菌无法寄生，木材防腐剂种类很多，一般分油质防腐剂、水溶性防腐剂和膏状防腐剂三类。

油质防腐剂常用的有煤焦油、混合防腐油、强化防腐油等。油质防腐剂色深，有恶臭味，常用于室外木构件的防腐。水溶性防腐剂常用品种有氯化锌、氟化钠、硅氟酸钠、硼铬合剂、硼酚合剂、铜铬合剂、氟砷铬合剂等，水溶性防腐剂多用于室内木结构的防腐处理。膏状防腐剂由粉状防腐剂、油质防腐剂、填料和胶结料（煤沥青、水玻璃等）按一定比例配制而成，用于室外木结构防腐（图 9-6-1）。

图 9-6-1 防腐木栈道与防腐凉亭

木材注入防腐剂的方法很多，通常有表面涂刷或喷涂法、冷热槽浸透法、常压浸渍法和压力渗透法等。其中表面涂刷或喷涂法简单易行，但防腐剂不能深入木材内部，故防腐效果较差。冷热槽浸透法是将木材先浸入热防腐剂中（大于 90 ℃）数小时，再迅速移入冷防腐剂中，以获得更好的防腐效果。常压浸渍法是将木材浸入防腐剂中一定时间后取出使用，使防腐剂渗入木材内一定深度，以提高木材的防腐能力。压力渗透法是将木材放入密闭罐中，抽部分真空，再将防腐剂加压充满罐中，经一定时间后，则防腐剂充满木材内部，防腐效果更好。

9.6.2 木材的防火

所谓木材的防火，就是将木材经过具有阻燃性能的化学物质处理后，变成难燃的材料，以达到遇小火能自熄，遇大火能延缓或阻滞燃烧蔓延的目的。

1. 木材的可燃性及火灾危害

木材属木质纤维材料，是易燃烧、具有火灾危险性的有机可燃物。从古到今国内外均把木材视作引起火灾并使火灾蔓延扩大的危害之一。近年来，随着我国经济建设的迅速发展和人口剧增，建筑物火灾危害有增无减，而且多发生于森林火灾和由于装修时忽略防火而引起的火灾。另外，据英国资料报导，其国内 21%的火灾是由木材、纸张等纤维素材料引起的，而建筑物火灾中

70%是木结构住宅建筑。随着经济建设的高速发展，现代多层建筑不断崛起，而高层建筑的火灾危险性更大。因此，现代建筑装饰工程中防火应是很重要的环节。

2. 木材燃烧及阻燃机理

木材在热的作用下发生热分解反应，随着温度升高，热分解加快。当温度高至220℃以上达到木材燃点时，木材燃烧放出大量可燃气体；当木材的温度达到225～250 ℃时为木材的闪光点；当木材的温度达到330～470℃时为木材的发火点。木材作为一种理想的装饰材料被广泛用于建筑物表面，所以，木材的防火应是十分重要的。灭火的方法多用阻燃剂，阻燃剂的机理在于：设法抑制木材在高温下的热分解，如磷化合物可以降低木材的稳定性，使其在较低温度下即发生分解，从而减少可燃气体的生成；阻滞热传递，如含水的硼化物、含水的氧化铝，遇热则吸收热量放出水蒸气，从而减少了热传递。

3. 木材的防火处理

(1) 表面涂覆处理。在木材表面涂刷或喷淋阻燃物质，从而起到阻燃、防火的作用。该方法成本较低，简便易行，但对木材内部的防火则无能为力，并且成材不宜用阻燃剂进行处理。因为成材较厚，涂刷或喷淋只能在木材表面形成微薄的一层阻燃层，达不到应有的阻燃效果。

阻燃剂有两种，一种是密封性油漆，在木材表面形成密封保护层，但它不能阻止木材的温度上升；另一种是膨胀性油漆。这种油漆在木材着火之前很快燃烧，产生一种不燃气体，而且气体很快膨胀，在木材表面形成保护层，使木材热分解形成的可燃气体难以被外部火源点燃，也就不能形成火焰燃烧，以达到良好的阻燃效果。

(2) 深层溶液浸注处理。采用阻燃剂进行木材防火是通过浸注法而实现的，即将阻燃剂溶液浸注到木材内部达到阻燃效果。浸注分为加压和常压，加压浸注使阻燃剂浸入量及深度大于常压浸注。所以，对木材的防火要求较高情况下，应采用加压浸注。浸注前，应尽量使木材达到充分干燥，并初步加工成形，以免防火处理后再进行大量锯、刨等加工，将会使木料中浸有阻燃剂的部分失去。

(3) 贴面处理。贴面处理即在木材表面贴具有阻燃作用的材料，如无机物或金属薄板等非燃性材料，或者经阻燃处理的单板，或者在木材表面注入两层熔化了的金属液体，形成所谓的“金属化木材”。

复习思考题

1. 木材是怎样分类的？
2. 木材的基本性质有哪些？
3. 人造板材有哪几种？简述其特点、用途。
4. 木地板的种类与特点有哪些？

实践任务

实践一：到本地区的建筑装饰材料市场进行调研，调研木质装饰材料的种类、特点、应用情况；收集样本，并写出调查报告。

实践二：

任务：根据当地实际情况，对某家庭（或公共建筑）装饰装修所用的木质装饰材料进行合理选择，如木地板、木窗套、木墙裙、木线等。

要求：选择时要根据使用功能、装饰效果、室内环境的污染及经济等因素合理选择。

目的：了解木质装饰材料的种类、性能、使用情况、价格等。

方式：2～3 人一组，根据平面图进行简单设计，确定使用木质装饰材料的部位，根据选择要求合理地选择木质装饰材料的种类、色彩、形状等，并绘制相应的图纸，写出选择的理由。

第 10 章 金属装饰材料

金属材料在建筑上的应用，从古到今具有悠久的历史。在现代建筑中，金属材料品种繁多，尤其是钢、铁、铝、铜及其合金材料，它们强度高、耐久性好、材质均匀、易于加工，这些特质是其他材料所无法比拟的。此外，金属材料还具有精致、高雅、轻灵、现代感强的特殊装饰效果，并成为一种新型的所谓“机器美学”的象征。因此，在现代建筑装饰中，被广泛地采用，如柱子外包不锈钢板或铜板，墙面和顶棚镶贴铝合金板，楼梯扶手采用不锈钢管或铜管，隔墙、幕墙用不锈钢板等，如图 10－0－1 所示。

首都机场T3航站楼

中国国家大剧院

上海金茂大厦

图 10－0－1　金属装饰材料的应用

用于建筑装饰的金属材料，主要有钢、铝及铝合金、铜及铜合金等。特别是钢和铝合金更以其优良的机械性能，较低的价格而被广泛应用。在建筑装饰工程中主要应用的是金属材料板材、型材及其制品。近代将各种涂层、着色工艺用于金属材料，不但大大改善了金属材料的抗腐蚀性能，而且赋予了金属材料以多变、华丽的外表，更加确立了其在建筑装饰艺术中的地位。

本章主要介绍建筑装饰工程中广泛应用的钢材、铝合金及其各种装饰制品。

10.1　金属装饰材料的基础知识

10.1.1　金属装饰材料的分类

1. 按材料性质分类

金属装饰材料按材料性质可分为黑色金属装饰材料、有色金属装饰材料、复合金属装饰材料。

(1) 黑色金属装饰材料是指铁和铁合金形成的金属装饰材料，如碳钢、合金钢、铸铁、生铁等。

(2) 有色金属装饰材料是指铝及铝合金、铜及铜合金、金、银等。

(3) 复合金属装饰材料是指金属与非金属复合材料，如铝塑板、不锈钢包覆钢板等。

2. 按装饰部位分类

(1) 金属天花装饰材料是指用于吊顶装饰的金属装饰材料，主要有铝合金扣板、铝合金方板、铝合金格栅、铝合金格片、铝塑板天花、铝单板天花、轻钢龙骨、铝合金龙骨制品等。

(2) 金属墙面装饰材料主要有铝单板内外墙板、彩钢板内外墙板、金属内外墙装饰品、不锈钢内外墙板等。

(3) 金属地面装饰材料主要有不锈钢装饰条板、压花钢板、压花铜板等。

(4) 金属外立面材料主要有铝单板、铝塑板、钛锌板、金属型材、铜板、铸铁、金属装饰网、配合玻璃幕墙的铝合金型材和钢型材等。

(5) 金属景观装饰材料是指用于室外景观工程中的金属装饰材料,主要有不锈钢、压型钢板、铝合金型材、铜合金型材、铸铁材料、铸铜材料等。

(6) 金属装饰品是指金属及金属合金材料制作的、用于室内外能起到装饰作用的制品,主要有不锈钢装饰品,不锈钢、铸铜、铸铁雕塑,铸铁饰品,金属帘、网,金银饰品等。

3. 按材料形式分类

金属装饰材料按材料的形式可分为金属装饰板材、金属装饰型材、金属装饰管材等。

10.1.2 钢材的基本知识

1. 钢材的特性

钢是一种铁碳合金,一般把含碳量小于2%的铁碳合金称为钢,而含碳量大于2%的铁碳合金称之为铁。钢材密度较大,为7.8g/cm^3,约是木材的15倍,普通黏土砖的4倍,混凝土的3倍。由于钢的冶炼和钢材的制造都是在严格的技术控制下完成的,所以钢的材质和性能非常稳定。建筑钢材致密均匀、强度高、塑性好、韧性优良,具有很高的抗冲击和振动荷载作用的能力。建筑钢材还具有优良的工艺性能,可焊、可锯、可铆、可切割,施工速度快,质量有保证。但钢材也存在着易锈蚀、维修费用较大的缺点。

2. 钢材的分类

(1) 按冶炼方法分

按炉种分:平炉钢、转炉钢(氧气转炉钢、空气转炉钢)和电炉钢。

按脱氧程度分:镇静钢、特殊镇静钢和沸腾钢。

(2) 按化学成分分

碳素钢:低碳钢(含碳量<0.25%)、中碳钢(含碳量0.25%~0.60%)、高碳钢(含碳量>0.60%)。

合金钢:低合金钢(合金含量<5%)、中合金钢(合金含量5%~10%)、高合金钢(合金含量>10%)。

(3) 按用途分

结构钢:工程结构用钢(建筑用钢、专门用途钢,如船舶、桥梁、锅炉用钢)(图10-1-1)、机械零件用钢(渗碳钢、调质钢、弹簧钢、轴承钢)。

图10-1-1 桥梁用钢、建筑用钢

工具钢：量具钢、刃具钢、模具钢。

特殊性能钢：不锈钢、耐热钢、耐磨钢、电工用钢等。

10.2 建筑装饰钢材及制品

10.2.1 建筑结构用钢

建筑钢材的技术性能主要包括拉伸、冷弯及冲击韧性等，建筑装饰用钢材的标准与选用如下：

1. 普通碳素钢

普通碳素钢是普通碳素结构钢的简称。由于冶炼比较容易、工艺性能好、价格较低、性能亦可满足一般工程结构的要求，所以使用较多。建筑工程中主要应用的碳素钢是Q235钢。常用的结构钢材如圆钢、方钢、角钢、槽钢及钢板等都属于这一类。

2. 普通低合金钢

普通低合金钢是普通低合金结构钢的简称。它是在冶炼中加入少量的合金元素(总量不超过5%)形成的钢，不但强度高、耐磨、耐腐蚀，而且成本较低，在跨度建筑及节约钢材方面都较普通碳素钢更为适合，因此在建筑工程中亦得到广泛应用。

3. 建筑钢材的类型

常用的建筑钢材主要有钢筋、钢丝、钢绞线、型钢(圆钢、方钢、扁钢、六角钢、角钢、工字钢、槽钢等)、钢板及钢管等(图10-2-1)。

钢筋

钢丝

钢绞线

图10-2-1 建筑钢材的类型

(1) 钢筋。钢筋按钢种分有普通碳素钢钢筋和普通低合金钢钢筋，按外形分有光面圆钢筋、变形钢筋(螺纹、人字形、月牙形等)。

(2) 钢丝。钢丝是将6～10mm的钢筋，通过拔丝机冷拔而成。钢丝分为冷拔低碳钢丝和碳素钢丝两种。

(3) 钢绞线。钢绞线是由附合一定标准的多根2.5～5.0mm的高强碳素钢丝，经捻后消除内应力而制成的。它具有强度高、柔性好、质量稳定、成盘供应、不需接头等优点，主要用于大跨度的桥梁、道路、立交桥、大型屋架等。

(4) 型钢。型钢是由钢锭在加热条件下加工而成的不同截面的钢材，有圆钢、方钢、扁钢、六角钢、角钢、工字钢、槽钢等。常见的各种型钢如图10－2－2、图10－2－3所示。

① 圆钢。其规格用直径 ϕ 表示，如 $\phi40$，表示其直径40mm的圆钢。它主要用于钢筋、铆钉、螺栓及各种机械零件等。

② 方钢。其规格是以边长 b(单位为mm)表示。方钢主要用于各种钢结构、螺栓柱、螺帽、钢筋及各种机械零件等。

③ 扁钢。其断面呈矩形，其规格用宽度 a(单位为mm)×厚度 b(单位为mm)表示。常用作薄板坯、工具、机械零件、桥梁、建筑上的桁架等；在铁艺装饰工程中，常用来通过弯曲、扭曲等加工手段制作铁艺配件，另外可用作链门、围栏等装饰制品。

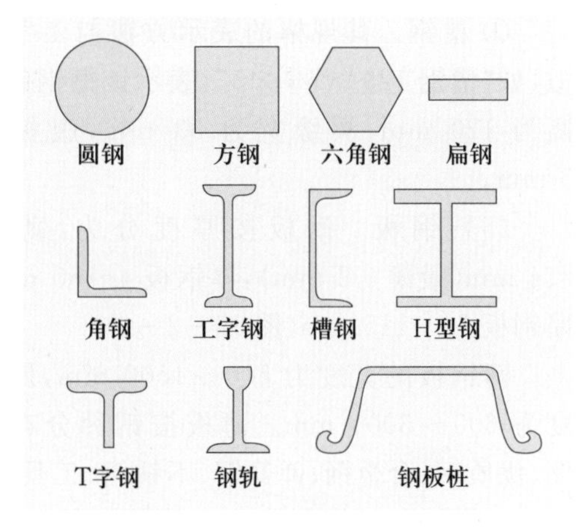

图10－2－2 型钢的断面形状

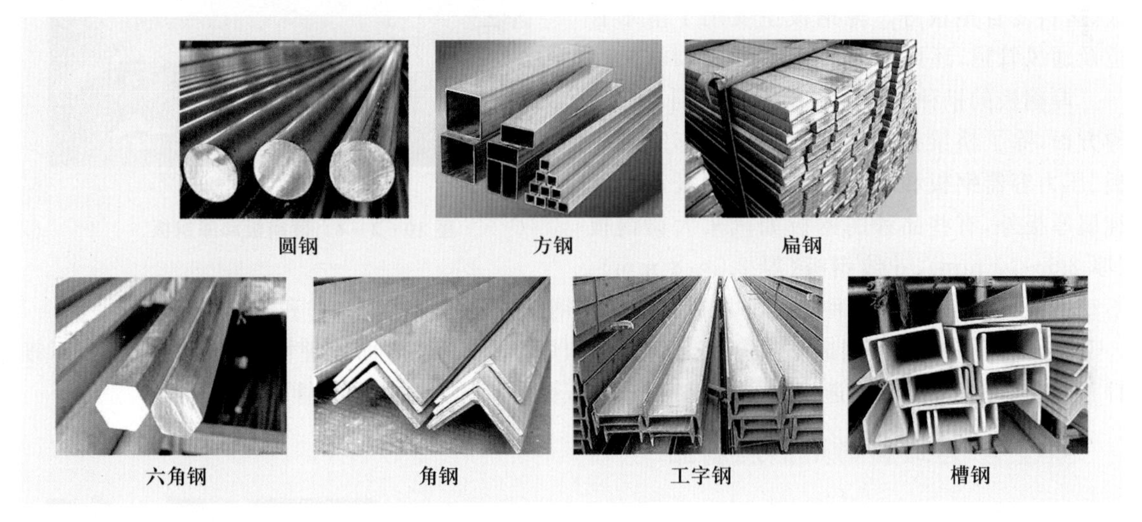

图10－2－3 型钢

④ 六角钢。其规格以内切圆的直径(单位为mm)表示，主要用于制作螺帽、钢杆和起重撬棍等。

⑤ 角钢。又名角铁，分等边与不等边两种。等边角钢的两边垂直而相等，其规格是以边宽(单位为mm)×边厚(单位为mm)表示，以边宽的cm数定其型号。如4号角钢，即其边宽为4 cm，通常写成“L4”。

角钢是结构中最基本的钢材，可作单独构件，亦可组合使用，广泛用于房屋、电塔、机械构件、装饰骨架、装饰构件等。

⑥ 工字钢。由两个翼缘和一个腹板组成，其规格以腹板的高度 h(单位为mm) ×腹板的厚度 d(单位为mm)表示，型号以腹板高度的cm数表示。如10号工字钢表示工字钢的高度为10cm，常写成“I10”。若同一高度和宽度的工字钢厚度不相同时，则在型号后面注以a、b、c，如I10a、I10b、I10c。

⑦ 槽钢。其规格的表示方法与工字钢类似，如“槽钢 120 ×53 ×5”，表示该槽钢的腹板高为 120 mm，翼缘宽为 53 mm，腹板厚为 5 mm。

(5) 钢板。钢板按厚度分为：薄钢板 <4 mm(最薄 0.2 mm)，厚钢板 4～60 mm，特厚钢板 60～115 mm(图 10-2-4)。

图 10-2-4 薄钢板和厚钢板

薄钢板的宽度为 500～1500 mm，厚的宽度为 600～3000 mm。薄板按钢种分有普通钢、优质钢、合金钢、弹簧钢、不锈钢、工具钢、耐热钢、轴承钢、硅钢和工业纯铁薄板等；按专业用途分有油桶用板、搪瓷用板、防弹用板等；按表面涂镀层分有镀锌薄板、镀锡薄板、镀铅薄板、塑料复合钢板等。薄钢板主要用于落水管道及通风管道，还可用于水槽、贮料缸、料仓等。

厚钢板的钢种大体上和薄钢板相同。在品种方面，除了桥梁钢板、锅炉钢板、汽车制造钢板、压力容器钢板和多层高压容器钢板等品种纯属厚板外，有些品种的钢板如汽车大梁钢板(厚 2.5～10 mm)、花纹钢板(厚 2.5～8 mm)、不锈钢板、耐热钢板等品种是同薄板交叉的。厚钢板主要用于结构构件和装饰构件等。

(6) 钢管。钢管按制造方法分为无缝钢管和焊接钢管；按表面处理情况分为镀锌管和不镀锌管；按管壁厚度分为普通钢管和加厚钢管；按截面形状分为圆管和方管等。

10.2.2 建筑装饰用钢及制品

一、不锈钢

1. 不锈钢的基础知识

不锈钢指耐空气、蒸汽、水等弱腐蚀介质和酸、碱、盐等化学侵蚀性介质腐蚀的钢，又称不锈耐酸钢(图 10-2-5)。

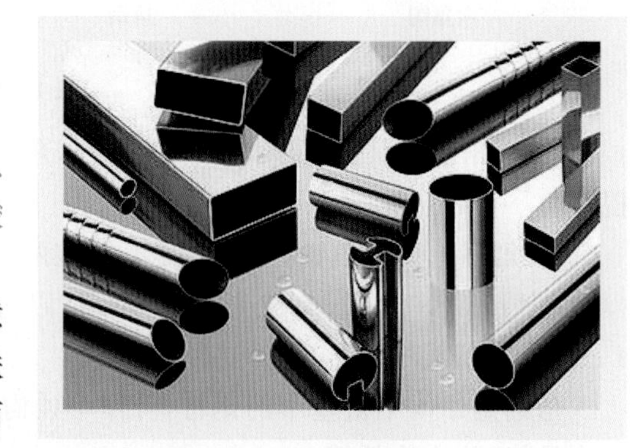

图 10-2-5 不锈钢制品(一)

(1) 不锈钢的耐腐蚀原理及定义。不锈钢意即不生锈的钢。经过实践人们发现，铬是一种比铁活泼的金属元素，在钢材中加入铬，它会先于铁而与空气中的氧反应生成极薄的氧化膜(称为钝化膜)，可保护钢材不易腐蚀。当铬的含量大于 12% 时，铬就足以在钢材表面生成完整的惰性氧化铬保护膜，而且若在加工或使用过程中膜层被破坏，还可重新生成。所以人们通常将不锈钢定义为含铬 12% 以上的具有耐腐蚀性能的铁铬合金。

(2) 不锈钢的分类。不锈钢有各种不同的分类方法。按所含耐腐蚀的合金元素分类可分为:铬不锈钢、铬-镍不锈钢和铬-镍-钛不锈钢。其中后两种比铬不锈钢耐蚀性更强,耐蚀介质更全面。以金相组织分类可分为:奥氏体不锈钢、铁素体不锈钢、马氏体不锈钢、双相不锈钢和沉淀硬化不锈钢。按制品类别不锈钢可分为:不锈钢薄板、不锈钢型材、不锈钢异型材、不锈钢管材等(图 10-2-6)。

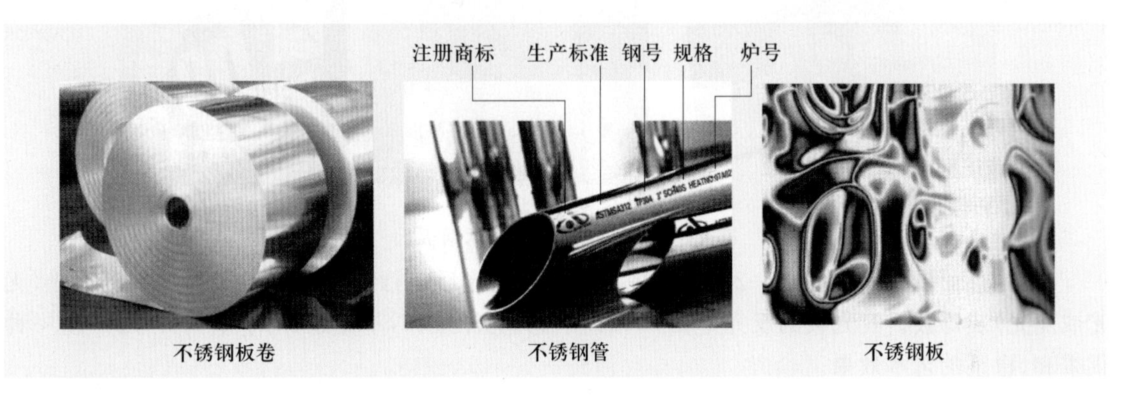

图 10-2-6 不锈钢制品(二)

2.建筑装饰用不锈钢常用品种及应用

建筑装饰工程中使用不锈钢,主要是借助于其表面的光泽特性及金属质感,达到装饰目的。普通不锈钢板材的长度为 1830mm、2400mm、3000mm、3600mm、4000mm、5000mm、6000mm 等,宽度为 900~1200mm,厚度为 0.35~2.0mm,装饰不锈钢板材通常按反光率分为镜面板(抛光面)、亚光板和浮雕板三种类型。建筑装饰业不锈钢主要应用在:厨房设备、厨卫用具、橱柜、柜台、扶梯扶手、走廊栏杆、大厅支柱、玻璃门门框及拉手、旋转门、自动门、商场门面、墙面幕墙等(图 10-2-7)。

图 10-2-7 建筑装饰业不锈钢的应用

(1) 镜面不锈钢板(图 10－2－8)。不锈钢板表面经过抛光,可使表面平滑光亮,光线的反射率可达 95%以上,故称为镜面不锈钢板。镜面板材表面相对较易划伤,不易用于经常磕碰和受污染的部位。为保护其表面在加工和施工过程中不受损害,常加贴一层塑料保护膜,待竣工后再揭去。

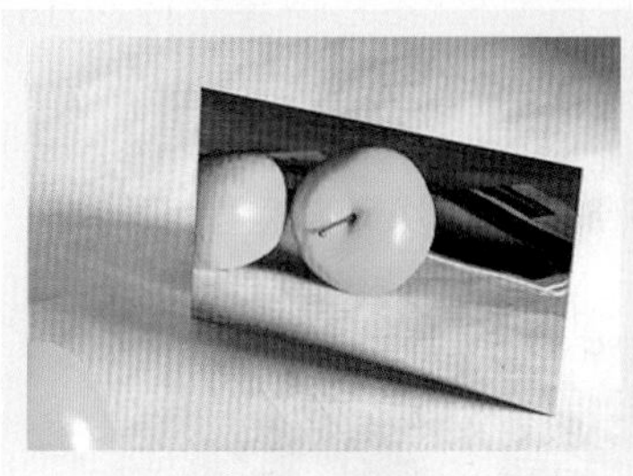

图 10－2－8　镜面不锈钢板

(2) 亚光不锈钢板(图 10－2－9)。将不锈钢板抛光后,再经喷砂处理,则可压制出柔光(无光或亚光)装饰板。亚光板的反光率在 50%以下,其光泽柔和,不晃眼,用于室内外,可产生一种很柔和、稳重的艺术效果。

图 10－2－9　亚光不锈钢板

(3) 浮雕不锈钢板(图 10－2－10)。若将不锈钢板表面制成图案,则可压制出浮雕不锈钢板。浮雕不锈钢板表面不仅具有金属光泽,还有富于立体感的浮雕纹路,它是经辊压、研磨、腐蚀或雕刻而成。一般蚀刻深度为 0.015～0.5 mm,钢板在加工前,必须先经过正常的研磨和抛光,比较费工,价格也较高。

(4) 拉丝不锈钢板(图 10－2－11)。不锈钢拉丝一般有直丝纹、雪花纹、尼龙纹几种效果。

图 10－2－10　浮雕不锈钢板

图 10－2－11　拉丝不锈钢板

直丝纹是从上到下不间断的纹路，一般采用固定拉丝机工件前后运动即可。雪花纹是现在最为流行的一种。

(5) 彩色不锈钢板(图 10－2－12)。现在的彩色不锈钢板色彩绚丽，是一种非常好的装饰材料，用它装饰尽显雍容华贵的品质。彩色不锈钢板同时具有抗腐蚀性强、机械性能较高、彩色面层经久不褪色、色泽随光照角度不同会产生色调变幻等特点。彩色不锈钢板彩色面层能耐200℃的温度，耐盐雾腐蚀性能比一般不锈钢好；彩色不锈钢板耐磨和耐刻划性能相当于箔层涂金的性能。彩色不锈钢板当弯曲 90℃时，彩色层不会损坏，可用作厅堂墙板、天花板、电梯轿厢板、车箱板、建筑装潢、招牌等装饰之用，彩色不锈钢板一般都用在装饰墙面。

图 10－2－12 彩色不锈钢板

二、彩色涂层钢板

彩色涂层钢板是以冷轧或镀锌钢板(钢带)为基材，经表面处理后涂以各种保护、装饰涂层而成的产品(图 10－2－13)。常用的涂层有无机涂层、有机涂层和复合涂层三大类。以有机涂层钢板发展最快，主要原因是有机涂层原料种类丰富、色彩鲜艳、制作工艺简单。有机涂料常采用聚氯乙烯、聚丙烯酸酯、醇酸树脂、聚酯、环氧树脂等。

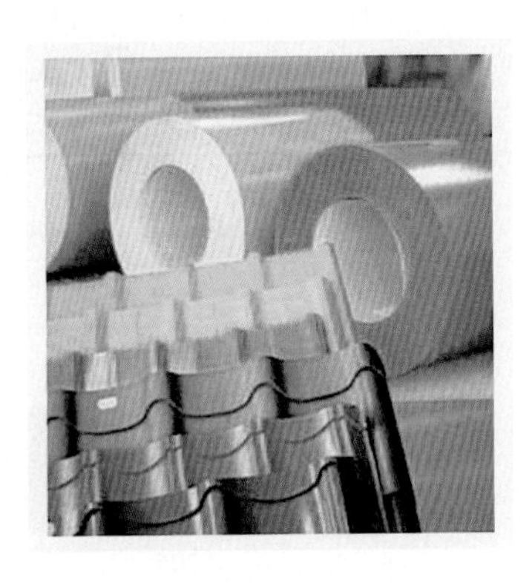

图 10－2－13 彩色涂层钢板

彩色涂层钢板(钢带)主要应用于各类建筑物的外墙板、屋面板、室内的护壁板、吊顶板。还可作为排气管道、通风管道和其他类似的有耐腐蚀要求的构件及设备，也常用作家用电器的外壳。

三、彩色压型钢板

彩色压型钢板是采用冷轧板、镀锌板、彩色涂层钢板等不同类别的钢板，经辊压、冷弯而成。其截面呈 V 形、U 形、梯形或类似这几种形状的波形，称之为建筑用压型钢板(简称压型板，图 10－2－14)。该种板材的基材钢板厚度只有 0.5～1.2mm，属薄型钢板，但经轧制或冷弯成异形后，使板材的抗弯刚度大大提高，受力合理、自重减轻，同时具有抗震、耐久、色彩鲜艳、加工简单、安装方便等特点。广泛用于外墙、屋面、吊顶及夹芯保温板材的面板等，使建筑物表面洁净、线条明快、棱角分明，极富现代风格。

图 10－2－14 压型钢板

国标《建筑用压型钢板》(GB/T 12755—2008)对压型钢板的代号、尺寸、外形、允许偏差等技术指标都做了具体规定，并指出该标准也适用于彩色压型钢板。压型钢板的型号表示方法由四部分组成：压型钢板的代号(YX)，波高 H，波距 S，有效覆盖宽度 B。如型号 YX75 - 230 - 600 表示压型钢板的波高为 75mm，波距为 230mm，有效覆盖宽度为 600mm。表 10 - 2 - 1 列出了几种常见压型钢板的板型，图 10 - 2 - 15 列出来了几种常见的压型钢板种类。

表 10 - 2 - 1 压型钢板板型举例

型号	断面基本尺寸	有效宽度	展开宽度	有效利用率
YX12 - 100 - 880	880, 12, 100	880	1000	88%
YX130 - 300 - 600	300, 130, 600	600	1000	60%
YX35 - 125 - 750	35, 125, 20, 24, 750	750	1000	75%
YX35 - 280 - 840	280, 35, 840	840	1000	84%

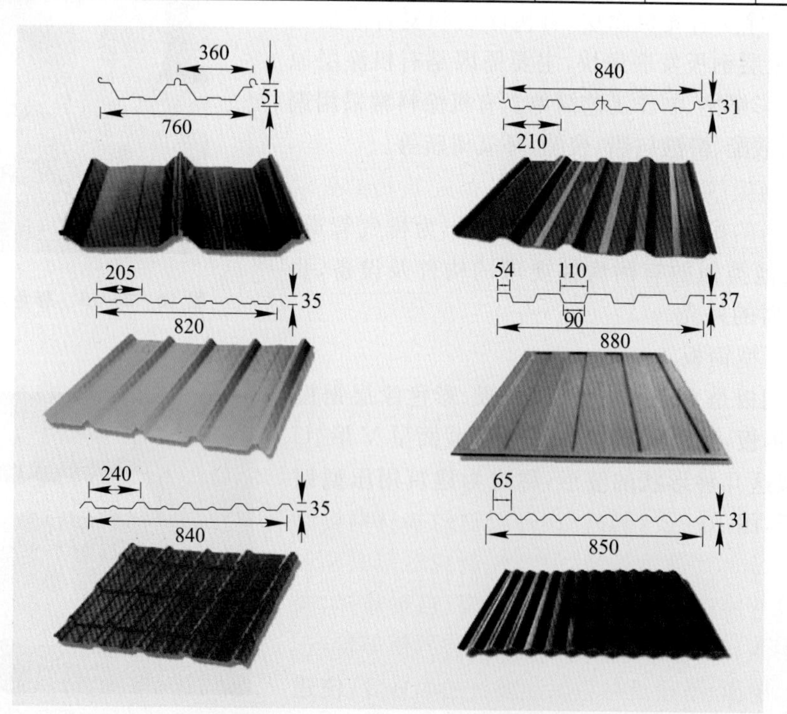

图 10 - 2 - 15 常见的压型钢板种类

四、轻钢龙骨

建筑用轻钢龙骨是以冷轧钢板(钢带)、镀锌钢板(钢带)或彩色涂层钢板(钢带)为原料,采用冷弯工艺生产的薄壁型钢,用作吊顶或墙体龙骨(图 10-2-16)。

图 10-2-16 吊顶轻钢龙骨

轻钢龙骨是木龙骨的换代产品,与各种饰面板(纸面石膏板、矿棉板等)相配合,构成的轻型吊顶或隔墙,以其优异的热学、声学、力学、工艺性能及多变的装饰风格在装饰工程中得到广泛的应用。

1. 轻钢龙骨的特点

(1) 自重轻。轻钢龙骨的板材厚度为 0.5~1.5 mm。

(2) 刚度大。轻钢龙骨虽薄、轻,但由于采用了异形断面,所以弯曲刚度大,挠曲变形小。

(3) 抗震性能优良。轻钢龙骨采用的是韧性好的低碳钢,同时各构件间采用吊、挂、卡等连接方法,可吸收较多的变形能量,所以轻钢龙骨吊顶或隔墙具有良好的抗震性能,可适应较大的地震或风力荷载引起的变形。

(4) 防火。轻钢龙骨具有良好的防火性能是优于木龙骨的主要特点。轻钢龙骨与石膏耐火板材共同作用可达 1 h 的耐火极限,可完全满足建筑设计防火规范的要求。

(5) 制作容易、施工方便。

(6) 以钢代木、节约木材。

(7) 安装和拆改方便,便于建筑空间的布置。

2. 轻钢龙骨的分类和标记

(1) 分类。轻钢龙骨有各种分类方法。

按荷载类型分(使用时一般不需按荷载大小再进行强度和变形的验算),有上人龙骨和不上人龙骨。

按用途分,有吊顶龙骨和隔墙龙骨(图 10-2-17)。吊顶龙骨又分为承载龙骨(吊顶龙骨的主要受力构件,又称主龙骨)、覆面龙骨(吊顶龙骨中固定饰面层的构件,又称中龙骨或横撑龙骨);隔墙龙骨可分为横龙骨(又称沿顶、沿地龙骨)、竖龙骨和连贯龙骨,其中横龙骨是轻钢龙骨墙与结构(梁或楼板)的连接构件,竖龙骨为墙体的主要承重和与面板的连接构件。

吊顶轻钢龙骨代号为 D。按龙骨的断面高度规格吊顶龙骨有 D38、D45、D50、D60 系列;隔墙龙骨代号 Q,有 Q50、Q75、Q100、Q150 系列。

按龙骨的断面形状,可分为 C、U、CH、T、H、V 和 L 形七种形式龙骨。轻钢龙骨除龙骨主件外,还有相应的配件。吊顶龙骨的配件有吊杆、吊件、挂件、挂插件、接插件和连接件。其中吊件用于承载龙骨与吊杆的连接,挂件用于承载龙骨与覆面龙骨的连接,挂插件用于正交两方向的覆

图 10-2-17 吊顶龙骨、隔墙龙骨

面龙骨的连接。而接插件和连接件分配用于覆面龙骨和承载龙骨的接长，其构造图示意图如图 10-2-18 所示。

(2)标记。《建筑用轻钢龙骨》(GB/T11981—2008)轻钢龙骨的标记顺序为：产品名称，代号，断面形状的宽度、高度、钢板带厚度和标准号。

例如断面形状为U形、宽度为 50 mm、高度为 15 mm、钢板厚度为 1.5 mm 的吊顶承载龙骨标记为：建筑用轻钢龙骨 DU 50×15×1.5，GB/T11981—2008。

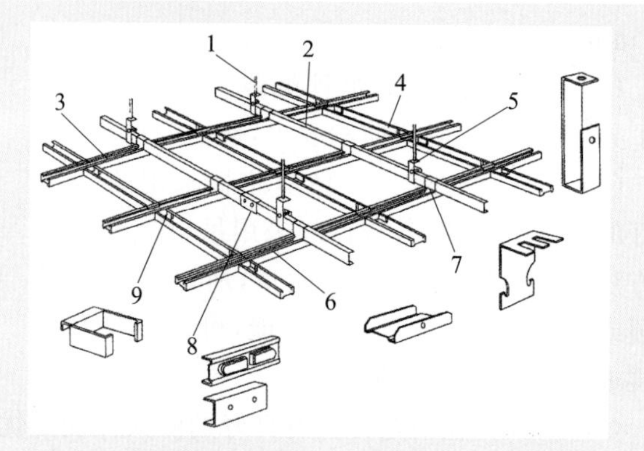

1—吊杆 2—主龙骨 3—次龙骨 4—横撑龙骨 5—吊挂件 6—次龙骨连接件 7—挂件 8—主龙骨连接件 9—龙骨纸托（挂插件）

图 10-2-18 轻钢龙骨吊顶示意图

3. 轻钢龙骨的规格尺寸

轻钢龙骨产品分类和规格见表 10-2-2，如有其他规格要求由供求双方确定。

表 10-2-2 轻钢龙骨产品分类和规格

类别	品种		断面形状	规格	备注
墙体轻钢龙骨 Q	CH形龙骨	竖龙骨		$A \times B_1 \times B_2 \times t$ 75(73.5)$\times B_1 \times B_2 \times$0.8 100(98.5)$\times B_1 \times B_2 \times$0.8 150(148.5)$\times B_1 \times B_2 \times$0.8 $B_1 \geqslant 35$；$B_2 \geqslant 35$	当 $B_1 = B_2$ 时，规格为 $A \times B \times t$
	C形龙骨	竖龙骨		$A \times B_1 \times B_2 \times t$ 50(48.5)$\times B_1 \times B_2 \times$0.6 75(73.5)$\times B_1 \times B_2 \times$0.6 100(98.5)$\times B_1 \times B_2 \times$0.7 150(148.5)$\times B_1 \times B_2 \times$0.7 $B_1 \geqslant 45$；$B_2 \geqslant 45$	

续表

类别	品种		断面形状	规格	备注
墙体轻钢龙骨Q	U形龙骨	横龙骨	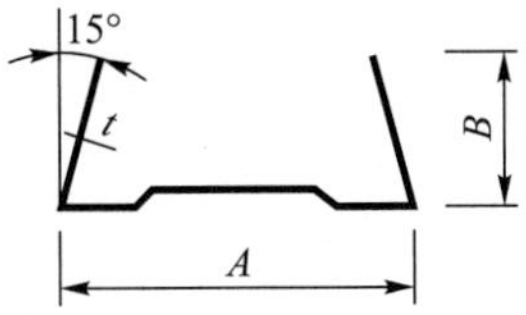	$A\times B\times t$ $52(50)\times B\times 0.6$ $77(75)\times B\times 0.6$ $102(100)\times B\times 0.7$ $152(150)\times B\times 0.7$ $B\geqslant 35$	
		通贯龙骨	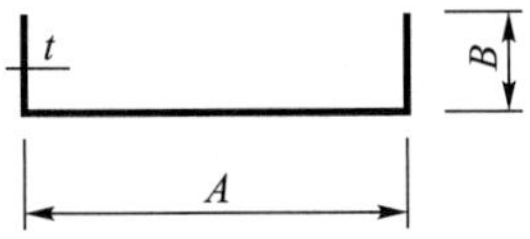	$A\times B\times t$ $38\times 12\times 1.0$	
吊顶龙骨D	U形龙骨	承载龙骨	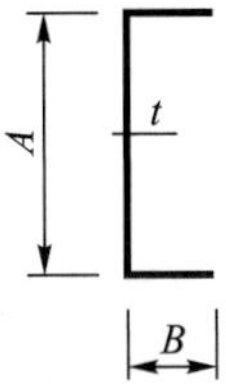	$A\times B\times t$ $38\times 12\times 1.0$ $50\times 15\times 1.2$ $60\times B\times 1.2$	$B=24\sim 30$
	C形龙骨	承载龙骨	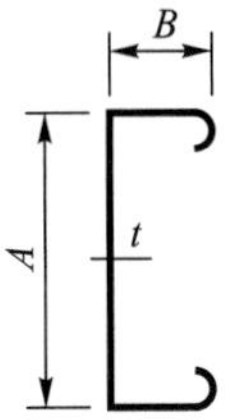	$A\times B\times t$ $38\times 12\times 1.0$ $50\times 15\times 1.2$ $60\times B\times 1.2$	
		覆面龙骨	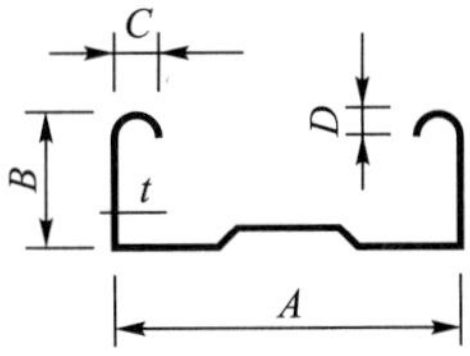	$A\times B\times t$ $50\times 19\times 0.5$ $60\times 27\times 0.6$	1. 中型承载龙骨$B\geqslant 38$，轻型承载龙骨$B<38$； 2. 龙骨由一整片钢板（带）成型时，规格为$A\times B\times t$
	T形龙骨	主龙骨	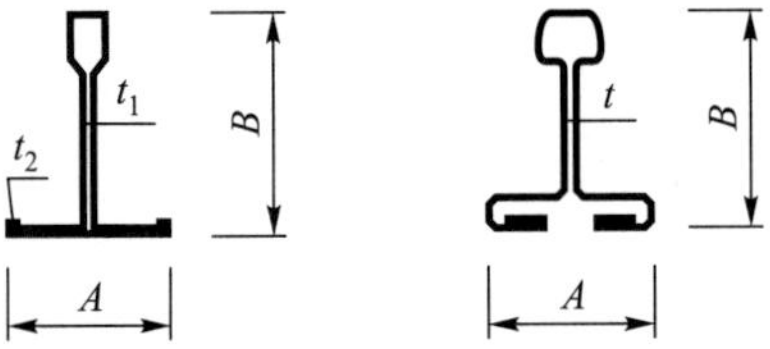	$A\times B\times t_1\times t_2$ $24\times 38\times 0.27\times 0.27$ $24\times 32\times 0.27\times 0.27$ $14\times 32\times 0.27\times 0.27$	
		次龙骨	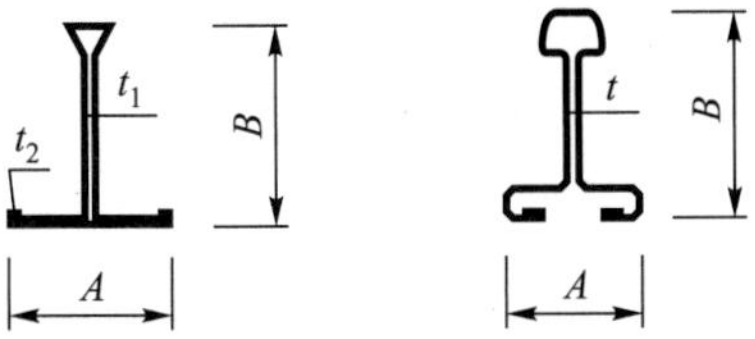	$A\times B\times t_1\times t_2$ $24\times 28\times 0.27\times 0.27$ $24\times 25\times 0.27\times 0.27$ $14\times 25\times 0.27\times 0.27$	

续表

类别	品种		断面形状	规格	备注
吊顶龙骨D	H形龙骨		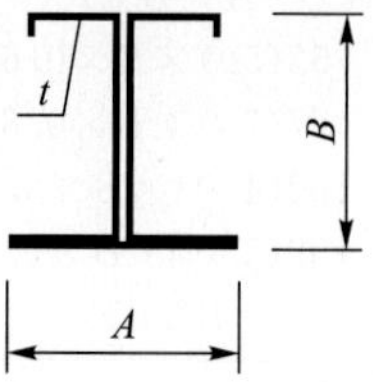	$A\times B\times t$ $20\times20\times0.3$	
	V形龙骨	承载龙骨	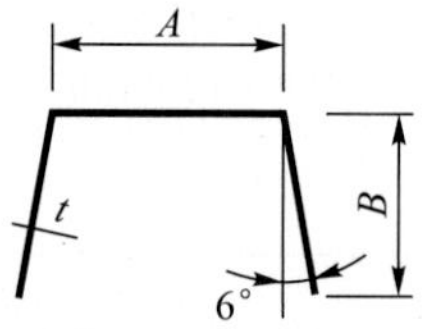	$A\times B\times t$ $20\times37\times0.8$	造型用龙骨规格为 $20\times20\times1.0$
		覆面龙骨	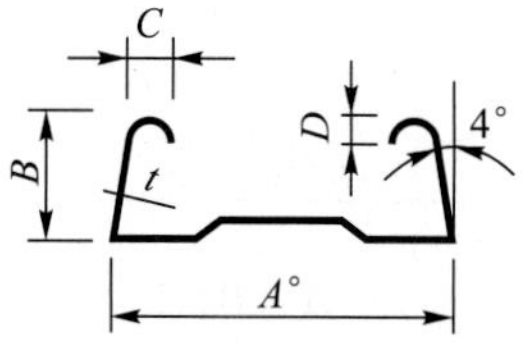	$A\times B\times t$ $49\times19\times0.5$	
	L形龙骨	承载龙骨	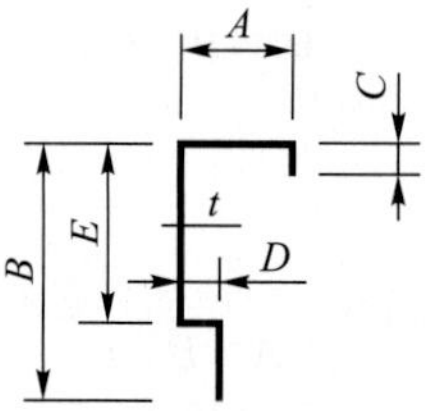	$A\times B\times t$ $20\times43\times0.8$	
		收边龙骨	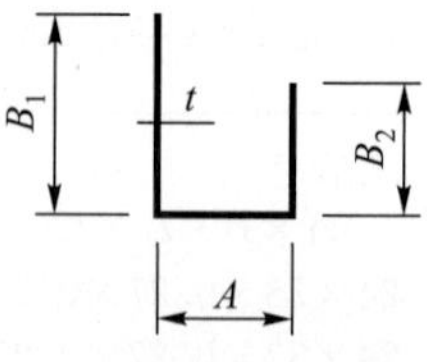	$A\times B_1\times B_2\times t$ $A\times B_1\times B_2\times0.4$ $A\geqslant20$；$B_1\geqslant25$、$B_2\geqslant20$	
		边龙骨	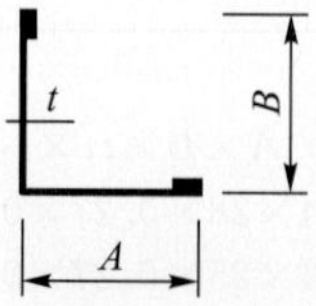	$A\times B\times t$ $A\times B\times0.4$ $A\geqslant14$；$B\geqslant20$	

10.3 建筑装饰铝合金及制品

10.3.1 铝合金龙骨

铝合金龙骨也是常用的吊顶和隔墙的骨架材料，主要用于矿棉板、装饰石膏板等吊顶(图 10－3－1)。铝合金龙骨是铝材通过挤(冲)压技术成形，表面施以烤漆、阳极氧化、喷塑等工艺处理而成，根据其断面形状分为 T 形龙骨、L 形、U 形龙骨等。

铝合金隔墙龙骨具有制作简单、安装方便、结合牢固等特点。铝合金吊顶龙骨具有不锈、防火、抗震、强度高、质量较轻、装饰性能好、易加工、安装便捷等特点。

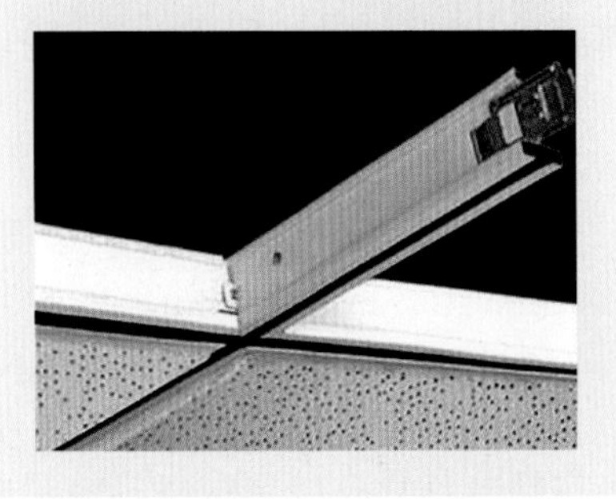

图 10－3－1 铝合金龙骨吊顶

铝合金吊顶龙骨有主龙骨、次龙骨、边龙骨及吊挂件等。主、次龙骨与板材组成 300 mm×300 mm、500 mm×500 mm 或 600 mm×600 mm 的方格，与面板形成装配式吊顶结构；主龙骨通过吊挂件，利用吊筋与楼板相连。铝合金龙骨从外观可以分为平面铝合金龙骨、凹槽黑线铝合金龙骨和凹槽白线铝合金龙骨(图 10－3－2～图 10－3－4)。

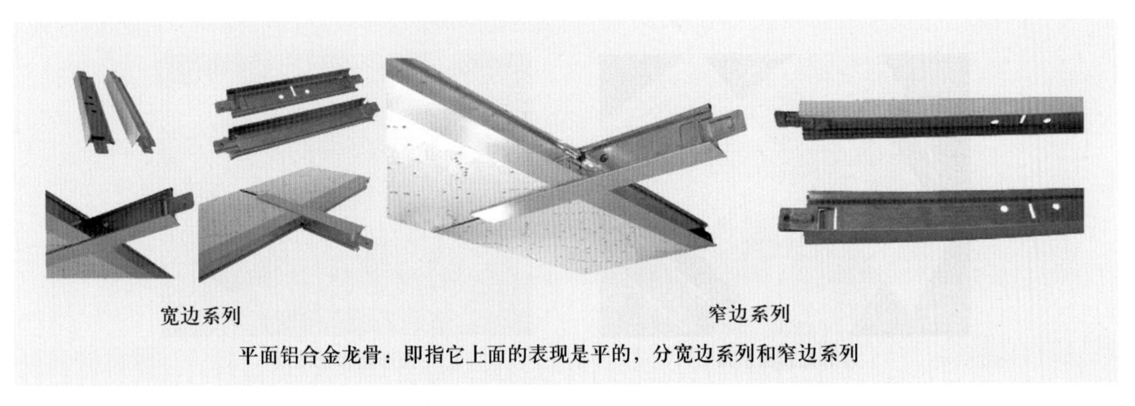

图 10－3－2 平面铝合金龙骨

图 10－3－3 凹槽黑线铝合金龙骨

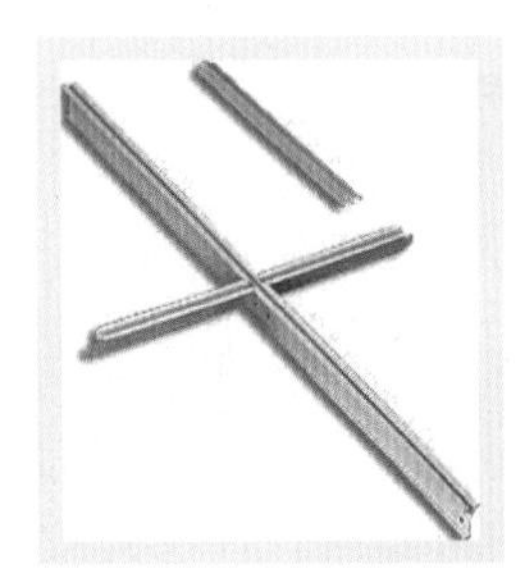

图 10－3－4 凹槽白线铝合金龙骨

铝合金隔墙龙骨常与各种玻璃、有机板、人造板等配合使用，形成具有一定透视效果的空间，用于办公室、厂房或其他空间的分隔。

10.3.2 铝合金吊顶板

1. 铝扣板

铝合金扣板（铝扣板）一般以铝合金板材为基底，表面通过吸塑、喷涂、抛光等工艺制成，光洁艳丽、色彩丰富，并逐渐取代塑料扣板（图 10-3-5）。

图 10-3-5 铝扣板

（1）铝扣板的板型。铝扣板一般有两种板型，即条形板和方形板（图 10-3-6）。

① 条形板的基本板型宽度分为 25 mm、50 mm、100 mm、150 mm、200 mm，长度一般为 3 m 或 6 m。

② 方形板规格有 600 mm × 600 mm、500 mm × 500 mm、300 mm × 300 mm 及 300 mm × 600 mm、300 mm×1200 mm、600 mm×1 200 mm 等。一般家用铝扣板根据目前居室内厨房和卫生间面积来看，宜选用较小板型，300 mm×300 mm 较为适合。

（2）铝扣板的表面处理工艺。当前市场上铝扣板的表面处理工艺大体分为四种：分别为喷涂板、滚涂板、覆膜板及钛金板（图 10-3-7）。

方形铝扣板吊顶

条形铝扣板吊顶

图 10-3-6 铝扣板吊顶

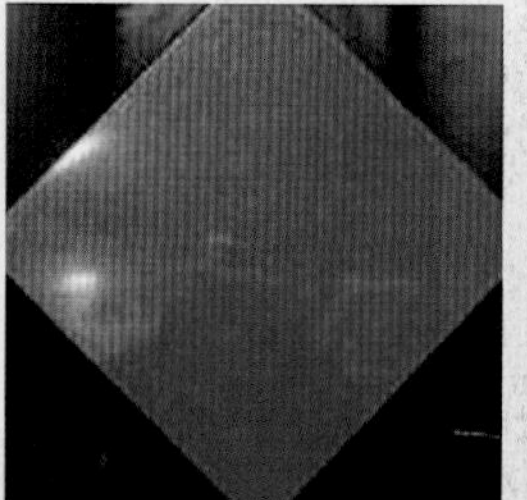

图 10-3-7 喷涂板、滚涂板、覆膜板及钛金板

① 喷涂板表面喷涂纯聚酯粉末，板面颜色一般为白色、浅黄色、浅蓝色。

② 滚涂板采用了引进的高科技并配合高性能的滚涂加工工艺，可有效地控制板材的精度、平整度。

③ 覆膜板是近年来家装铝扣板市场上较为流行的工艺产品，其膜又分为珠光膜和亚光膜，是选用 PVC 膜与复涂彩色涂料复合而成的，表面花纹、色彩丰富，并具有抗磨、耐污渍、方便擦洗等优点。

④ 钛金、氟碳板采用了独特的阳极氧化处理技术，对旧有的电气化学光亮处理技术进行了革命性的突破，能够有效地保护物料免被侵蚀。该类板抗静电、不吸尘且容易清洗，防火，具有优良的散热性，阳极氧化工艺处理的表面永不脱落，特别适合家居选用，正逐渐成为家装铝扣板业的新宠。

(3) 铝扣板的特点。铝扣板板面平整，棱线分明，吊顶系统体现出整齐、大方、富贵高雅、视野开阔的外观效果。铝扣板具备阻燃、防腐、防潮、耐久性强、不易变形、不易开裂的优点，而且装拆方便，每件板均可独立拆装，方便施工和维护。如需调换和清洁吊顶面板时，可用磁性吸盘或专用拆板器快速取板，也可在穿孔板背面覆加一层吸声面纸或黑色阻燃棉布，能够达到一定的吸声标准。铝合金扣板与传统的吊顶材料相比，质感和装饰感方面更优，可集成吊顶。

2. 铝合金冲孔吸声板

铝扣板也可在板面上冲孔形成冲孔板。经过冲孔的铝扣板不仅使板面更具装饰性(图 10-3-8)，同时也能起到吸声效果，当满足吸声标准时也称为冲孔吸声板。

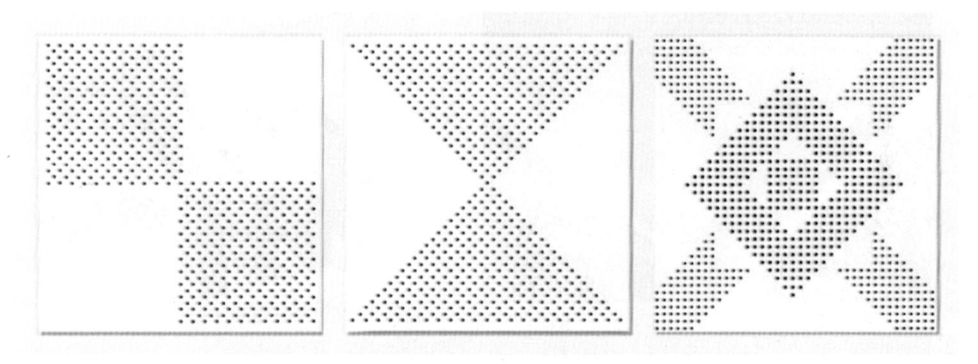

图 10-3-8 铝合金冲孔吸声板纹样

铝合金冲孔吸声板是金属冲孔吸声板的一种，是根据声学原理利用各种不同穿孔率的金属板来达到降低噪声、改善音响效果的目的。可采用圆、方、长圆、三角等不同的孔形或形状、大小不一的组合孔，工程降噪效果可达 4 ~8dB。

3.铝格栅

铝格栅(图 10-3-9)是近几年来生产的吊顶材料之一，铝格栅具有开放的视野，通风、透气，其线条明快整齐，层次分明，体现了简约明了的现代风格，安装拆卸简单方便，成为近几年风靡装饰市场的主要产品。

图 10-3-9 铝格栅

(1) 铝格栅常用规格。铝格栅常用规格(仰视见光面)

标准厚度为 10 mm 或 15 mm，高度有 20 mm、40 mm、60 mm和 80 mm 可供选择。铝格栅格子尺寸分别有50 mm × 50 mm，75 mm × 75 mm，100 mm × 100 mm，125 mm × 125 mm，150 mm×150 mm，200 mm×200 mm。片状格栅常规格尺寸为：10 mm×10 mm、15 mm×15 mm、25 mm×25 mm、30 mm×30 mm、40 mm×40 mm、50 mm×50 mm、60 mm×60 mm，间距越小，价格越高。

(2) 铝格栅应用特点。铝格栅吊顶是一种由主、副龙骨纵横分布、结构科学，具有透光、通风性好的透气组合天花，造型新颖，具有强烈的空间立体感。格栅天花吊顶适宜大面积吊装，其视角连续平整，富于立体感和层次感(图 10-3-10)，利用率高，装拆方便，冷气口、排气口、音响、烟感器、灯具可装在天花内，适用于超市、商店、食堂、展厅、歌舞厅等。

图 10-3-10　铝格栅吊顶效果

4. 铝方通吊顶

图 10-3-11 所示铝格栅吊顶又可以叫做铝方通吊顶，规格一般设计为底宽 50 mm，高度 100 mm，板材厚度 0.8 mm，长度为 4 m，长度也可以根据需要裁割。铝方通不仅具有开放的视野、通风、透气，其线条明快整齐，层次分明，体现了简约明了的现代风格，而且安装、拆卸简单方便，这样使得维护同样也很方便，成为近几年风靡装饰市场的宠儿。

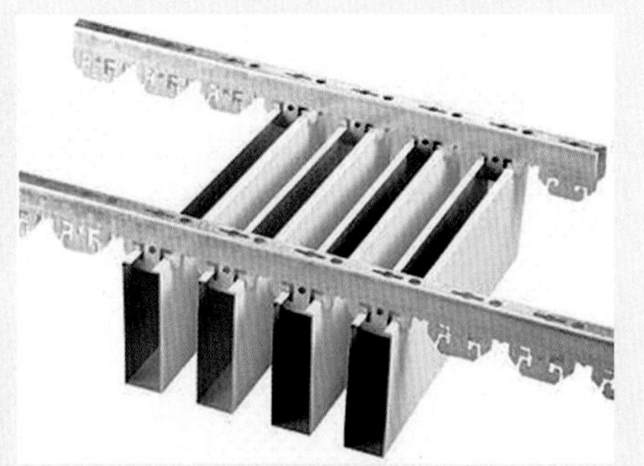

图 10-3-11　铝方通吊顶

安装铝方通可以选择不同的高度和间距，可一高一低、一疏一密，加上合理的颜色搭配，令设计千变万化，能够设计出不同的装饰效果(图 10-3-12)。同时，由于铝方通是通透式的，可以把灯具、空调系统、消防设备置于天花板内，以到达整体一致的完美视觉效果。

用于隐蔽工程繁多、人流密集的公共场所，便于空气的流通、排气、散热的同时，能够使光线分布均匀，使整个空间宽敞明亮。广泛应用于地铁站、高铁站、车站、机场、大型购物商场、通道、休闲场所、公共

图 10-3-12　铝方通吊顶设计搭配

卫生间、建筑物外墙等开放式场所。

10.3.3 铝合金墙面饰面板

铝合金墙面饰面板是建筑墙面的一种高档次装饰材料，装饰效果别具一格，目前在设计中广泛应用。

1. 铝合金单板

铝合金单板是采用优质铝合金板材为基材，再经过数控折弯等技术成形，表面喷涂装饰性涂料的一种新型幕墙材料。

铝合金单板其构造主要由面板、加强筋和角码等部件组成。成形最大工件尺寸可达 8 000 mm×1 800 mm(长×宽)，如图 10－3－13 所示。

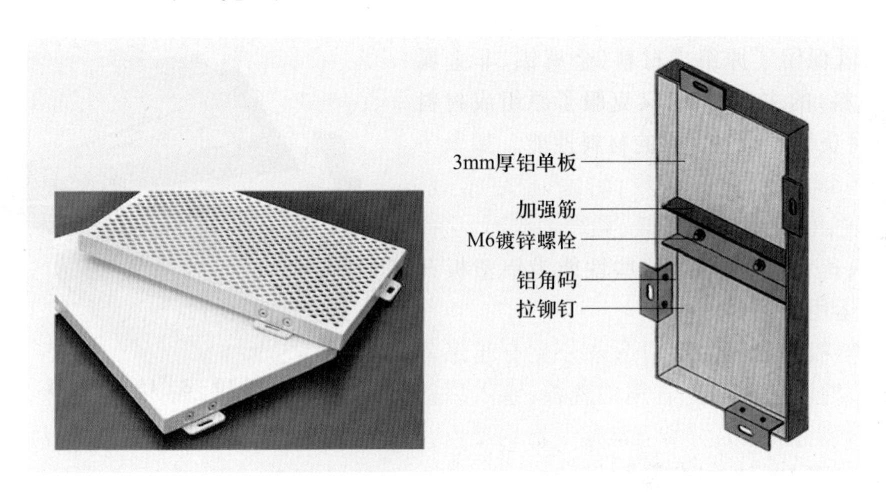

图 10－3－13　铝合金单板及构造

铝合金单板特点：

(1) 重量轻，钢性好。

(2) 耐久性和耐腐蚀性好，可用 25 年不褪色。

(3) 工艺性好。采用先加工后喷漆工艺，铝板可加工成平面、弧形和球面等各种复杂的几何形状。

(4) 涂层均匀、色彩多样。

(5) 不易污染，便于清洁保养。氟涂料膜的非黏着性，使表面很难附着污染物，更具有良好清洁性。

(6) 安装施工方便快捷。

(7) 可回收再利用，有利环保。

铝合金单板常应用在建筑物外墙、梁柱、阳台、雨篷 、机场、车站、医院会议厅、歌剧院和体育场馆等的外墙面饰面装修(图 10－3－14)。

2. 铝塑复合板

铝塑复合板简称铝塑板，是由表面经过处理并用涂层烤漆的铝板作为表面，聚氯乙烯塑料板作为芯层，经过一系列工艺过程加工复合而成的新型材料。简单地说就是以塑料为芯层，外贴铝

图 10－3－14　铝合金单板外墙饰面

板的三层复合材料(图 10－3－15)。

图 10－3－15　铝塑板

铝塑板既保留了原组成材料(金属铝、非金属聚氯乙烯塑料)的主要特性,又克服了原组成材料的不足,进而获得了众多优异的材料性能。如豪华美观、艳丽多彩的装饰性;耐候、耐蚀、耐创击、防火、防潮、隔声、隔热、抗震;质轻、易加工成形、易搬运安装、可快速施工等特性,这些性能为铝塑板开辟了广阔的运用前景。

(1) 铝塑板的分类。按用途来分类有建筑幕墙用铝塑板、外墙装饰与广告用铝塑板、室内用铝塑板;按表面装饰效果来分类有涂层装饰铝塑板、贴膜装饰铝塑板、彩色印花铝塑板、拉丝铝塑板、镜面铝塑板(图 10－3－16)。

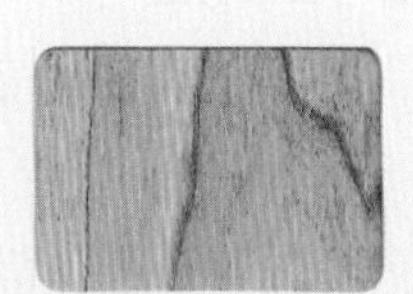

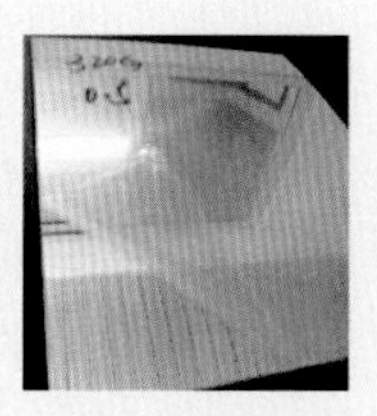

图 10－3－16　铝塑板装饰效果分类

(2) 铝塑板的应用(图 10－3－17)。应用于各类室内外墙面装饰;机场、车站、宾馆、娱乐场所、高档住宅及写字楼的幕墙装饰和室内装饰;大型广告牌等广告宣传品的制作;天花板、厨房和卫生间的精装修;店面、展示厅的装修;家具制作。

(3) 铝塑板的常用规格。标准尺寸为 1 220 mm×2 440 mm,厚度有 3 mm、4 mm、5 mm、6 mm、8 mm;其他宽度为 1 220 mm、1 500 mm,长度为 2 440 mm、3 000 mm、6 000 mm。

3. 铝合金穿孔板

铝合金穿孔板采用各种铝合金平板经机械穿孔而成。孔形根据需要有圆孔、方孔、长圆孔、长方孔、三角孔,三角组合孔等。这是一种降低噪声并兼有装饰作用的新产品。铝合金穿孔板材

图 10-3-17 室外、室内的铝塑板的应用

质轻，耐高温、耐腐蚀，防火、防潮、防震，化学稳定性好，造型美观、色泽幽雅、立体感强，装饰效果好，且组装简便，可用于宾馆、饭店、影院、播音室等公共建筑和中高档民用建筑，也可用于各类车间厂房、人防地下室等作为降噪措施(图 10-3-18)。

图 10-3-18 铝合金穿孔饰面板

4. 铝合金蜂窝板

铝合金蜂窝芯复合板简称铝合金蜂窝板，其外表层为 0.2～0.7mm 的铝合金薄板，中心层用铝箔、玻璃布或纤维制成蜂窝结构，铝板表面喷涂聚合物着色保护涂料——聚偏二氟乙烯，在复合板的外表面覆以可剥离的塑料保护膜，以保护板材表面在加工和安装过程中不致受损(图 10-3-19)。铝合金蜂窝板作为高级饰面材料，可用于各种建筑的幕墙系统，也可用于室内墙面、屋面、天棚、包柱等工程部位。

铝合金蜂窝板规格：长度≤5 000 mm，宽度≤1 500 mm，厚度为 5～100 mm，特殊规格尺寸可由供需双方面商定。

图 10-3-19 铝合金蜂窝板

铝蜂窝板特点：

(1) 密度小、强度高、刚度大、结构稳定、抗风压性佳。

(2) 隔声、隔热、防火、防震功能突出。

(3) 表面有惊人的平坦性，且色彩多样化。

(4) 装饰性强，安装方便、快捷。

5. 铝合金花纹板和波纹板

(1) 铝合金花纹板。铝合金花纹板是采用防锈铝合金等坯料，用特制的花纹辊轧制而成的，花纹美观大方、不易磨损、防滑性能良好，防腐蚀性强，便于冲洗，通过表面处理可以得到不同的颜色，花纹板材平整，裁剪尺寸精确，便于安装。广泛用于墙面装饰及楼梯的踏板等处(图 10-3-20)。

(2) 铝合金波纹板(压型板)。主要用于墙面的装饰，也可用于屋面装饰，其表面经化学处理后可以有各种颜色，有较好的装饰效果，又有很强的反射阳光的能力。十分经久耐用，在大气中使用时20年不用更换，搬迁拆卸下的波纹板仍可继续使用(图10-3-21)。

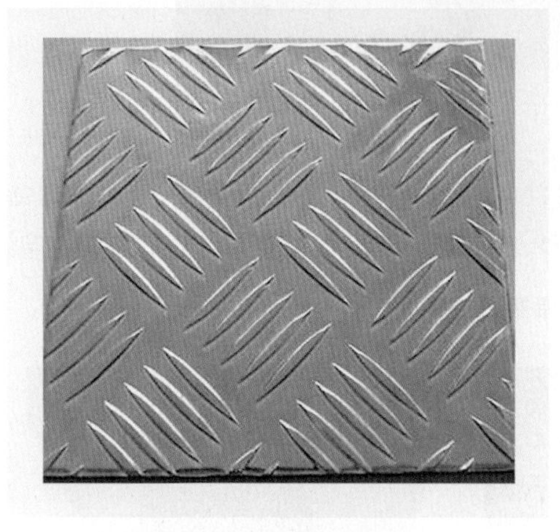

图10-3-20　铝合金花纹板

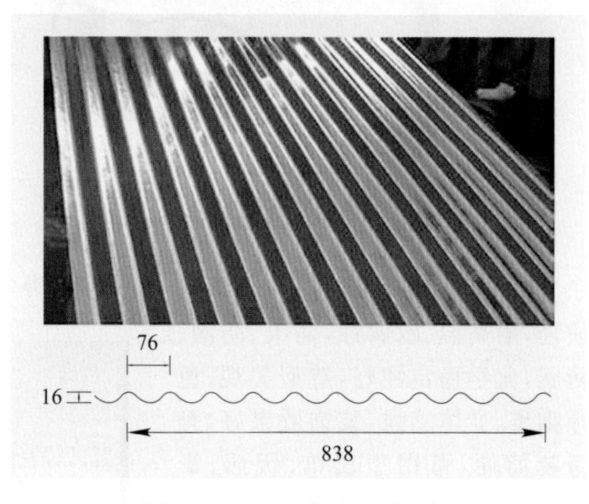

图10-3-21　铝合金波纹板

综上所述，铝合金装饰板所具有的共同特点是质量轻、易加工、强度高、刚度好、经久耐用，并且表面形状各异(光面、纹面、波纹及压型等)、色彩丰富、防火、防潮、防腐蚀。应用特点是：进行墙面装饰时，在适当部位采用铝合金板，与玻璃幕墙式大玻璃窗配合使用，可使易碰、形状复杂的部位得以顺利过渡，且达到了突出建筑物线条流畅的效果。在商业建筑中，入口处的门脸、柱面、招牌的衬底使用铝合金板装饰时，更能体现建筑物的风格，吸引顾客注目、光临。

10.4　其他装饰金属材料

10.4.1　铜及铜合金

铜及其合金是一种古老的建筑材料，很早就用作建筑装饰材料及各种零件。

1. 铜的特性与应用

纯铜是紫红色的金属，俗称紫铜，属于有色重金属。铜具有良好的导电、导热性能，被广泛用于电力工业，如用作发电机、变压器的线圈及电线、电缆等。(图10-4-1)

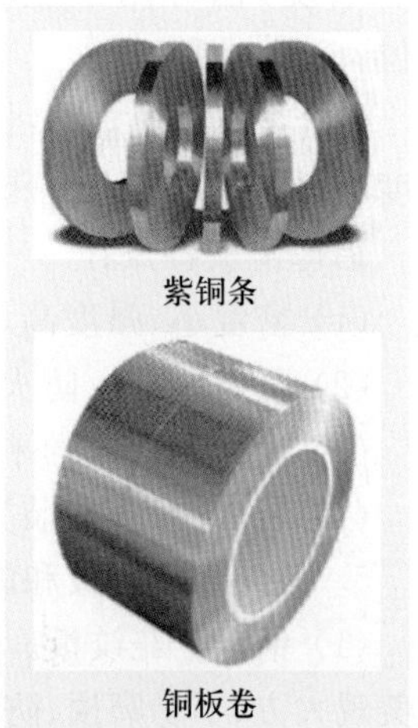

图10-4-1　铜制品

2. 铜合金的特性

纯铜由于强度不高，不宜于制作结构材料，且纯铜的价格贵，工程中更广泛使用的是铜合金，即在铜中掺入锌、锡等元素形成的铜合金。铜合金既保持了铜的良好塑性和高抗腐蚀性，又改善了纯铜的强度、硬度等力学性能。常用的铜合金有黄铜、青铜和白铜等。

(1) 黄铜是以锌为添加元素的铜合金，其性质随锌的含量而定。

(2) 青铜为铜锡合金。铜锡合金具有焊接方便、耐腐蚀、耐磨性好、强度较高等特点，多用作水暖零件、建筑五金及各种装饰零件。

（3）铜粉俗称金粉，是一种由铜合金制成的金色颜料，主要成分为铜及少量的锌、铝、锡等金属，常用于装饰涂料以代替贴金。

3. 铜及铜合金的应用

铜合金的用途十分广泛，经挤制或压制可形成不同截面形状的型材，有空心型材和实心型材两种，可用来制造管材、板材、线材、固定件及各种机器零件等。在装饰工程中常用铜板、铜制五金配件、铜字牌和铜门、铜栏杆、铜嵌条、防滑条、雕花铜柱和铜雕壁画等。利用铜合金板材制成的铜合金压型板，可用于建筑外墙装饰，使建筑物金碧辉煌、光亮耐久。铜制产品主要用于高档场所的装修，如宾馆、饭店、高档写字楼和银行等场所（图 10－4－2、图 10－4－3）。

图 10－4－2　铜制品应用

图 10－4－3　铜合金制品的应用

10.4.2 铁艺制品

1. 铁艺制品的用途

铁艺制品种类繁多，应用很广泛，如各种金属铸锻装饰铁花，各种造型的金属隔断、楼梯扶手、护栏、庭院铁艺灯具、室内铁艺家具、阳台、门窗花饰、铸铁通透围栏、铁花装饰大门、庭院牌楼、亭廊及金属格栅等(图 10-4-4)。

图 10-4-4 铁艺制品

2. 铁艺制品的种类和规格

作为铁艺工程中使用的金属花格，其成形方式大致有两种，一是浇铸成形，即利用模具铸出铁、铜或铝合金花格等；二是弯曲成形，即采用型钢、扁铁、镀锌钢带、铝带、钢管等薄形金属材料，预先弯成小花格或不同图案，再将其拼装连接成大片花格。常用的铁艺花饰类型见表 10-4-1。

表 10-4-1 常用的铁艺花饰类型

种类	材质	名称	用途
浇铸装饰铁艺	铸铁	枪头、柱脚、铁叶	护栏、围栏的顶端和底座装饰
		装饰铁花	作为铁艺装饰配件使用
		装饰花片	隔断、围栏等
		楼梯花片	室内、外楼梯、旋转楼梯等
		门心、门边、顶花	铁花装饰大门等
弯曲加工铁艺	型材	边框、立柱、栏杆等	铁艺制品的边框、栏杆、立柱、骨架等
		弯曲、扭曲、压形配件等	铁艺装饰配件、连接件等

10.4.3 新型金属装饰材料

1. 新型金属板材类

(1) 钛锌板。有原色板、预钝化板(蓝灰色、青铜色)等。钛锌板作为室外的建材已经应用非常广泛，而作为室内的装饰材料目前越来越得到建筑师和业主的青睐(图 10-4-5)。钛锌板常用厚度有 0.70 mm、0.80 mm、1.00 mm、1.20 mm、1.5 mm 等五种。

图 10-4-5 钛锌板墙面、柱面

钛锌板具有经久耐用、自我愈合、易于维护、兼容性强(可与铝、不锈钢和镀锌钢板等多种材料兼容)、成形能力好、环保性好，是绿色建材等优点。

(2) 太古铜板。有原铜(紫色)板、预钝化板(咖啡色、绿色)、镀锡铜板。太古铜板(图 10-4-6)具有耐久性，特别适合用在日渐受到污染侵蚀的大气中，有良好的韧性，加工性强，可满足各种造型的屋面，可循环利用，具有环保性。

(3) 铝锰镁板。有原色板、垂纹氧化板、普通涂层板、预辊涂氟碳涂层板等。

(4) 钛铝复合板。由钛板与铝合金板用防火聚合物高温挤压而成(图 10-4-7)。

图 10-4-6 太古铜板

图 10-4-7 钛铝复合板

(5) 镀铝锌钢板。分普通涂层板、预辊涂氟碳涂层板。

(6) 钛金属板。钛金板主要有表面光泽度高、强度高、热膨胀系数低、耐腐蚀性优异、无环境污染、使用寿命长、机械和加工性能良好等特性。钛金板本身的各项性能是其他建筑材料不可比拟的。在国家大剧院(图 10-4-8)、杭州大剧院等大型建筑上已经得到成功应用，这标志着钛材幕墙时代在我国建筑领域的开始。

图 10-4-8 国家大剧院钛金属壳体

(7) 铜铝复合板。由铜板与铝合金板用防火聚合物高温挤压而成。

2. 新型金属网材类

新型金属网材类主要包括金属网(图 10－4－9)、金属布(图 10－4－10)和金属帘。

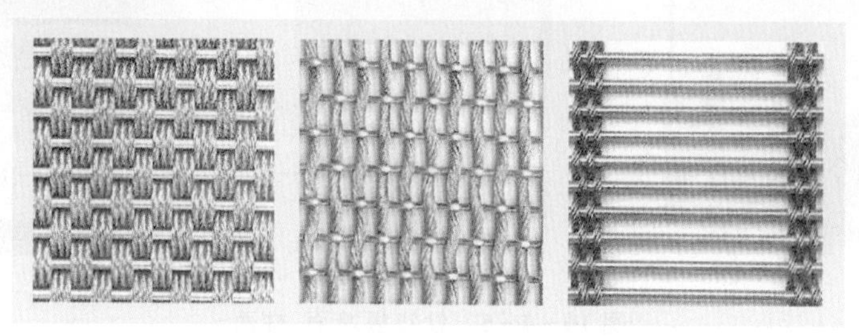

图 10－4－9　金属网

3. 新型金属马赛克类

金属马赛克是由不同金属材料制成的一种特殊马赛克(图 10－4－11),有光面和亚光两种。新型金属马赛克还包括不锈钢马赛克、金属拼花马赛克等。

图 10－4－10　金属布

图 10－4－11　金属马赛克

随着金属装饰材料的发展,金属马赛克的工艺也得到了一定改进,在建筑装饰中也被广泛应用。金属马赛克颗粒的一般尺寸有 20 mm×20 mm、25 mm×25 mm、30 mm×30 mm、50 mm×50 mm、100 mm×100 mm 等。

10.5 建筑装饰五金

在《现代汉语词典》中,“五金”指金、银、铜、铁、锡,泛指金属或金属制品。五金类产品种类繁多、规格各异,在建筑装饰中起着不可替代的作用,选择性能优越的五金配件可以使很多装饰材料使用起来更安全、便捷。目前建筑材料市场所经营的五金类产品涉及十余类上百种产品。主要包括:

1. 锁类

如外装门锁、插芯锁、球型门锁、移门锁、抽屉锁、挂锁、玻璃橱窗锁。

2. 门窗五金类

如合页，推拉门(移门)轨道，吊轮、玻璃滑轮，门吸、地吸，插销(明、暗)，地弹簧，闭门器，门夹，防盗扣吊。

3. 家具五金类

如轻型合页，碰珠、磁碰珠，铰链，抽屉轨道，玻璃夹，柜脚，万向轮，拉手。

4. 卫浴、厨房五金类

如水槽、水龙头(面盘龙头、厨房龙头、浴缸龙头、淋浴龙头、洗衣机龙头)，皂碟架、皂蝶，单杯架、双杯架，纸巾架，厕刷托架，单杆毛巾架、双杆毛巾架，单层置物架、多层置物架，浴巾架，橱柜拉篮，橱柜挂件，水管(镀锌铁管、铜管、不锈钢管、铝塑管、塑料管)及接头(弯头、三通、四通)，阀门(截止阀、蝶阀、闸阀、球阀等)，地漏。

5. 建筑装饰小五金类

如钉子(铁钉、镀锌铁钉、水泥钉、地板钉、射钉、蚊钉、气排钉)，自攻螺钉，膨胀螺栓，广告钉，玻璃托、玻璃夹，拉手(抽屉拉手、柜门拉手、玻璃门拉手等)，窗帘杆、吊环，升降晾衣架，衣钩、衣架，压条(铜、铝、PVC)。

10.5.1 装饰锁具

1. 外装门锁

外装门锁是指锁体安装在门梃表面上的锁(图 10-5-1)。

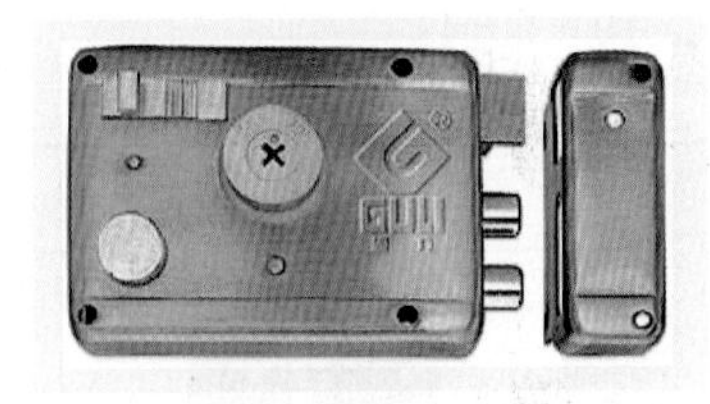

图 10-5-1 外装门锁

外装门锁一般适用于楼房外大门、各居宅的外门或厅门上使用，其品种分别有单舌锁、双舌锁(或多舌锁)及双扣锁(俗称老虎锁)等。单舌、双舌或多舌在运动时一般呈水平方向；而双扣(老虎)锁则在运动时锁舌呈垂直方向。

2. 插芯门锁

插芯门锁是指锁体插嵌安装在门梃中，其执手覆板组装在门梃表面上的锁(图 10-5-2)。

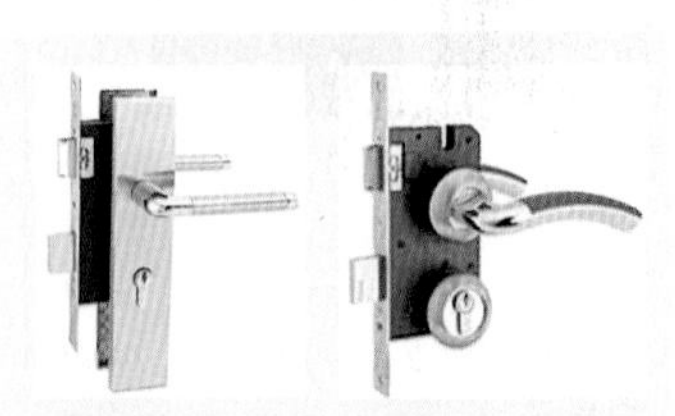

图 10-5-2 插芯门锁

插芯门锁因其防盗性较好，适用于房屋外门上使用。但亦可根据实际情况，安装在内门上使用。按锁舌形式可分为单方舌、单斜舌、双舌、多舌、多舌联动等。

3. 球形门锁

球形门锁是指锁体插嵌安装在门梃中，锁头及保险机构则设置在球执手内的锁(图 10-5-3)。

图 10-5-3 球形门锁

球形门锁一般适用于房屋内门上，有圆筒球形与三杆球形、圆筒执手与三杆执手之分。其包括房门锁、浴室锁、通道锁、储物室锁、庭院锁 / 阳台锁、教室锁、紧急出口锁、单向连通锁、双向连通锁、酒店锁、酒店总统锁、单头固定锁、双头固定锁、套锁等。

4. 移门锁

移门锁是指锁舌一般呈钩子状，用以扣住门框的锁(图 10-5-4)。

移门锁一般适合在推拉式的金属门、闸及木门上使用，包括拉闸锁、卷闸锁、卷帘锁、铝门锁等。

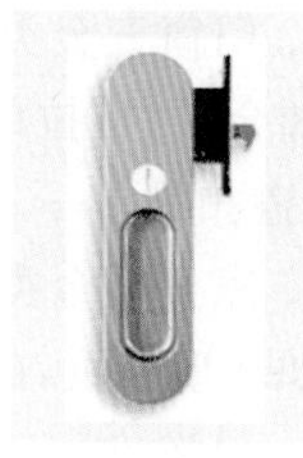

图 10－5－4 移门锁

此外，不同的使用环境对锁具也有不同的要求。就门锁而言，按使用环境不同可以分为门户锁（也称防盗锁）、通道锁、浴室锁和卧室锁、酒店总统锁、反总统锁、建筑师锁等。

10.5.2 门窗及家具五金

1. 合页

合页也可称为铰链，是用于建筑门、窗、橱柜门等部位的连接构件。

从材质上可以分为铁质、铜质、不锈钢质，其中以后两者质量为佳。从规格上来说，有大小不同规格，100～150mm 的合页适用于大门中的木门、铝合金门，75mm 的适用于窗子、纱门，50～65mm 适用于橱柜、衣柜门。普通合页的缺点是不具有弹簧铰链的功能，安装铰链后必须再装上各种碰珠，否则风会吹动门板。除普通合页之外，还有其他一些类型的合页，如抽芯合页（也称脱卸合页）、H 型合页、T 型合页、旗型合页、无声合页、弹簧合页等。其性能特点及使用范围参见表 10－5－1。

表 10－5－1 常用合页品种及性能

合页名称	普通合页	抽芯合页	H 型合页	T 型合页
特点及使用范围	合页一边固定在框上，另一边固定在扇上，可以转动开启，适用于木制门窗及一般木器家具上	合页轴心（销子）可以抽出。抽出后，门窗扇可取下，便于擦洗。主要用于需经常拆卸的木制门窗上	属抽芯合页的一种，其中松配一片页板可以取下。主要用于需经常拆卸的木门或纱门上	适用于较宽的门扇上，如工厂、仓库大门等
合页名称	无声合页	旗型合页	弹簧合页	橱门自动关合合页

续表

特点及使用范围	又称尼龙垫圈合页，门窗开关时，合页无声，主要用于公共建筑物的门窗上	合页用不锈钢制成，耐锈耐磨，拆卸方便。多用于双层窗上	可使门扇开启后自动关闭，单弹簧合页只能单向开启，双弹簧合页可以里外双向开启。主要用于公共建筑物的大门上	可使门扇开启后自动关闭，主要用于橱柜、衣柜门上

2．弹簧铰链

弹簧铰链主要用于橱门、衣柜门。安装弹簧铰链的门扇，关上后不会被风吹开，不需要再安装各种碰珠。

弹簧铰链可分为：全盖（或称直臂、直弯）铰链、半盖（或称曲臂、中弯）铰链 、内侧（或称大曲、大弯）铰链（表 10-5-2），一段力铰链、二段力铰链；从材质上可分为铁镀锌、铁镀镍、不锈钢几种。除此之外还有很多其他类型的铰链，如台面铰链、翻门铰链、玻璃铰链等。

表 10-5-2　铰链类型（全盖、半盖、内侧）

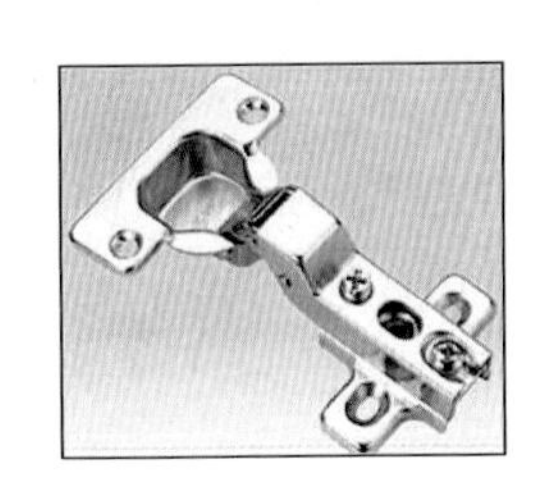	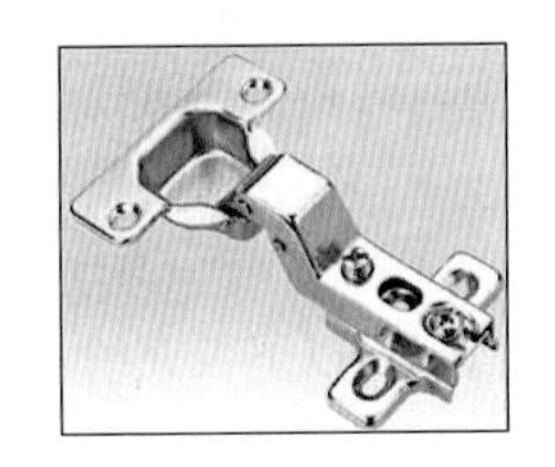	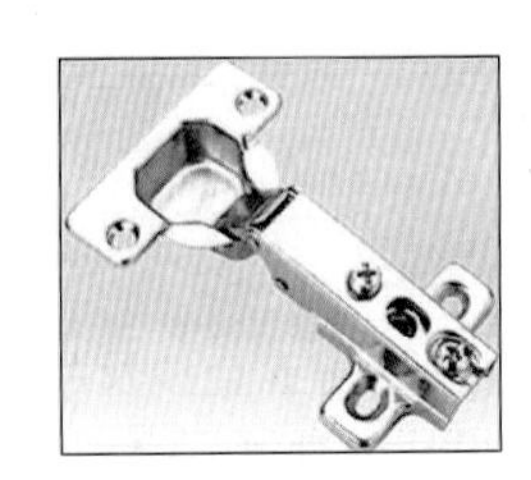
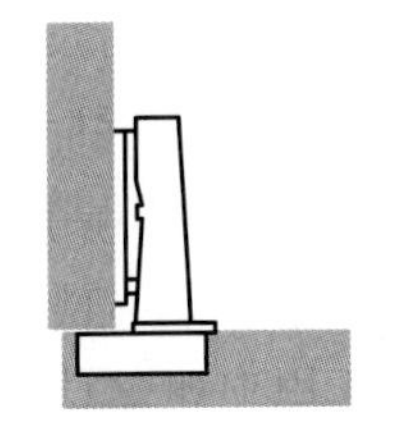	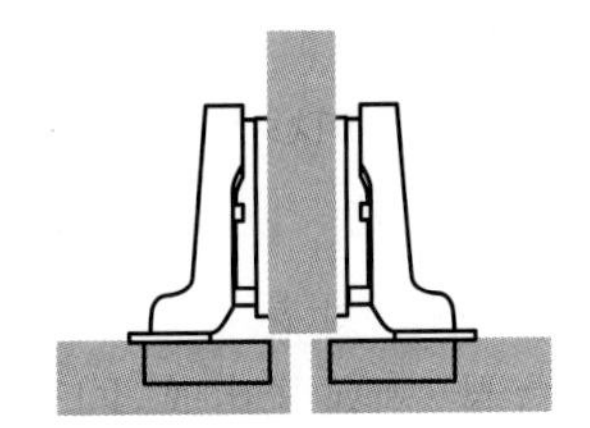	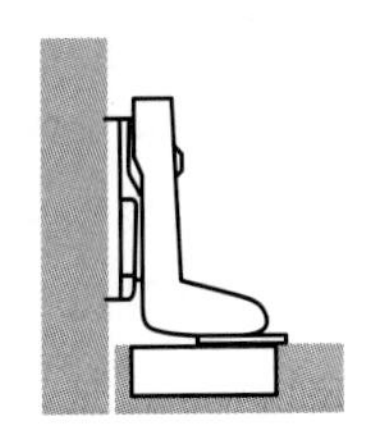
全盖（直臂） 门全部覆盖住柜侧板，两者之间有一个间隙，以便门可以安全地打开	半盖（中曲） 在这种情况下，两扇门共用一个侧板。它们之间有一个所要求的最小总间隙。每扇门覆盖距离相应地减少，需要采用铰臂弯曲的铰链	内侧（大曲） 在这种情况下，门位于柜内，在柜侧板旁。它也需要一个间隙，以便门可以安全地打开。需要采用铰臂非常弯曲的铰链。

3．抽屉滑轨

抽屉滑轨的种类很多，按滑动装置可分为滚轮式滑轨（图 10-5-5）和钢珠式滑轨（图 10-5-6）；按滑轨结构可分为二节式、三节式；按安装部位可分为侧装式和托底式；按材料可分为喷塑（基材为铁质）、铁镀锌（白锌、彩锌、黑锌）、不锈钢等；此外还有静音式、自闭式等诸多种类的滑轨。

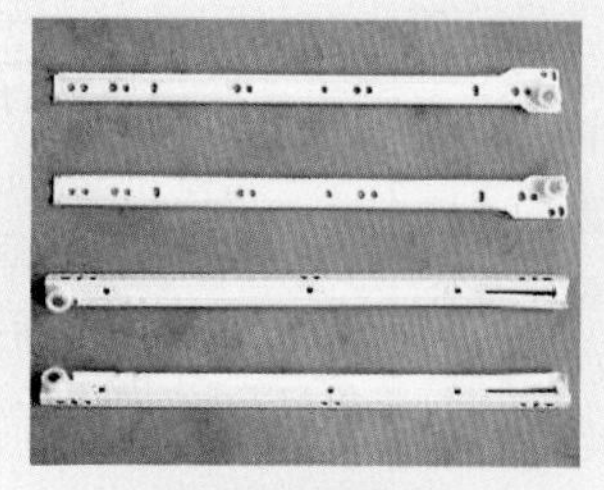

普通式抽屉滑轨

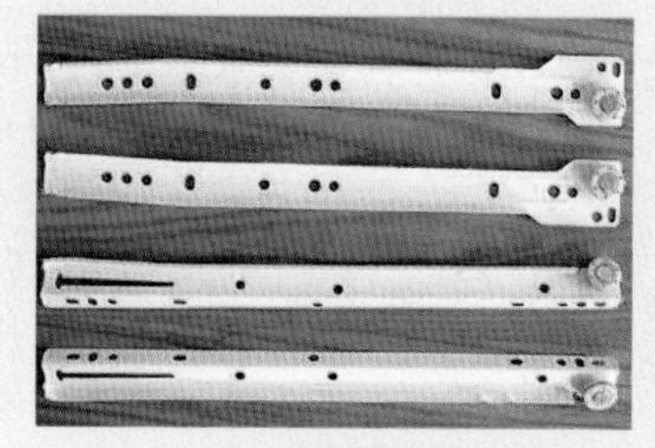

自闭式抽屉滑轨

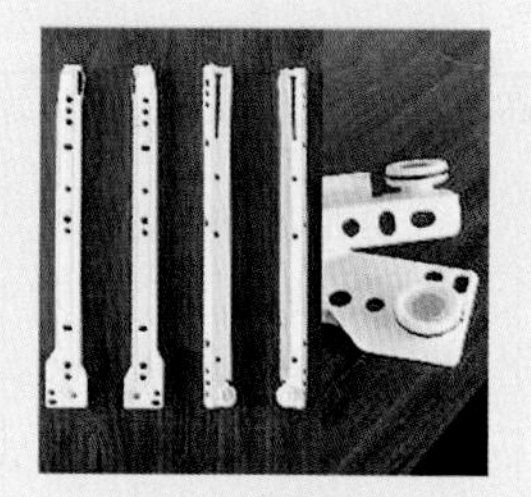

静音式抽屉滑轨

图 10－5－5　滚轮式滑轨

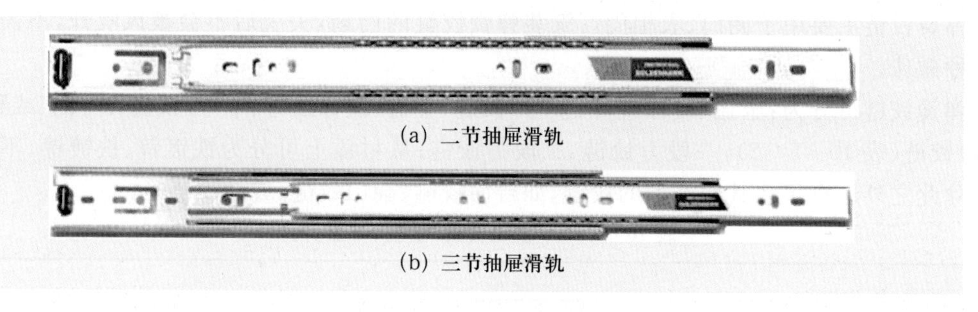

(a) 二节抽屉滑轨

(b) 三节抽屉滑轨

图 10－5－6　钢珠式滑轨

10.5.3 卫浴、厨房五金

卫浴、厨房五金涉及品种较多，限于篇幅，以下仅介绍水龙头。

水龙头的种类：

(1) 按材料来分可分为铸铁、全塑、全铜、合金材料水龙头等类别。

(2) 按功能来分可分为面盆、厨房、浴缸、淋浴等水龙头(图 10－5－7)。

面盆龙头：这种龙头出水口较短、较低，主要供人们洗涤物品、洁面之用。

厨房龙头：如果厨房里有热水管线，这种龙头应该是双联的。另外，厨房龙头的出水口较高、较长，某些还有软管设计，供洗涤食物之用。

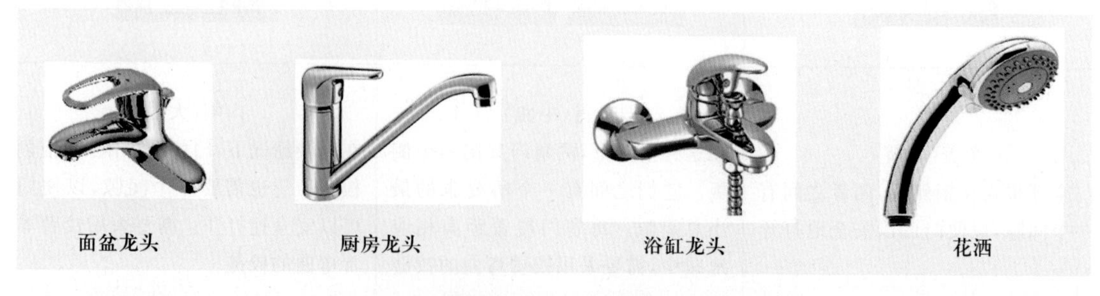

面盆龙头　厨房龙头　浴缸龙头　花洒

图 10－5－7　水龙头

浴缸龙头：有两个出水口，一个连接淋浴水龙头(即花洒)，供淋浴使用；另一个直接对着浴缸，便于往浴缸中注水，供盆浴使用。淋浴水龙头也称花洒，带有喷头设计，专供淋浴使用。

(3) 按结构来分可分为单联式、双联式和三联式等几种水龙头。另外，还有单手柄和双手柄之分。单联式可接冷水管或热水管；双联式可同时接冷水管，多用于浴室面盆及有热水供应的厨房洗菜盆的水龙头；三联式除接冷、热水两根管道外，还可以接淋浴喷头，主要用于浴缸的水龙头。单手柄水龙头通过一个手柄即可调节冷热水的温度；双手柄则需分别调节冷水管和热水管来调节水温。

(4) 按开启方式来分可分为螺旋式、扳手式、抬起式和感应式水龙头。螺旋式手柄打开时，要旋转很多圈；扳手式手柄一般要旋转 90 度；抬起式手柄只需往上一抬即可出水；感应式水龙头只要把手伸到水龙头下，便会自动出水。

(5) 按阀芯来分可分为铜阀芯、陶瓷阀芯等几种。影响水龙头质量最关键的就是阀芯。使用铜阀芯的水龙头多为螺旋式开启的铸铁水龙头，现在已经基本被淘汰；陶瓷阀芯水龙头是近几年出现的，质量较好，现在使用比较普遍。

10.5.4 钉子

在建筑工程上，钉子指的是尖头状的硬金属(通常是钢)，作为固定木头等物使用。

1. 圆钢钉

(1) 圆钢钉的定义与特性。圆钢钉分为圆钉和钢钉，圆钉是以铁为主要原料，根据不同规格和形态加入其他金属的合金材料(图 10－5－8)，而钢钉则加入碳元素，使硬度加强。圆钢钉的规格、形态多样(图 10－5－9、图 10－5－10)，目前用在木质装饰施工中的圆钢钉都是平头锥尖型，以长度来划分多达几十种，如 20 mm、25 mm、30 mm 等，每增加 5～10 mm 为一种规格(图 10－5－11、图 10－5－12)。

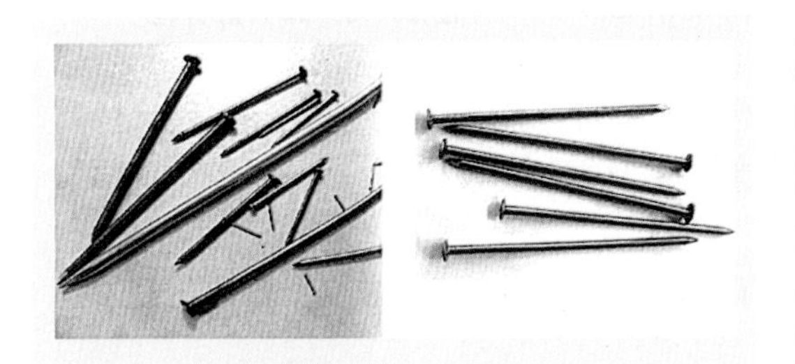

图 10－5－8　圆钉

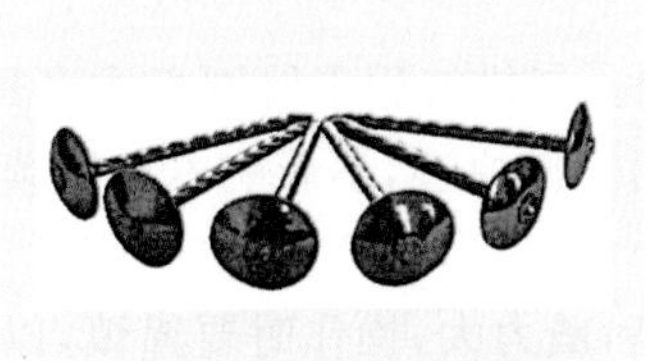

图 10－5－9　麻花瓦楞钉

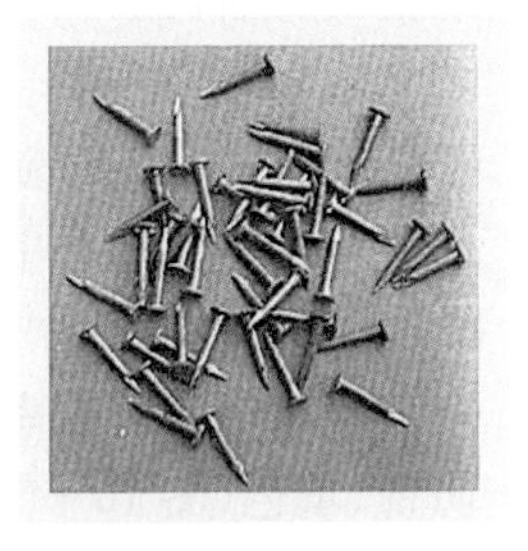

图 10－5－10　地毯钉

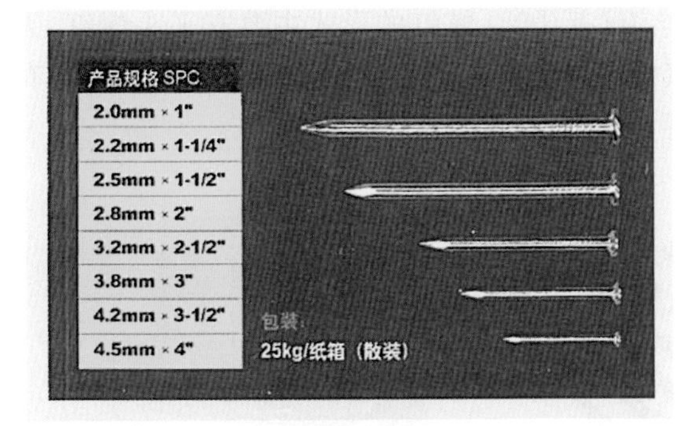

图 10－5－11　圆钉图

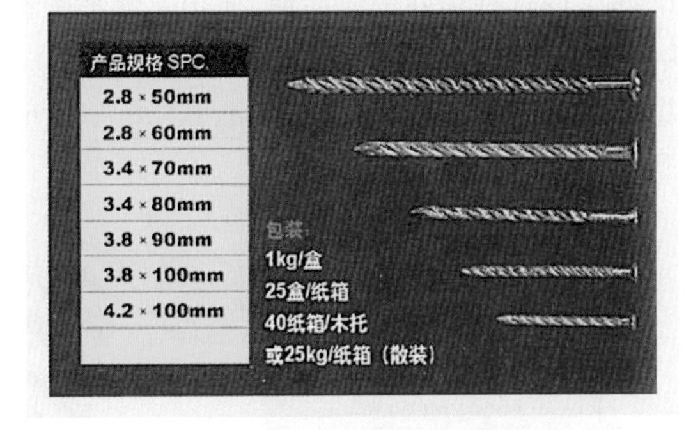

图 10－5－12　麻花地板钉

(2) 圆钢钉的应用。圆钢钉主要用于木、竹制品零部件的接合，称为钉接合。钉接合由于接合强度较小，所以常在被接合的表面上涂上胶液，以增强接合强度，这样又把钉接合称为不可拆接合。钉接合的强度跟钉子的直径和长度及接合件的握钉力有关，直径和长度及接合件的握钉力越大，则钉接合强度就越大。

图 10-5-13 平钉 10 mm

图 10-5-14 平钉 30 mm

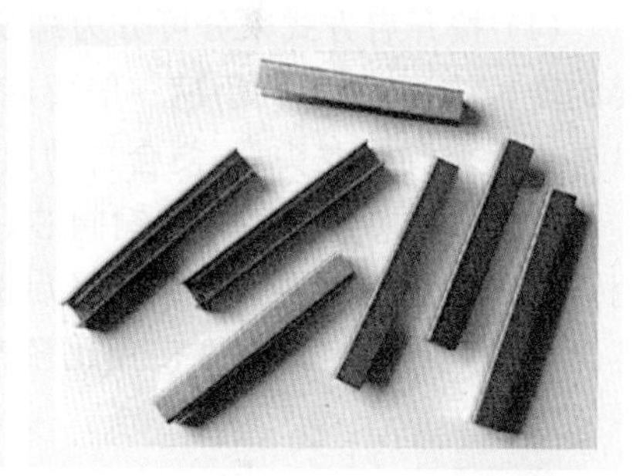

图 10-5-15 马口钉

2. 气排钉

图 10-5-16 射钉枪

(1) 气排钉的定义与特性。气排钉又称为气枪钉，根据使用部位分有多种形态，如平钉(图 10-5-13、图 10-5-14)、T 形钉、马口钉(图 10-5-15)等，长度为 10～40 mm。钉子之间使用胶水连接，类似于订书钉。每颗钉子纤细，截面呈方形，末端平整，头端锥尖。气排钉要配合专用射钉枪使用(图 10-5-16)，通过空气压缩机加大气压推动射钉枪发射气排钉，隔空射程达 20 多米。

(2) 气排钉的应用。气排钉用于钉制板式家具部件、实木封边条、实木框架、小型包装箱等。经射钉枪钉入木材中而不漏痕迹，不影响木材继续刨削加工及表面美观，且钉制速度快、质量好，故应用日益广泛。

气排钉使用效率高，威力大，操作时要谨慎，以免误伤人体，钉入木质构造后，要对钉头进行防锈、填色(图 10-5-17)处理。

3. 螺钉

(1) 螺钉的定义与特性。螺钉是在圆钢钉的基础上改进而成的，将圆钢钉加工成螺纹状(图 10-5-18)，钉头开十字凹槽，使用时需要配合螺丝刀(起子)。螺钉的形式主要有平头螺钉、圆头螺钉、盘头螺钉、沉头螺钉(图 10-5-19)、焊接螺钉(图 10-5-20)等。螺钉的规格主要有 10 mm、20 mm、25 mm、38 mm、45 mm、80 mm 等。

图 10-5-17 填色腻子

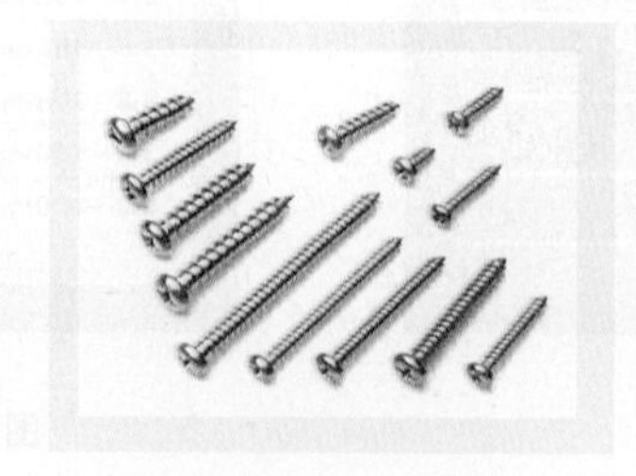

图 10-5-18 螺钉

图 10-5-19 沉头螺钉

（2）螺钉的应用。螺钉可以使木质构造之间衔接更紧密，不易松动脱落，也可以用于金属与木材、塑料与木材、金属与塑料等不同材料之间的连接。螺钉主要用于拼板、家具零部件装配及铰链、插销、拉手、锁的安装，应根据使用要求而选用适合的样式与规格，其中以沉头螺钉应用最为广泛。

图 10-5-20 焊接螺钉

4．射钉

（1）射钉的定义与特性。射钉又称为水泥钢钉（图 10-5-21），相对于圆钉而言质地更坚硬，可以钉至钢板、混凝土和实心砖上。为了方便施工，这种类型的钉子中后部带有塑料尾翼，采用火药射钉枪（击钉器）发射，射程远、威力大。射钉的规格主要有 30mm、40mm、50mm、80mm 等。

图 10-5-21 射钉

（2）射钉的应用。射钉用于固定承重力量较大的装饰结构，如室内装修中的吊柜、吊顶、壁橱等家具，既可以使用锤子钉接，又可以使用火药射钉枪发射。

5．膨胀螺栓

（1）膨胀螺栓的定义与特性。膨胀螺栓又称为膨胀螺丝，是一种大型固定连接件，它由带孔螺帽、螺杆、垫片、空心壁管四大金属部件组成（图 10-5-22），一般采用铜、铁、铝合金金属制造，体量较大，按长度划分规格主要为 30～180 mm。

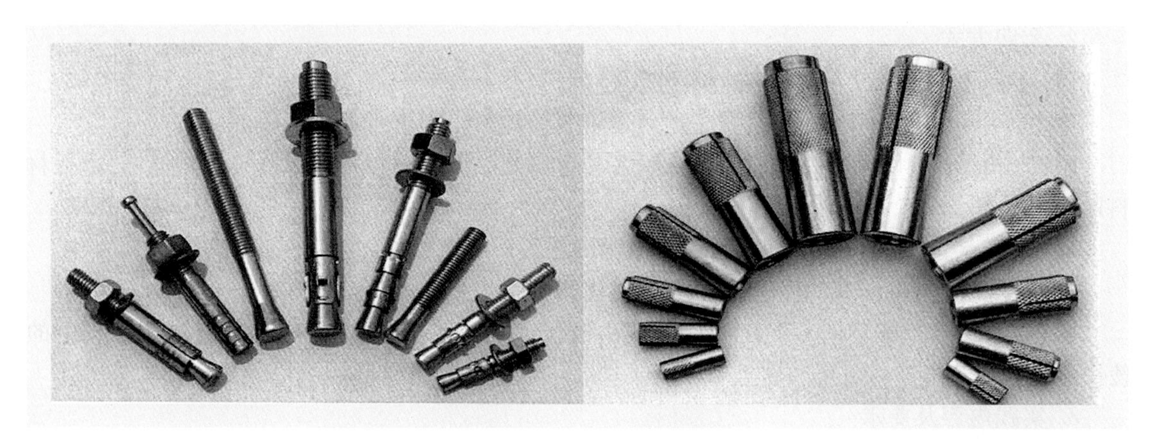

图 10-5-22 膨胀螺栓

（2）膨胀螺栓的应用。膨胀螺栓可以将厚重的构造、物件固定在顶板、墙壁和地面上，广泛用于室内装饰装修。在施工时，先采用管径相同的电钻机（图 10-5-23）在基层上钻孔，然后将膨胀螺栓插入到孔洞中，使用扳手将螺帽拧紧，螺帽向前的压力会推动壁管，在钻孔内向四周扩张，从而牢牢地固定在基层上，以挂接重物。

图 10-5-23 电钻机

复习思考题

1. 什么是钢？钢按化学成分和冶炼方法如何分类？
2. 什么是不锈钢？不锈钢耐腐蚀的原理是什么？
3. 建筑装饰用钢材制品和不锈钢制品主要有哪些？选用原则是什么？
4. 轻钢龙骨有哪些应用特点？如何分类？
5. 什么是铝合金？有哪些优良性能？
6. 装饰五金的种类都有哪些？

实 践 任 务

1. 实践目的

让学生自主地到装饰材料市场和建筑装饰施工现场进行调查和实习，了解金属制品的规格、价格，熟悉材料的应用情况，重点是轻钢龙骨和金属饰面板的种类和规格。能够准确识别各种材料的名称、规格、种类、价格、使用要求及适用范围等。

2. 实践方式

(1) 建筑装饰材料市场的调查分析

学生分组：学生3～5人一组，自主地到建筑装饰材料市场进行调查分析。

调查方法：学会以调查、咨询为主，认识各种金属制品、调查材料价格、收集材料样本、掌握材料的选用要求。

(2) 建筑装饰施工现场装饰材料使用的调研

学生分组：学生10～15人一组，由教师或现场负责人带队。

调查方法：结合施工现场和工程实际情况，由教师或现场负责人带队，讲解材料在工程中的使用情况和注意事项。

3. 实践内容及要求

(1) 认真完成调研日记。

(2) 填写材料调研报告。

(3) 实习总结。

第 11 章 成品装饰材料

11.1 厨卫洁具设施

11.1.1 卫生洁具

卫生间不仅存在于家居空间，而且是公共空间不可缺少的组成部分，是装饰装修中技术含量最高的部位，空间内的功能使用取决于洁具设备的质量，卫生洁具既要满足使用功能要求，又要满足节水节能等环保要求(图 11-1-1)。

图 11-1-1　卫手间洁具

1. 面盆

面盆的种类、款式和造型非常丰富，影响面盆价格的因素主要有品牌、材质与造型。目前常见的面盆材质可以分为陶瓷、玻璃、亚克力三种，造型也可以分为挂式、立柱式、台式三种。

(1) 陶瓷面盆。陶瓷面盆使用频率最多，占据 90%的消费市场。陶瓷材料保温性能好，经济耐用，但是色彩、造型变化较少，基本都是白色，外观以椭圆形、半圆形为主(图 11-1-2、图 11-1-3)。

(2) 玻璃面盆。玻璃面盆采用钢化玻璃热弯而成，玻璃壁厚有 19 mm、15 mm 和 12 mm 等几种，色彩多样，质地晶莹透彻。钢化玻璃面盆能耐 200 ℃的高温，耐冲撞性和耐破损性很好。玻璃面盆一般与玻璃台面搭配，配置有不锈钢毛巾挂件。玻璃面盆从设计成本到工艺都很高，一般用于高档公共卫生间(图 11-1-4)。

图 11-1-2　陶瓷台上盆

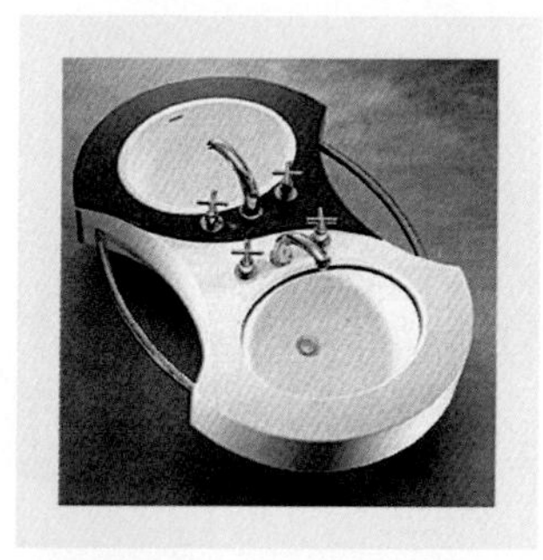

图 11-1-3　陶瓷台下盆

图 11-1-4　玻璃面盆

(3) 亚克力面盆。亚克力面盆采用的主要材料是有机玻璃，在其中加入麻丝纤维后多次拉伸而成，是一种新型材料，具有质地轻、成本低等特点，适用于各种场合。亚克力面盆强度较低，可以配置大理石台面支撑安装(图 11-1-5)。

(4) 不锈钢面盆。不锈钢面盆一直是厨房的专利，近年来也发展到卫生间了，材质厚实，达到 1.2 mm 以上，表面经过磨砂或镜面处理(图 11-1-6)。不锈钢面盆的突出优点就是容易清洁。光鲜如新的不锈钢面盆与卫生间内其他钢质配件搭配在一起，能烘托出一种工业社会特有的现代感。

图 11-1-5 亚克力面盆

图 11-1-6 不锈钢面盆

2. 蹲便器

蹲便器是传统的卫生间洁具，一般采用全陶瓷制作，安装方便，使用效率高，适合公共卫生间。蹲便器不带中水装置，需要另外配置给水管或冲水水箱(图 11-1-7、图 11-1-8)。蹲便器的排水方式主要有直排式和存水弯式，其中直排式结构简单，存水弯式防污性能好，但安装时有高度要求，需要砌筑台阶。

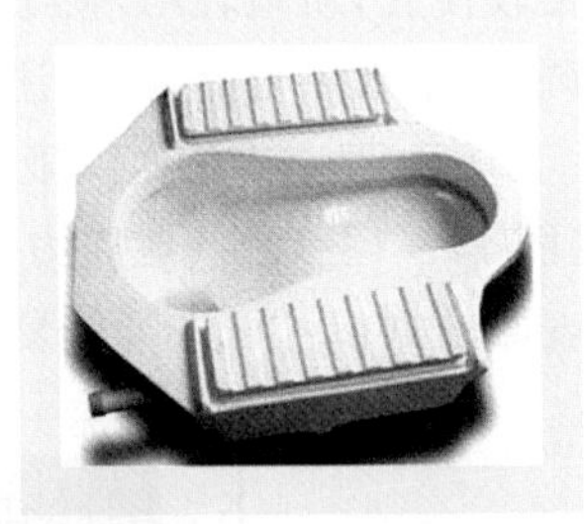

图 11-1-7 蹲便器

蹲便器适用于家居空间的客用卫生间和大多数公共厕所，占地面积小，成本低廉。安装蹲便器时注意上表面要低于周边陶瓷地面砖，蹲便器出水口周边需要涂刷防水涂料。

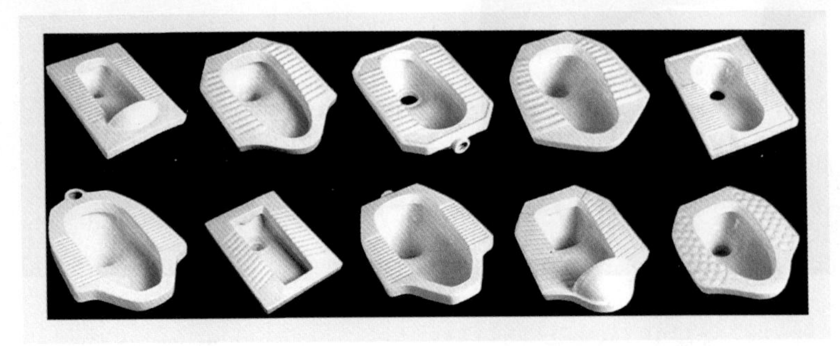

图 11-1-8 蹲便器样式

3. 坐便器

坐便器又称为抽水马桶(图 11-1-9)，是取代传统蹲便器的一种新型洁具，主要采用陶瓷或亚克力材料制作。坐便器按结构可分为分体式坐便器和连体式坐便器两种；按下水方式分为冲落式、虹吸冲落式和虹吸漩涡式三种。近年来，又出现了微电脑控制的坐便器，需要接通电源，根据实际情况自动冲水，并带有保洁功能(图 11-1-10)。

图 11-1-9 坐便器

图 11-1-10 微电脑坐便器

4. 浴缸

浴缸又称为浴盆,是传统的卫生间洗浴洁具。浴缸按材料一般分为钢板搪瓷浴缸、亚克力浴缸、木质浴缸和铸铁浴缸;按裙边分为无裙边缸和有裙边缸;从功能上分为普通缸和按摩缸。

图 11-1-11 钢板搪瓷浴缸

(1) 钢板搪瓷浴缸。钢板搪瓷浴缸坚固耐久,通常由厚度为 1.5～3 mm 的钢板制成,较铸铁浴缸轻许多(图 11-1-11),表面光洁度相当高。钢板搪瓷浴缸价格较便宜,质地轻巧,便于安装,但是钢板浴缸的造型单调,保温效果很差,浴缸注水噪声较大。

(2) 亚克力浴缸。亚克力浴缸以亚克力为原料制成,质地相当轻巧,造型和色泽相当丰富(图 11-1-12)。亚克力浴缸保温效果很好,冬天可长时间保温,它重量较轻,便于运输和安装,表面的划痕可以进行修复。亚克力浴缸造价较合理,但因硬度不高,表面易产生划痕。

图 11-1-12 亚克力按摩浴缸

图 11-1-13 木质浴缸

(3) 木质浴缸。木质浴缸由木板拼接而成,外部由铁圈箍紧(图 11-1-13)。一般选用杉木,拥有自然纹理和气味,有返璞归真的情趣。木质浴缸保温性强,缸体较深,可以完全浸泡身体的每个部位,可以按照实际要求定做。木质浴缸价格较高,平时需要进行保养维护以防止漏水或变形。

(4) 铸铁浴缸。铸铁是一种极其耐用的材料,以它作为原料所生产的浴缸通常可以使用 50 年以上,在国外不少铸铁浴缸都是传代使用的。铸铁浴缸的表面都经过高温施釉处理,光滑平整,便于清洁(图 11-1-14)。铸铁浴缸价格比亚克力和钢板浴缸都要贵许多,经久耐用是铸铁浴缸的最大优点。此外,它色泽温和,注水噪声小。铸铁浴缸的造型较为单调,色彩选择也不多,保温性一般。由于材质的缘故而沉重,安装运输实为不易。

图 11-1-14 铸铁浴缸

5. 淋浴房

淋浴房从形态上可以分为立式角形淋浴房、一字形浴屏、浴缸上浴屏三类。

(1) 立式角形淋浴房。立式角形淋浴房最常见(图 11-1-15),从外形上看有方形、弧形、钻石形;以结构分有推拉门、折叠门、转轴门等;以进入方式分有角向进入式或单面进入式。

(2) 一字形浴屏。采用 10 mm 钢化玻璃隔断,适合宽度窄的卫生间。

(3) 浴缸上浴屏。许多消费者已安装了浴缸,但又常常使用淋浴,为兼顾此二者,也可在浴缸上制作浴屏。

(4) 高档淋浴房。一般由桑拿系统、淋浴系统、理疗按摩系统三个部分组成(图 11-1-16)。

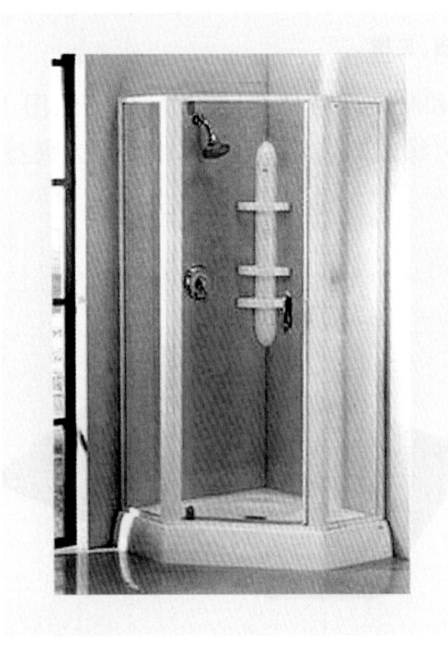

图 11-1-15 立式角形淋浴房

图 11-1-16 桑拿蒸汽淋浴房

11.1.2 厨房洁具

(1) 不锈钢水槽。不锈钢水槽(图 11-1-17)易清洁、不结垢、不吸油、耐高温、耐冲击、寿命长,优质不锈钢板厚度在 0.8~1.0 mm,使槽体具有一定的韧性,可以最大限度地避免各类瓷器、器皿由于撞击而造成的损失。

(2) 合成材料水槽。合成材料水槽包括人造石、亚克力等材料,合成材料水槽的生产成本低,另外,它有多种颜色可选,容易和大理石台面搭配组合。

根据厨房空间大小,水槽的形态又分为单槽、双槽、三槽或子母槽(图 11-1-18)。

图 11-1-17 不锈钢水槽

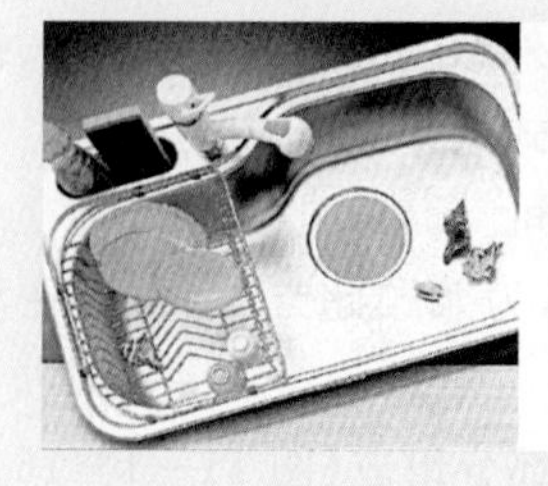

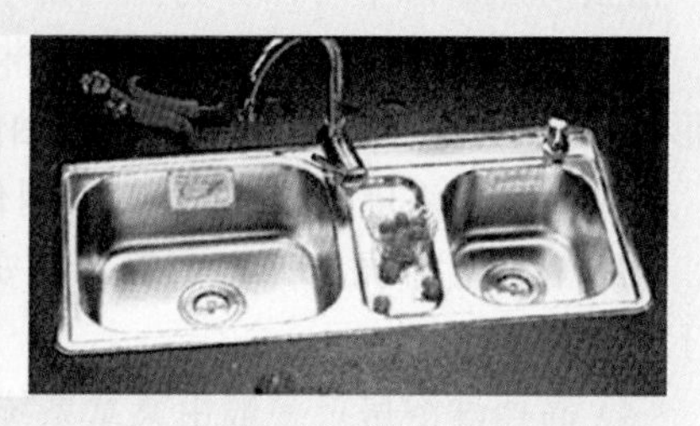

图 11-1-18　单槽，双槽，三槽

无论是不锈钢水槽还是合成材料水槽，都分为明装和暗装两种样式(图 11-1-19、图 11-1-20)，明装水槽的沿口在台面上，能有效保护石材台面边缘。暗装水槽无沿口，可以方便擦除橱柜台面上的污水。

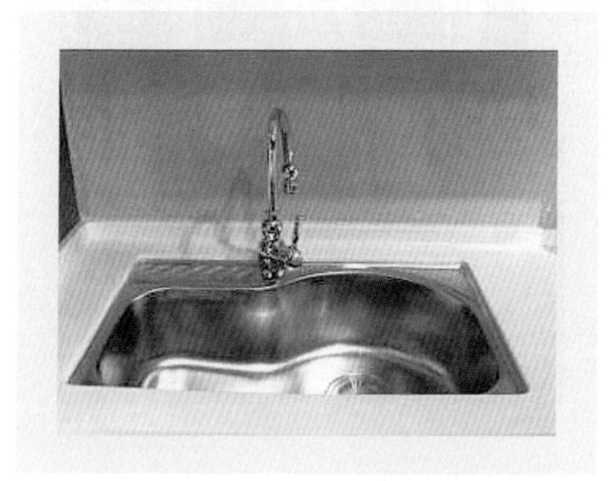

图 11-1-19　明装水槽

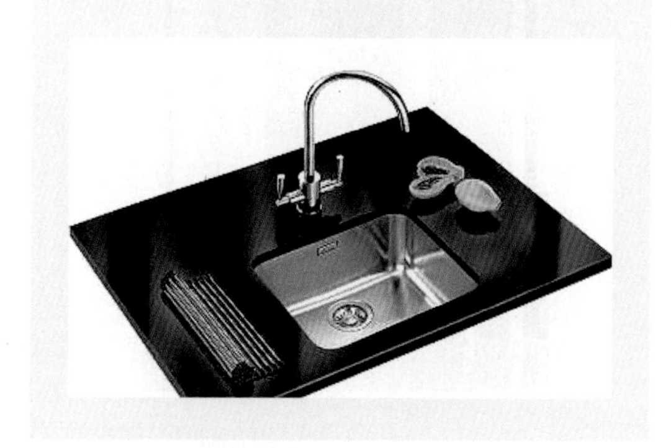

图 11-1-20　暗装水槽

11.2 整体橱柜

近年来在家居装饰装修中，将橱柜单独分离出现场制作，橱柜的工厂化生产已经成为装修的流行化趋势。同时，整体橱柜也应运而出(图 11-2-1)。

目前市场上橱柜台面材质很丰富，最常见的是人造防火板、大理石和人造石这三种。大理石具有多种花纹和色泽，外观华贵，但用在厨房做台面，石材的毛孔会浸油，不易清理。人造石色泽多、外观华丽，又不会吸油污，颜色丰富，成为高档厨房的首选台面。

橱柜门板的种类很多，一般分为防火板门板、实木门板、烤漆门板、金属质感门板。

(1) 防火板门板。防火板是橱柜门板中最常见的一种，防火板突出的综合优势是耐磨、耐高温、抗渗透、容易清洁、价格实惠，在市场上长盛不衰。缺点是表面平整，无凹凸立体效果，时尚感稍差，比较适合中、低档装修(图 11-2-2)。

图 11－2－1 整体橱柜

图 11－2－2 防火板橱柜

（2）实木门板。实木制作的橱柜门板，具有回归自然、返璞归真的效果。比较适合偏爱纯木质地的中年消费者作高档装修使用（图 11－2－3）。

图 11－2－3 实木板橱柜

（3）烤漆门板。烤漆即喷漆后经过进烘房加温干燥处理。其特点是色泽鲜艳，具有很强的视觉冲击力，非常美观时尚。缺点是由于技术要求高，废品率高，所以价格一直居高不下，比较适合追求时尚的年轻高档消费者（图 11－2－4）。

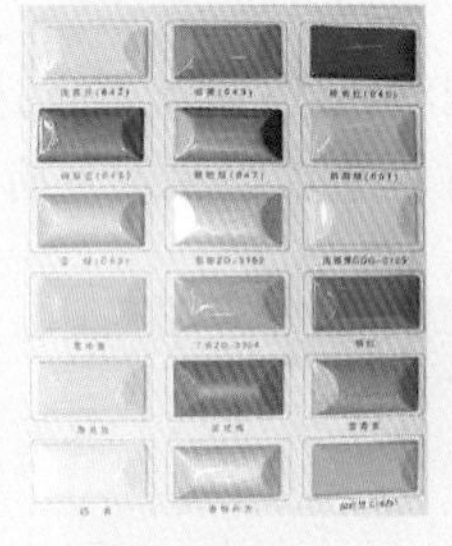

图 11－2－4 烤漆门橱柜及烤漆门板样式

（4）金属质感门板。在经过磨砂、镀铬等工艺处理的高档合金门板上印刷木纹，它的芯板由磨砂处理的金属板或各种玻璃组成，有凹凸质感，具有科幻世界的超现实主义风格，适合追求与世界同步流行的超高档装修（图 11－2－5）。

图 11－2－5 金属质感橱柜

（5）PVC 模压吸塑门板。用中密度板为基材镂铣图案，用进口 PVC 贴面经热压吸塑后成形。PVC 板具有色泽丰富、形状独特的优点。一般 PVC 膜为 0.6 mm 厚，也有使用 1.0 mm 厚高亮度 PVC 膜的，色泽如同高档镜面烤漆，档次很高(图 11-2-6)。

图 11-2-6　PVC 吸塑门橱柜及门板样式

11.3 灯具

灯具不仅能满足人们日常生活和各种活动的需要,而且是一种重要的艺术造型和烘托气氛的手段。它对于人的心理、生理有着强烈的影响,造成美与丑的印象,舒畅或压抑的感觉。如何根据室内各部位的功能来科学选购照明灯具,如何合理地安排照明设备、设计照明环境,都是现代装饰灯具探讨的新问题。

装饰灯具的分类很多,常见的类别有以下几种:

一、发光实体类

1. 白炽灯

白炽灯采用螺旋状钨丝(钨丝熔点达 3000℃),通电后不断将热量聚集,使得钨丝的温度达 2 000 ℃以上,钨丝在处于白炽状态时而发出光来(图 11-3-1)。

图 11-3-1　白炽灯泡

图 11-3-2　白炽灯泡形状

白炽灯的灯泡外形有球形、蘑菇形、辣椒形等(图 11-3-2),灯壁有透明和磨砂两种,家居使用功率有 5W、8W、1 5W、25W、45W、60W 等多种。

把碘充于白炽电灯中,不仅可以控制钨丝的气化,而且还大幅度提高了钨丝温度,发出与日光相似的光，这样制成的灯叫做碘钨灯(图 11－3－3)。随后人们又将溴化氢充入白炽灯中，制成的溴钨灯比碘钨灯还要好，这类灯统称为卤素灯。卤素灯的玻壳必须使用耐高温和机械强度高的石英玻璃，因此又称为石英灯。其结构常带有反射杯，光源的照射方向得到了控制，也称为射灯(图 11－3－4)。

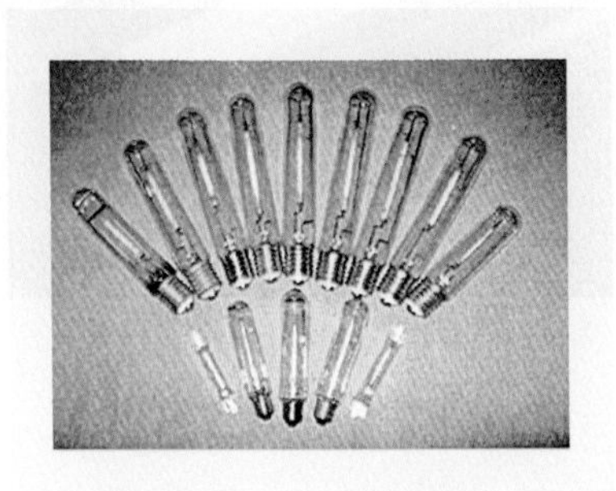

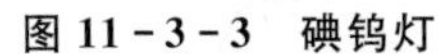
图 11－3－3 碘钨灯

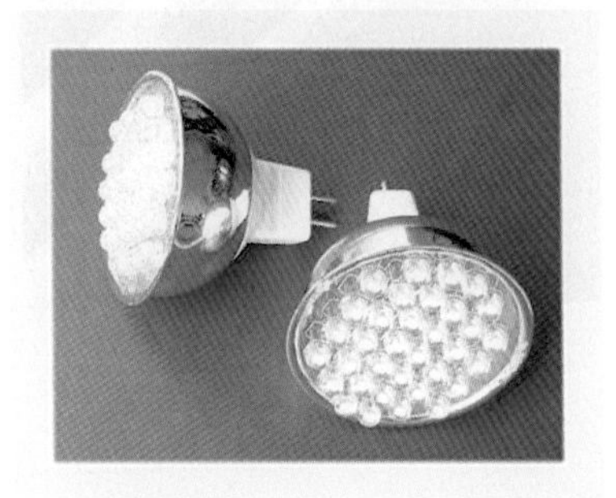

图 11－3－4 石英灯

卤素灯具有亮度高、寿命长的特点，普通白炽灯的平均使用寿命是 1000 h，卤素灯要比它长 1 倍，发光效率提高 30%左右。目前市场上卤素灯的功率有 5～250W 多种，工作电压有 6V、12V、24V、28V、110V 和 220V 多种。

普通白炽灯在家居装饰中使用很多，如应急灯(图 11－3－5)、台灯、床头灯、镜前灯、吊灯(图 11－3－6)等，安装时都会配套华丽的装饰灯罩，使光源变化更加丰富。

图 11－3－5 应急灯

图 11－3－6 吊灯

卤素灯在家居装饰中一般用于局部照明，带灯杯的石英卤素射灯可对装饰画、相框、床头、沙发等细节作点缀照明。更多的则适用于宾馆、酒店、剧院、商场等公共空间照明。

2. 荧光灯

荧光灯的全称为低压汞(水银)蒸气荧光放电灯(又称日光灯)，正负离子运动形成气体并产生紫外线，玻璃管内壁上的荧光粉吸收紫外线的能量后，被激发而放出可见光。

目前常见的荧光灯有直管形荧光灯，这种荧光灯属双端荧光灯。常见标称功率有 4W、6W、8W、12W、15W、20W、30W、36W、40W 等，荧光灯管型号按管径大小分 T12、T10、T8、T6、T5、T4、T3 等规格。规格中"T＋数字"组合，表示管径的毫米数值(图 11－3－7、图 11－3－8、图 11－3－9)。其含义：1 T＝$\frac{1}{8}$in，1 in＝25.4 mm，数字代表 T 的个数。如 T12＝25.4 mm×1/8×12＝38 mm。

图 11-3-7　传统荧光灯

图 11-3-8　T5 荧光灯

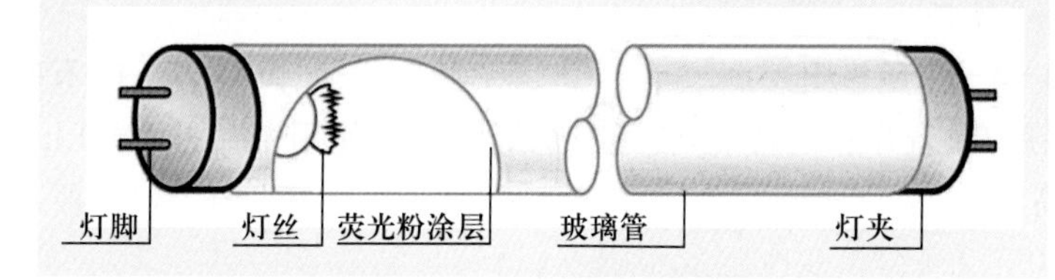

图 11-3-9　荧光灯构造

节能灯具有光效高(是普通白炽灯的 5 倍)、节能效果明显、寿命长(是普通白炽灯的 8 倍)、体积小、使用方便等优点,如 5W 的节能灯照度约等于 25W 的白炽灯。节能灯按灯管的外形来分类有 H 形、U 形(图 11-3-10)、D 形、圆形(图 11-3-11)、螺旋形(图 11-3-12)、梅花形(图 11-3-13)、莲花形(图 11-3-14)等多种。不同的外形适应不同的装配需求,有的灯(图 11-3-12)还能在灯管外面罩上一个透明或磨砂的外罩,用于保护灯管,使光线柔和。节能灯功率从 3～200W不等,有白、黄、粉红、浅绿、浅蓝等多种色彩。

图 11-3-10　U 形节能灯

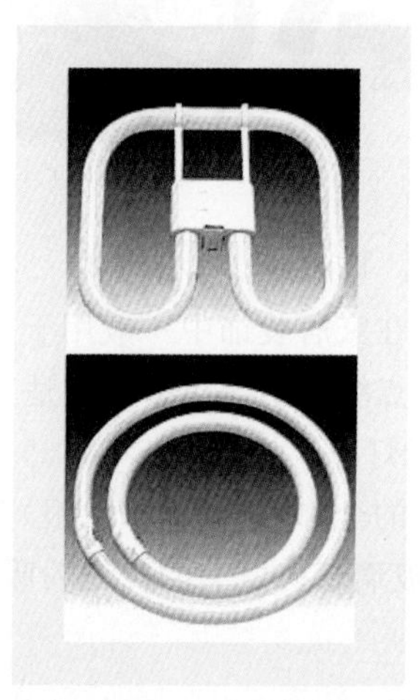

图 11-3-11　圆形节能灯

图 11-3-12 螺旋形节能

图 11-3-13 梅花形节能

图 11-3-14 莲花形节能灯

日光灯已经成为家居、办公、商业空间的主要照明工具，一般安装在顶面和墙面的灯槽内，作整体照明。而节能灯则取代白炽灯用到更广的范围，可以安插在台灯、落地灯、筒灯、吊灯等各种装饰造型中，成为装饰装修的首选灯具。

3. 高压汞灯

高压汞灯是采用汞蒸气放电发光的一种气体放电灯。电流通过高压汞蒸气，使之电离激发，形成放电管中电子、原子和离子间的碰撞而发光(图 11-3-15、图 11-3-16)。

高压汞灯广泛用于环境温度为−20℃～40℃的街道、广场、高大建筑物、交通运输等室内外场所。此外，还有其他扩展品种运用到更广泛的领域(图 11-3-17)。

图 11-3-15 高压汞灯

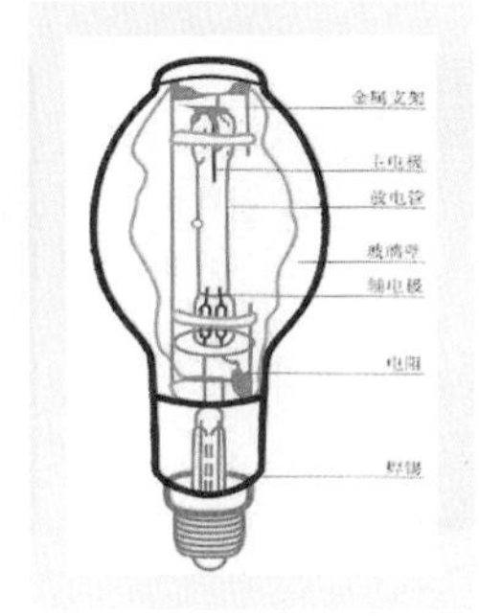

图 11-3-16 高压汞灯构造

图 11-3-17 高压汞灯的应用

4. 氙气灯

氙气灯又称为重金属灯(图 11-3-18)，属于高压气体放电灯(HID)。

氙气灯一般应用于开阔的公共空间，如电影放映、舞台照明、博物馆展示、广场和运动场照明等，也可以安装在汽车前方(图 11-3-19)，用作主照明灯。由于电压加得过高，氙气灯应该选用合适的镇流器。

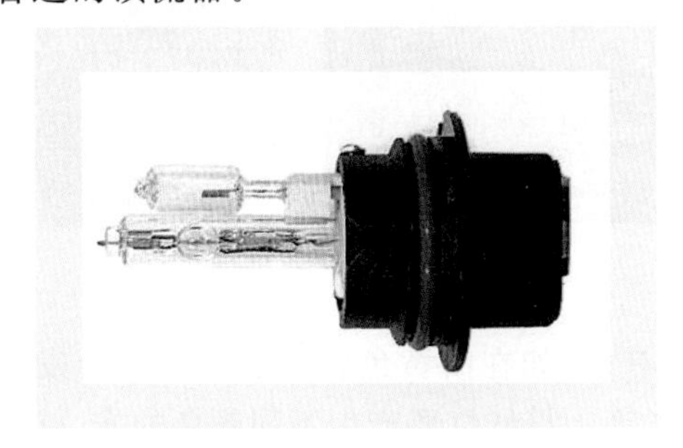

图 11-3-18 氙气灯

图 11-3-19 汽车氙气灯

5. LED灯

LED是英文 light emitting diode(发光二极管)的缩写,是一种能够将电能转化为可见光的半导体,LED灯点亮无延迟、响应时间快、抗振性能好、无金属汞毒害、发光纯度高、光束集中,无灯丝结构因而不发热、耗电量低、寿命长,正常使用在6年以上,发光效率可达80%～90%。LED使用低压电源,供电电压在6～24V,耗电量低,所以使用更安全。

目前LED灯的发光色彩不多,发光管的发光颜色主要有红色、橙色、绿色(又细分黄绿、标准绿和纯绿)、蓝色、白色几种(图11-3-20)。另外有的发光二极管中包含两种或三种颜色的芯片,可以通过改变电流强度来变换颜色,如小电流时为红色的LED,随着电流增加,可以依次变为橙色、黄色,最后为绿色,同时还可以改变环氧树脂外壳的色彩,使其更加丰富。LED灯的价格比较高,一只LED灯的价格相当于几只白炽灯的价格。

图11-3-20　LED灯

LED灯主要用于光源信号指示,如交通信号灯、多媒体屏幕显示、汽车尾灯等。近年来也用作室内装饰,多个LED灯集中组合也可以用于照明,如LED软管灯带(图11-3-21)、LED射灯(图11-3-22)、LED球形灯泡等(图11-3-23)。

图11-3-21　LED软管灯带

图11-3-22　LED射灯图

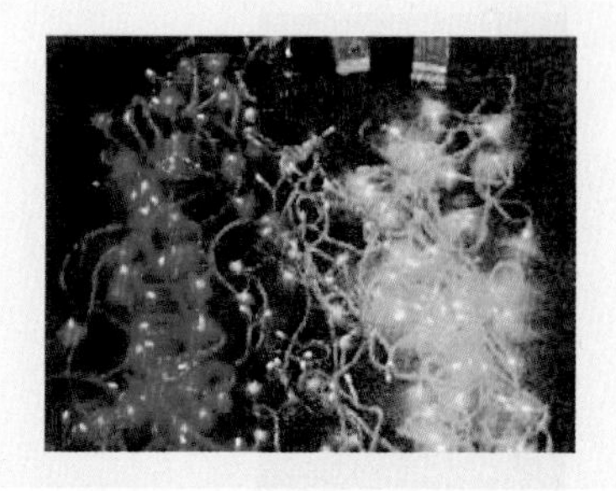

图11-3-23　LED球形灯泡

6. 霓虹灯

霓虹灯是一种低气压冷阳极辉光放电发光的灯具(图11-3-24),气体分子的急剧游离激发了电子加速运动,使管内气体导电,发出带有色彩的光(图11-3-25)。

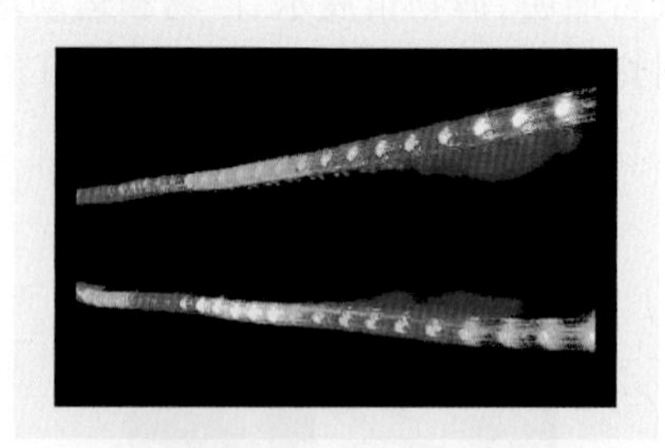

图11-3-24　霓虹灯

图11-3-25　霓虹灯效果

霓虹灯的发光颜色与管内所用气体及灯管的颜色有关,如在淡黄色管内装氖气就会发出金黄色的光,在无色透明管内装氖气就会发出黄白色的光等。霓虹灯要产生不同颜色的光,就要用不同颜色的灯管或向霓虹灯管内装入不同的气体。霓虹灯的灯体为9～20 mm长条玻璃管,造型时需要高温加热弯曲。

霓虹灯从20世纪30年代开始到现在，一直应用于现代装饰装潢中，具有较高的实用价值和欣赏价值，尤其是用于室内外广告中的文字图形装饰。

二、装饰造型类

灯具的装饰形态各种各样，应根据不同的使用部位，选择恰当的灯具(图11-3-26)。

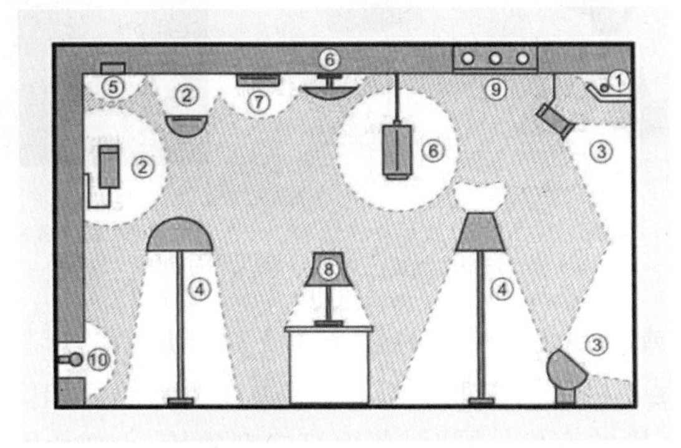

图11-3-26 各种形态的灯

1. 反射槽灯

反射槽灯一般安装在吊顶沿边内侧或背景墙造型后侧，形成带形发光，灯管照射顶面或墙面后形成带状光晕。从外观上看不到发光体，只能感受到通过墙顶面反射的光源，光线柔和、雅致。

反射槽灯可以选用LED软管灯带或T4、T5型荧光灯。反射槽灯一般运用在家居客厅、卧室等重点装饰空间，也可以布局在公共间走道或装饰背景墙周边。LED软管灯带发光强度不高，但是发光连贯，而荧光灯有长度限定，需要精心布置(图11-3-27)。

图11-3-27 反槽灯效果

2. 壁灯

壁灯又称为托架灯，通过安装在墙面上的支架器具承托灯头，一般以整体照明和局部照明的形式照亮所在的墙面及相应的顶面和地面。床头上方、梳妆镜前、楼梯走道等处的局部照明都可以用壁灯，安装位置略高于站立时人眼的高度。壁灯的造型一般简洁明了，选用节能灯灯管比较合适，既节省电能，又可调节室内气氛(图11-3-28)。

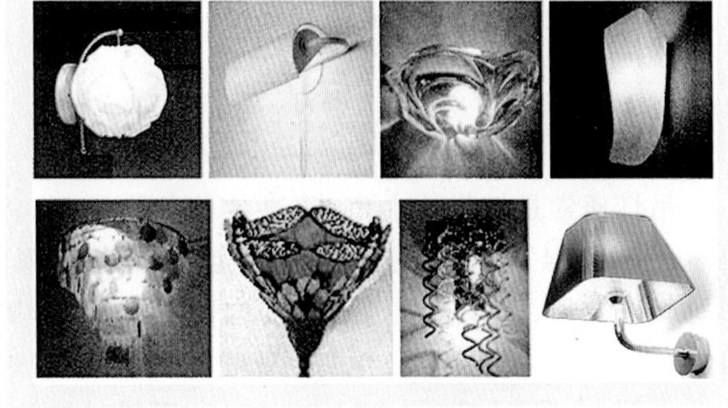

图11-3-28 壁灯

3. 射灯

射灯是近几年发展起来的新品种，选用卤素灯为发光体。射灯一般备有各种不同的灯架，可进行高低、左右调节，可单一。可成组，灯头能设计成向不同角度旋转，可以根据工作面的不同位置任意调节，小巧玲珑，使用方便(图 11－3－29)。

射灯安装在墙面或顶面内，多用在有装饰造型的重点部位，如走道(如图 11－3－30)、展厅、绘图桌上方需集中照明处。

图 11－3－29　射灯

图 11－3－30　画廊射灯装饰

4. 落地灯

图 11－3－31　落地灯

落地灯是指通过支架或各种装饰形体将发光体支撑于地面的灯具(图 11－3－31)。落地灯是小区域的主照明灯，可以通过不同照度和室内其他光源配合，引起光环境的变化。同时，落地灯造型独特，也成为室内一件精致的摆设。

5. 筒灯

筒灯是指在光源上增加灯罩，嵌入顶棚中或配上夹具，安装在需要局部照明部位的固定灯具(图 11－3－32)。筒灯的外观灯罩有圆形和方形两种，其中圆形筒灯又分为内置型和外置型(图 11－3－33)。筒灯的发光源一般采用白炽灯或节能灯，在顶棚上与主灯相辅相成，点缀光源，均布光照。

图 11－3－32　筒灯

图 11－3－33　内置和外置筒灯

6. 吊灯

图 11－3－34　吊灯装饰

吊灯通常是灯饰的主角，通过各种装饰造型，将发光源吊挂在顶部(图 11－3－34)。吊灯的品种也更为繁多，按外形结构可分为枝形、花形、圆形、方形、宫灯式、悬垂式；按构件材质，有金属构件和塑料构件之分；按灯泡性质，可分为白炽灯、荧光灯、小功率蜡烛灯；按大小体积，可分为大型、中型、小型(图 11－3－35)。现代吊灯注重节能环保，加入了LED 灯，发光体多元化组合，可以分别控制不同的开关状态。

吊灯的开关可以多样组合变换，甚至可以遥控。一般在内空高大的大厅里，如宾馆、酒店、娱乐场所、会议厅室或层高在 3m 以上的住宅，吊灯可以被广泛用作主灯饰(图 11－3－36)。

图 11－3－35 吊灯

图 11－3－36 客厅吊灯

7. 吸顶灯

吸顶灯是直接固定吸附在顶棚上的灯具(图 11－3－37)。吸顶灯的灯罩主要有普通塑料、亚克力和玻璃三种材质。

图 11－3－37 吸顶灯

图 11－3－38 亚克力吸顶灯

亚克力透光性好,不易被染色,不会与光和热发生化学反应而变黄,透光性达到 90%以上,是目前高档吸顶灯的首选材料(图 11－3－38)。

8. 格栅顶灯

格栅顶灯镶嵌在吊顶上,采用不锈钢反光板灯架,将白光灯光源反射到地面,一般采用两、三只日光灯联装(图 11－3－39),照明效果犹如白天。常用的规格为 300 mm×600 mm、300 mm×1200 mm、600 mm×600 mm、1200 mm×600 mm,与吊顶扣板的规格一样,可以随时拆装。

格栅顶灯一般用于公共办公间(图 11－3－40)、走道,层高不宜超过 2.8m,在室内空间布局中,以 600 mm×600 mm 为例,平均每 $9m^2$ 安装一个。日光灯管的下方可以加置磨砂玻璃,使光源显得更柔和。

图 11－3－39 格栅灯

图 11－3－40 办公空间格栅顶灯

11.4 成品门窗

门窗即是建筑物起采光、分隔、保温隔热的重要构件，又是体现建筑物风格的主要装饰手段。门窗的分类如表11-4-1、表11-4-2所示。

表11-4-1 门的分类

分类方式	类型
位置	内门、外门
用途	防火门、保温门、安全门、隔声门、普通门等
开启方式	平开门、弹簧门、转门、推拉门、折叠门、卷帘门等
门框类型	单裁口、双裁口
门扇形状	矩形、方形、异形等
门扇构造	夹板门、镶板门、拼板门、镶玻璃门、带纱扇门、格栅门
门的数量	单扇门、双扇门、多扇门
材料	木门、铝合金门、塑钢门、玻璃门
艺术风格	中国传统风格、欧式风格

表11-4-2 窗的分类

分类方式	类型
位置	侧窗、高侧窗、天窗
用途	防火窗、隔声窗、保温窗、防射线窗、换气窗
开启方式	固定窗、平开窗、悬窗、立转窗、推拉窗
材料	木窗、钢窗、铝合金窗、塑钢窗
艺术风格	中国传统风格、欧式风格

11.4.1 木制门

2000年以前，家庭木门大多由木工在现场制作完成，2000年以后，随着木门产业的发展，多数家庭开始选择由门厂生产的成品门。根据木门的材料可划分免漆门、复合门、实木门、实木复合门，其中免漆门和复合门因其价位较低故市场使用量大，实木门和实木复合门价位较高，使用较少；根据木门的造型可划分为平板门、凹凸门、平板造型门和凹凸造型门。

1. 实木门

实木门是指制作木门的材料是取自森林的天然原木或者实木集成材（也称实木指接材或实木齿接材），经过烘干、下料、刨光、开榫、打眼、高速铣形、组装、打磨、上油漆等工序科学加工而成（图11-4-1）。

用实木加工制作的装饰门，有全木、半玻、全玻三种款式（图 11－4－2），从木材加工工艺上看有指接木与原木的两种，指接木是原木经锯切、指接后的木材，性能比原木要稳定得多，能切实保证门不变形。实木门给人以稳重、高雅的感觉。

图 11－4－1　实木门断面

图 11－4－2　全玻、半玻、全木实木门

实木门的主要特点：

（1）硬度高、光泽好、不变形、抗老化，属高档豪华产品。

（2）防蛀、防潮、防污、耐热、抗裂，坚固不变形，隔声隔热效果好，属经久耐用产品。

（3）无毒、无味，不含甲醛、甲苯，无辐射污染，环保健康，属优质绿色环保产品。

（4）富有艺术感，显得高贵典雅，能起到点缀居室的作用。

2. 实木复合门

实木复合门是指以木材、胶合板等为主要材料复合而成的实形体，表面为木质单板贴皮、实木贴皮或其他材料覆面的门（图 11－4－3）。实木复合门充分利用了各种材质的优良特性，避免了采用成本较高的珍贵木材，在不降低门的使用和装饰性能的前提下，有效地降低生产成本。除了良好的视觉效果外，还具有隔声、隔热、强度高、耐久性好等特点，从而被人们所接受。

新型成套实木复合门是由门扇、门套、门套线三部分组成，这种结构使木门款式变化多样，并地解决了全实木门存在易变形、开裂等问题。成套实木复合门均采用工厂化制作，安装简便快捷，避免了门套需施工现场喷漆安装造成的空气和噪声污染。

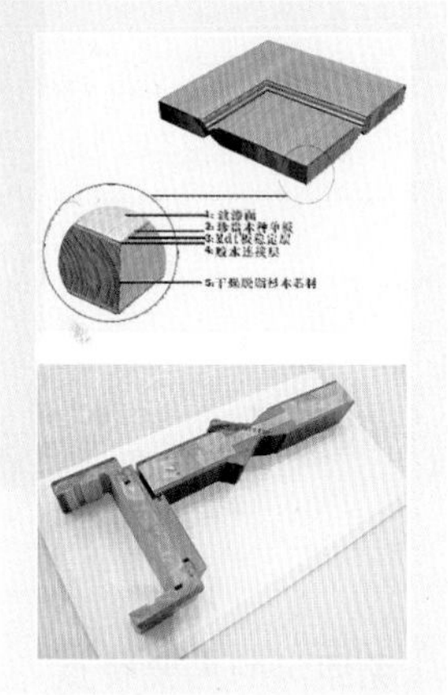

图 11－4－3　实木复合门构造图

3. 空心门

空心门是指以木材为骨架，以胶合板、薄纤维板及其派生出来的各种薄板材料为面板的木门（图 11－4－4）。这里沿用空心门的说法是区别于实木门等而言的，事实上空心门并不完全是空心的，空心门的中间一般都放置有各种类型的填料，只不过一般不是完全实心而已。

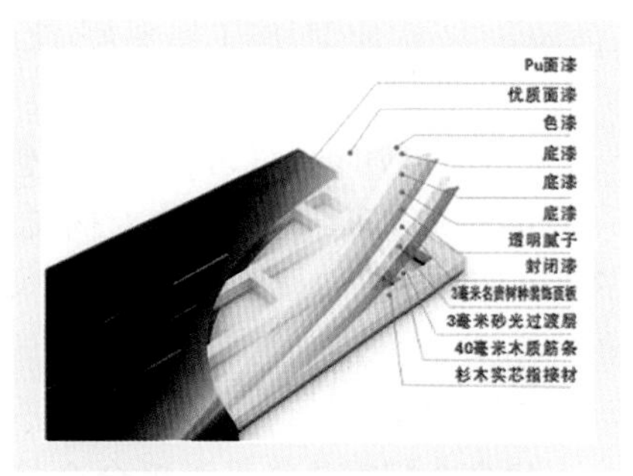

图 11－4－4　空心门构造图

空心门的隔声性能较差，但抗变形能力较强。解决隔声性能的问题，可以通过增厚两边夹板厚度的办法来解决。同实木门和复合木门相比，由于空心结构的采用，使空心门的自重大大降低，从而十分有利于避免门扇在使用过程中产生的下垂。对于整体建筑结构的优化和改善也具有一定的意义。另一方面，由于空心门结构简单、制作方便，生产成本相对较低，在应用中适合于大面积推广和普及。

现在城市户门也经常使用防火门，它是空心门的一种，不过夹板间采用防火棉、防火泡沫等材质。

4. 模压门

模压门是指采用模压门板做的门。由两片带造型和仿真木纹的高密度纤维模压门皮板在高温高压下一次模压成型。由于门板内是空心的，隔声效果相对实木门来说要差些，并且不能湿水和磕碰。

模压门板带有凹凸图案，实际上就是一种带凹凸图案的高密度纤维板。所以，模压门也属于夹板门，只不过门的面板采用的是高密度纤维模压门板(图 11-4-5)。

图 11-4-5 模压门

5. 免漆门

免漆门顾名思义就是不需要再油漆的木门。目前市场上的免漆门绝大多数是指 PVC 贴面门。它是将实木复合门或模压门最外面采用 PVC 贴面真空吸塑加工工艺而成。门套也一样，进行 PVC 贴面处理(图 11-4-6)。

图 11-4-6 免漆门

免漆门的主要特点：

(1) 多种色彩变化。

(2) 产品表面光滑亮丽，免油漆，环保。

(3) 一次成型，施工周期短，交工验收既可使用。

(4) 有耐冲撞、不自燃、防虫蛀、防潮、防腐、好保养、无毒、无味、无污染等优点。

(5) 施工方便，可切、可锯、可刨、可钉。

(6) 质量不好的免漆门时间长了，容易暴露的缺点是容易受湿度、温度和空气影响而使表面产生开胶变形。

11.4.2 铝合金门窗

铝合金门窗是指采用铝合金挤压型材为框、梃、扇料制作的门窗，简称铝门窗(图 11-4-7)，包括以铝合金作受力杆件(承受并传递自重和荷载的杆件)基材的和木材、塑料复合的门窗，简称铝木复合门窗。

铝合金门窗的特点是：重量轻、强度高；密封性能好，比木门窗、钢门窗有显著的提高，可有

效地改善建筑物的使用功能和降低能源的消耗，使其更适用于装设有空调设备的建筑物和对防尘、隔声、保温、隔热有特殊要求的建筑物；具有良优的耐腐蚀性能，不锈、不腐、不褪色，可大大减少防腐维修的费用；铝合金门窗整体强度高、刚度大、不变形、开闭轻便灵活、坚固耐用，使用寿命可达 20 年以上；装饰效果好，铝合金门窗框材，表面经氧化及着色处理，即可保持铝本身的银白色，也可着成各种柔和、美丽的颜色，如古铜色、暗红色、黑色等；与各式特种及装饰玻璃相配合，给建筑物增添了无穷的光彩。

图 11-4-7 铝合金门窗

铝合金门窗的规格：

生产生活中，每种门窗按门窗框厚度构造尺寸分为 38 系列、42 系列、50 系列、54 系列、60 系列、64 系列、70 系列、78 系列、80 系列、90 系列、100 系列等系列，例如门框厚度构造尺寸为 90 mm的推拉铝合金门，则称为 90 系列推拉铝合金门。

铝合金推拉门主要有 70 系列和 90 系列两种：基本门洞高度有 2100 mm、2400 mm、2700 mm、3000 mm，基本门洞宽度有 1500 mm、1800 mm、2100 mm、2700 mm、3000 mm、3300 mm、3600 mm。

推拉铝合金窗主要有 55 系列、60 系列、70 系列、90 系列；基本窗洞高度有 900 mm、1200 mm、1400 mm、1500 mm、1800 mm、2100 mm，基本窗洞宽度有 1200 mm、1500 mm、1800 mm、2100 mm、2400 mm、2700 mm、3000 mm。

铝合金平开门有 50 系列、55 系列、70 系列：基本门洞高度有 2100 mm、2400 mm、2700 mm，基本门洞宽度有 800 mm、900 mm、1200 mm、1500 mm、1800 mm。

铝合金平开窗有 40 系列、50 系列、70 系列：基本窗洞高度有 600 mm、900 mm、1200 mm、1400 mm、1500 mm、1800 mm、2100 mm，基本窗洞宽度有 600 mm、900 mm、1200 mm、1500 mm、1800 mm、2100 mm。

铝合金门窗适用于有密闭、保温、隔声要求的宾馆、会堂、体育馆、影剧院、图书馆、科研楼、办公楼、计算机房，以及民用住宅等现代化高级建筑的门窗工程。

11.4.3 塑钢门窗

塑钢门窗是以聚氯乙烯(PVC)树脂为主原料，加上一定比例的内外润滑剂、光稳定剂(紫外线吸收剂)、改性剂、着色剂、填充剂等辅助剂混合溶化后，经挤出加工成空腔塑料型材，然后通过切割焊接的方式加工成门窗框扇，装配上玻璃、橡胶密封条、毛条、五金件等附件制作而成的门窗。型腔内用安装增强型钢的方法来增强门窗的刚性，故称之为塑钢门窗(图 11-4-8)。

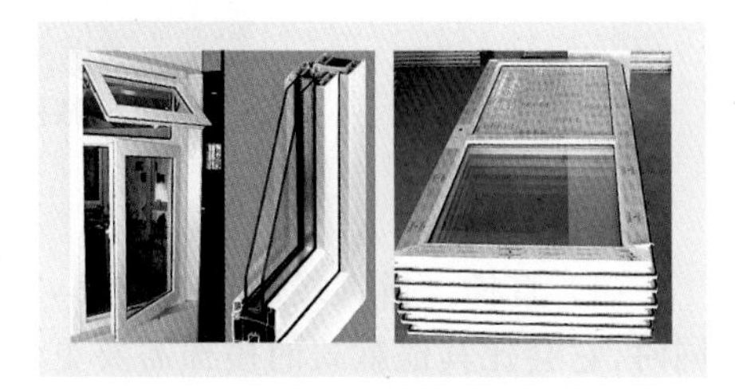

图 11-4-8 塑钢门窗

塑钢门窗的特点：

(1) 质量轻，性能好。

(2) 保温性能好。

(3) 具有一定的防火性能。

(4) 耐久性及维护性能好。

(5) 装饰性强。

11.5 室内楼梯

现如今，跃层户型越发受到青睐，不仅因为高容积率，也为追求个性生活的人提供了更多的创造空间。有了楼上的房间，当然要有楼梯，于是，木质的、钢质的，古典的、现代的等各式各样的楼梯均粉墨登场。

室内楼梯可按款式、材质分类。

1. 按楼梯的款式分类

空间大小和舒适感决定了楼梯款式。一般大空间适合选用直跑楼梯、弧形楼梯，而小空间则多用折梯、旋转楼梯、伸缩楼梯等(图 11－5－1)。

图 11－5－1　楼梯的款式

(1) 直梯。指直线进行的楼梯，需要足够的高度、坡度保持通道的平直，所以当踏步数量相同时，它会比其他款式的楼梯需要更多、更大的空间。

(2) 弧形梯。与直梯相反，它是以曲线来实现上下楼的连接。这种楼梯美观、大方，而且可以做得比较宽敞，完全没有直梯拐角那种生硬的感觉。弧形梯是三种楼梯中行走起来最为舒服的一种。它是最适合别墅或大空间复式使用的楼梯，上下楼层是用一个优雅的弧线而构成，自然、美观，宽窄位置可根据设计需要调整。

(3) 旋转楼梯。旋转楼梯的主要特点是空间的占用面积最小，盘旋而上的蜿蜒趋势着实让不少个性化的消费者心动。可以把旋转楼梯看成是弧形楼梯与折梯的结合，它所占用的空间面积非常小，特别适合小复式、LOFT 户型使用。但由于这种楼梯的弧度过大，踏步有宽窄之别，不方便行走，容易让人产生眩晕感，因此不太适合有老人、孩子的家庭用。

（4）折梯。折梯相当于直跑楼梯的“变身”，主要指在较小的空间内，利用转角踏步的连接将楼梯分成两段，回转、盘旋而上，常有 U 形、L 形两种形式。这类楼梯下面的空间比较小，很难利用，多数家庭会把它做成小的储藏室或装饰区。

（5）折叠楼梯、伸缩楼梯。折叠楼梯、伸缩楼梯的占地面积比旋转楼梯还要少很多，但只是属于临时用梯。折叠楼梯一般由两、三段小楼梯组成，不用时可以折叠收起，长度只是原有楼梯的 1/3，不用时能完全收纳在上层，不会占用下层空间；而伸缩楼梯与它相似，每个踏步都可以收起来，比折叠楼梯还要省空间。就像一个弹簧，用时拉下来，不用时向上一推就行了。这两种楼梯适合空间小、东西多，只有一个储藏式阁楼的家庭使用。

2. 按楼梯的材质分类

有钢木、原木、玻璃等材质的楼梯，楼梯材质的选择要根据装修风格、家人习惯、个人喜好而定。

（1）实木楼梯（图 11－5－2）。这是市场占有率最大的一种。消费者喜欢的主要原因是木材本身有温暖感，加之与地板材质和色彩容易搭配，施工相对也较方便。选择木制品做楼梯的消费者，要注意在选择地板时与楼梯地板尺寸的匹配。

图 11－5－2　实木楼梯

优点：天然材料，纹理细腻，质感舒适，体现一种质朴、高品位的生活气息。

缺点：造价太高，不适合普通工薪家庭。材质娇嫩，易受潮、变形，走动时有声响。

（2）钢制楼梯（图 11－5－3）。整个楼梯以钢、木为主要材料，一般主体结构是钢，踏步是木，结构以通透、简约为主，造型、款式有多种变化。选择钢制楼梯是目前比较时尚的一种做法。钢制楼梯一般在材料的表面喷涂亚光的颜料，没有闪闪发光的刺眼感觉，这类楼梯材料和加工费都较高。另外，还有用钢丝、麻绳等做楼梯护栏的，配上木制楼板和扶手，看上去感觉也不错，而且价格相对低廉。

优点：价格实惠，吸取了原木楼梯、金属楼梯的优点，脚感舒适、避免声响，性价比高。

缺点：风格特色不显著，看上去品质不高。

（3）金属楼梯（图 11－5－4）。楼梯由金属材料制成，一般造型都比较简洁，面积大小的空间均可以使用。只是个性太过鲜明,不是所有家庭都能接受。

图 11-5-3　钢制楼梯

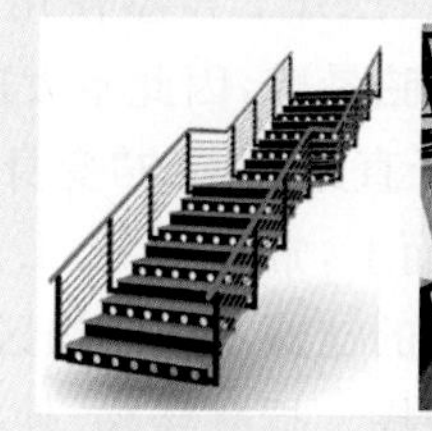

图 11-5-4　金属楼梯

优点:造型简洁、结构轻便,个性突出。

缺点:选材太过冰冷,需要和其他家装产品相配合,有时棱角过多,容易发生磕碰。

(4) 玻璃楼梯(图 11-5-5)。楼梯扶栏、踏步为玻璃。这样的楼梯具有良好的通透感,有时加上用喷花或镶嵌的手法制作钢化玻璃,效果更美观、漂亮,一般适用于空间。玻璃质地易滑,擦洗时要避免滴水,有老人、孩子的家庭也不应该选它。它的购买人群主要为比较现代的年轻人。玻璃大都用磨砂的,不全透明,厚度在 10 mm 以上。这类楼梯也用木制品做扶手,价格比进口大理石低一点。

(5) 大理石楼梯(图 11-5-6)。这种材质的楼梯更适合室内已经铺设大理石的家庭,以保护室内色彩和材料的统一。一般用大理石铺设楼梯,可以在扶手的选择上大多保留木制品,使冷冰冰的空间内,增加一点暖色材料。这类装饰的价格主要看大理石是否昂贵。

图 11-5-5　玻璃楼梯

图 11-5-6　大理石楼梯

复习思考题

1. 厨卫洁具的分类和应用特点是什么？什么是亚克力卫浴？其特点是什么？
2. 整体橱柜的柜体材质是什么？柜门材质一般分为几大类？其特点是什么？
3. 试述灯具的分类。工程用灯的特点是什么？常用的品种有哪些？
4. 木质门窗与金属门窗在应用方面都有哪些各自的特点？
5. 楼梯的分类和常用的材质都有哪些？特点是什么？

实践任务

1. 实践目的

让学生自主地到装饰材料市场和建筑装饰施工现场进行调查和实习，了解成品装饰材料各个种类的分类、规格、性能、价格和选购方法等信息。

2. 实践方式

(1) 建筑装饰材料市场的调查分析

学生分组：学生 3～5 人一组，自主地到建筑装饰材料市场进行调查分析。

调查方法：以调查、咨询为主。

(2) 建筑装饰施工现场装饰材料使用的调研

学生分组：学生 10～15 人一组，由教师或现场负责人带队。

调查方法：结合施工现场和工程实际情况，由教师或现场负责人带队，讲解材料在工程中的使用情况和注意事项。

3. 实践内容及要求

(1) 认真完成调研日记。

(2) 填写材料调研报告。

(3) 填写《成品装饰材料市场调研表》。

成品装饰材料市场调研表

材料名称	规格型号	单位	品牌	价格	产地	特点	选购方法

第 12 章 建筑装饰胶凝材料

建筑工程中将能够把散粒材料(砂、石等)或块状材料(砖、砌块等)黏结成为一个整体的材料称为胶凝材料。胶凝材料按化学成分不同分为无机胶凝材料和有机胶凝材料两大类。

胶凝材料
- 无机胶凝材料
  - 气硬性胶凝材料:石灰、石膏、水玻璃等
  - 水硬性胶凝材料:各种水泥
- 有机胶凝材料:沥青、树脂、橡胶等

气硬性胶凝材料只能在空气中凝结硬化,保持和发展强度。气硬性胶凝材料耐水性差,不宜用于潮湿环境和水中。

水硬性胶凝材料既能在空气中又能在水中凝结硬化,保持和发展强度,水硬性胶凝材料耐水性好,可用于潮湿环境和水中。

12.1 气硬性胶凝材料

12.1.1 石膏的基本知识

我国的石膏资源极其丰富,分布很广。其中天然石膏矿有天然二水石膏($CaSO_4 \cdot 2H_2O$)及天然无水石膏($CaSO_4$)。天然二水石膏质地软,称为软石膏或生石膏;天然无水石膏质地硬,称为硬石膏。作为建筑材料,石膏的应用有着悠久的历史,建筑石膏及其制品具有许多优良的性能(如质轻、耐火、隔声、绝热等),而且原料来源丰富,生产工艺简单,是一种理想的高效节能材料。

建筑石膏(又称熟石膏),建筑石膏分为优等品、一等品和合格品三个等级,其要求的技术批准见表 12-1-1 所示。

表 12-1-1 建筑石膏(GB 9776—2008)

技术指标		优等品	一等品	二等品
强度/MPa	抗折强度 ≥	2.5	2.1	1.8
	抗压强度 ≥	4.9	3.9	2.9
细度/%	0.2 mm 方孔筛筛余 ≤	5.0	10.0	15.0
凝结时间/min	初凝时间 ≥	6		
	终凝时间 ≤	30		

建筑石膏的密度为 2.50～2.80 g/cm³,堆积密度为 800～1100 kg/m³。建筑石膏易受潮吸湿,凝结硬化快,因此在运输、贮存的过程中,应注意避免受潮。石膏长期存放,强度也会降低。一般贮存三个月后,强度下降 30%左右。所以,建筑石膏贮存时间不得过长,若超过三个月,应重新检验并确定其等级。

建筑石膏具有以下特性:

(1) 孔隙率大,强度低。

(2) 凝结硬化快。

(3) 硬化后体积微膨胀,膨胀率约 1%。

（4）耐水性、抗冻性差。

（5）防水性好

12.1.2 石膏装饰制品

一、石膏板

石膏板具有质量轻、保温隔热、吸声、防火、调湿、尺寸稳定、施工速度快、成本低等优良性能，在建筑及装饰工程中得到了广泛应用，是一种很有发展前景的建筑材料。常用的石膏板有以下几种：

1. 装饰石膏板

装饰石膏板由建筑石膏、适量纤维材料、外加剂和水等经搅拌、浇注、硬化、干燥而成的无护面纸装饰板材。装饰石膏板的表面光滑洁白，质地细腻，色彩、花纹图案丰富，浮雕板和穿孔板具有较强的立体感，给人以清新柔和之感，并具有质轻、保温、吸声、防火、不燃及调节室内湿度等特点。适用于工业及民用建筑的内墙及顶棚装饰(图 12－1－1)。

图 12－1－1　装饰石膏板

（1）装饰石膏板的分类与规格。装饰石膏板按耐湿性分普通板和防潮板，按表面形状分平板、浮雕板和多孔板。装饰石膏板为正方形，常用规格有 500 mm×500 mm×9 mm 和 600 mm×600 mm×11 mm 两种。

（2）装饰石膏板产品的标记。装饰石膏板品种很多，有各种平板、花纹浮雕板、穿孔板等。表 12－1－2 是几种石膏装饰板产品的分类和代号。

表 12－1－2　装饰石膏板产品的分类和代号

分类	普通板			防潮板		
	平板	孔板	浮雕板	平板	孔板	浮雕板
代号	P	K	D	FP	FK	FD

（3）装饰石膏的性能与技术要求。装饰石膏板具有轻质、高强、耐火、韧性高等性能，可进行锯、刨、钉、钻、粘等加工，施工安装方便。装饰石膏板的物理力学性能需满足《装饰石膏板》(JC/T 799—2007)的要求。

装饰石膏板正面不应有影响装饰效果的气孔、无痕、裂纹、缺角、色彩不均和图案不完整等缺陷。装饰石膏板板材的含水率、吸水率、受潮挠度应满足表 12－1－3 的要求。

表 12－1－3　装饰石膏板的技术要求

项目	优等品		一等品		合格品	
	平均值	最大值	平均值	最大值	平均值	最大值
含水率/%　≤	2.5	2.5	2.5	3.0	3.0	3.5
吸水率/%　≤	5.0	6.0	8.0	9.0	10.0	11.0
受潮挠度/mm　≤	5.0	7.0	10.0	12.0	15.0	17.0

(4) 装饰石膏的应用。装饰石膏板主要用于工业与民用建筑室内墙壁装饰和吊顶装饰及非承重内隔墙等(图 12-1-2)。如办公楼、影剧院、餐厅、宾馆、音乐厅、商场、会议室、候车室、幼儿园等建筑的室内吊顶及墙面装饰工程。对湿度较大的环境应使用防潮石膏板。

图 12-1-2 顶棚装饰石膏板

2. 纸面石膏板

以建筑石膏为主要原料,掺入适量纤维和外加剂等制成芯板,再在表面贴以护面纸而制成的板材。纸面石膏板分为普通型、耐水型和耐火型三种(图 12-1-3)。

图 12-1-3 普通型、耐水型和耐火型纸面石膏板

普通纸面石膏板的物理力学性能参见国家规范《纸面石膏板》(GB/T 9775—2008)的要求。

(1) 纸面石膏板的形状与规格。常用的纸面石膏板的规格:长度为 2 440 mm、3 000 mm,宽度为 900 mm、1 200 mm,板的厚度为 9 mm、10 mm、12 mm、15 mm 等。

(2) 纸面石膏板的性质与技术要求。纸面石膏板具有质轻、抗弯和抗冲击性高等优点,此外防火、保温、隔热、抗震性好,并具有较好的隔声性,良好的可加工性(可锯、可钉、可刨),且易于安装,施工速度快,劳动强度小,还可以调节室内温度和湿度,是目前广泛使用的轻质板材之一。

生产纸面石膏板所使用的主要原料为半水石膏与专用护面纸(纸厚≤0.6 mm)。根据《纸面石膏板》(GB/T 9775—2008)的规定,有以下技术要求:

① 外观质量。石膏板面应平整,不得有影响使用的破损、波纹、沟槽、污痕、过烧、亏料、边部漏料和纸面脱开等缺陷。

② 尺寸偏差。纸面石膏板的尺寸偏差不应大于表 12-1-4 的规定,板材两对角线长度差应不大于 5 mm。

表 12-1-4 纸面石膏板的尺寸偏差 mm

项目	长度	宽度	厚度	
			9.5	≥12.0
尺寸偏差	0	0	±0.5	±0.6

③ 护面纸与石膏芯的黏结。护面纸与石膏芯应黏结良好，按规定方法测定时，石膏芯应不裸露。

④ 吸水率。耐水纸面石膏板的吸水率不大于10%。

⑤ 遇火稳定性。耐火纸面石膏板的遇火稳定时间应不小于20 min，其他板材的遇火稳定时间一般为5～10 min。

(3) 纸面石膏板的应用。普通纸面石膏板适用于办公楼、影剧院、饭店、宾馆、候车室、住宅等建筑的室内吊顶、墙面、隔断、内隔墙等的装饰(图12-1-4)，表面需进行饰面再处理(如刮腻子、刷乳胶漆或贴壁纸等)，但仅适用于干燥环境中，不宜用于厨房、卫生间及空气湿度大于70%的潮湿环境中。

图12-1-4 纸面石膏板吊顶、隔墙的应用

3. 吸声用穿孔石膏板

吸声用穿孔石膏板是以装饰石膏板和纸面石膏板为基础材料，由穿孔石膏板、背覆材料、吸声材料及板后空气层等组合而成，表面形式如图12-1-5所示。石膏板本身不是吸声功能突出的材料，但在板面上冲孔打眼之后，使每个孔眼与其背后的空气层构成共振吸声结构，同时为了防止杂物通过穿孔散落，通常在板背面粘贴一层膜状材料(如皱纹纸、桑皮纸、微孔玻纤布等)起着一种薄膜共振吸声作用。如果再在其后装置一些多孔吸声材料(如玻璃棉、矿棉、泡沫塑料等)能进一步提高吸声效果，尤其是对高频的吸收。因此，在选择时，首先应考虑其吸声功能，其次还应对其规格尺寸和图案色彩作出选择。

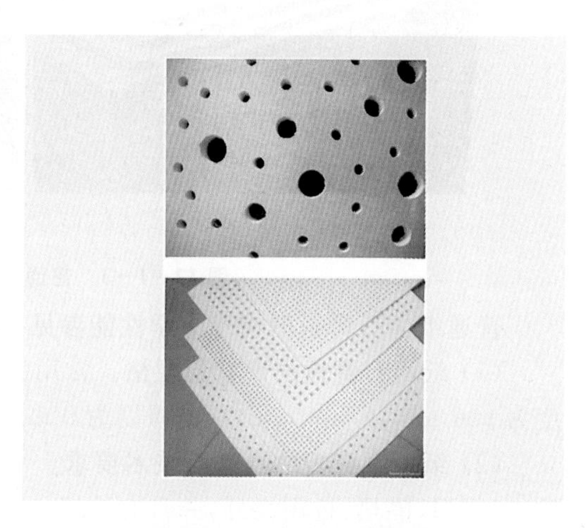

图12-1-5 穿孔石膏板

(1) 形状与规格。吸声用穿孔石膏板为正方形，板材棱边形状分直角型和倒角型两种。规格尺寸为边长：500 mm×500 mm，600 mm×600 mm；厚度：9 mm和12 mm。板面上有ϕ6～12的圆孔，孔距为18～24 mm，安装时背面须留有50～300 mm的空腔，构成穿孔吸声结构，空腔内可填充吸声材料以提高吸声能力。

(2) 吸声用穿孔石膏板的应用。吸声用穿孔石膏板主要用于吸声性要求高的建筑，如影剧院、播音室、报告厅、会议室等对噪声限值较严的场所，作为吊顶、墙面的吸声装饰材料(图12-1-6)。

图12-1-6 穿孔石膏板的应用

4. 纤维石膏板

纤维石膏板(或称石膏纤维板，无纸石膏板)是一种以建筑石膏粉为主要原料，以玻璃纤维为增强材料，与建筑石膏、缓凝剂、水等经特殊工艺制成的一种新型建筑板材(图 12-1-7)。

纤维石膏板其综合性能优于纸面石膏板，如厚度为 12.5 mm 的纤维石膏板的螺钉握裹力达 600 N/m^2，而纸面的仅为 100 N/m^2，所以纤维石膏板具有钉性，可挂东西，而纸面板不行。纤维石膏板可作干墙板、墙衬、隔墙板、瓦片及砖的背板、预制板外包覆层、天花板块、立柱与护墙板，以及特殊应用如拖车及船的内墙、室外保温终饰系统(图 12-1-8)。

5. 空心石膏板

以建筑石膏为主，加入适量的轻质多孔材料、纤维材料和水经搅拌、浇注、抽芯、脱模、干燥而成的空心板材(图 12-1-9)。空心石膏板的长度为 2500～3000 mm，宽度为 450～600 mm，厚度为 60～100 mm，主要用于建筑物的内墙和隔墙。

图 12-1-7　纤维石膏板

图 12-1-8　纤维石膏板造型

图 12-1-9　空心石膏板

6. 硅钙板

硅钙板又称石膏复合板，它是一种多孔材料，主要由石膏组成，由硅质材料(硅藻土、膨润土、石英粉等)、钙质材料、增强纤维等作为主要原料，经过制浆、成坯、蒸养、表面砂光等工序而制成的轻质板材(图 12-1-10)。

硅钙板与石膏板比较，在外观上保留了石膏板的美观；重量方面大大低于石膏板，强度方面远高于石膏板；彻底改变了石膏板因受潮而变形的致命弱点，数倍地延长了材料的使用寿命；具有良好的隔声、隔热性能，在室内空气潮湿的情况下能吸引空气中水分子，空气干燥时，又能释放水分子，可以适当调节室内干、湿度而增加舒适感。

图 12-1-10　硅钙板

规格：硅钙板一般规格为 600 mm×600 mm。

用途：适用于宾馆、礼堂、会议室、招待所、医院、候机室、候车室；特别适用于环境湿度大于 70%的工矿车间、地下建筑、人防工程及对防水有特殊要求的建筑工程；适用于各种音响效果要求较高的场所，如影剧院、电教馆、播音室的顶棚和墙面，以同时起消声和装饰作用。

二、艺术装饰石膏制品

艺术装饰石膏制品是以优质建筑石膏粉为基料，配以纤维增强材料、胶黏剂等，加水拌制成均匀的料浆，浇注在具有各种造型、图案、花纹的模具内，经硬化、干燥、脱模而成。

艺术装饰石膏制品主要是根据室内装饰设计的要求而加工制作的，制品主要包括浮雕艺术石膏线角、线板、花角、灯圈、壁挂、罗马柱、圆柱、方柱、麻花柱、灯座、花饰等。在色彩上，可利用优质建筑石膏本身洁白高雅的色彩，也可以利用金粉或彩绘等效果，造型上可洋为中用、古为今用，将石膏这一传统材料赋予新的装饰内涵。

1. 浮雕艺术石膏线角、线板、花角

浮雕艺术石膏线角、线板和花角具有表面光洁、颜色洁白高雅、花型和线条清晰、立体感强、尺寸稳定、强度高、无毒、防火、施工方便等优点，广泛用于高档宾馆、饭店、写字楼和居民住宅的吊顶装饰，是一种造价低廉、装饰效果好、调节室内湿度和防火的理想装饰装修材料，可直接用粘贴石膏腻子和螺钉进行固定安装。

浮雕艺术石膏角线图案花型多样，其断面形状一般呈钝角形，也可不制成角状而制成平面板状，则称为浮雕艺术石膏板线或直线。石膏角线两边（或称翼缘）宽度有相等和不等的两种，翼宽尺寸多种，一般为 120～300 mm，翼厚为 10～30 mm，通常制成条状，每条长约 2 300 mm。石膏板线的花纹图案较线角简单，其花式品种也有多种。石膏板线的宽度一般为 50～150 mm，厚度为 15～25 mm，每条长约 1 500 mm。各种浮雕艺术石膏角线的图案花型如图 12-1-11 所示。

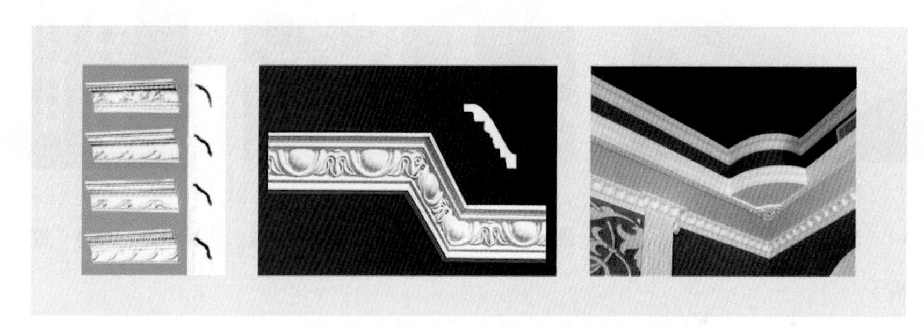

图 12-1-11 浮雕艺术石膏角线图案

2. 浮雕艺术石膏灯圈

作为一种良好的吊顶装饰材料，浮雕艺术石膏灯圈与灯饰作为一个整体，表现出相互烘托、相得益彰的装饰气氛（图 12-1-12）。石膏灯圈外形一般加工成圆形板材，也可根据室内装饰设计要求和用户的喜好制作成椭圆形或花瓣形，其直径有 500～1 800 mm 等多种，板厚一般为 10～30 mm。室内吊顶装饰的各种吊挂灯或吸顶灯，配以浮雕艺术石膏灯圈，使人进入一种高雅美妙的装饰意境。

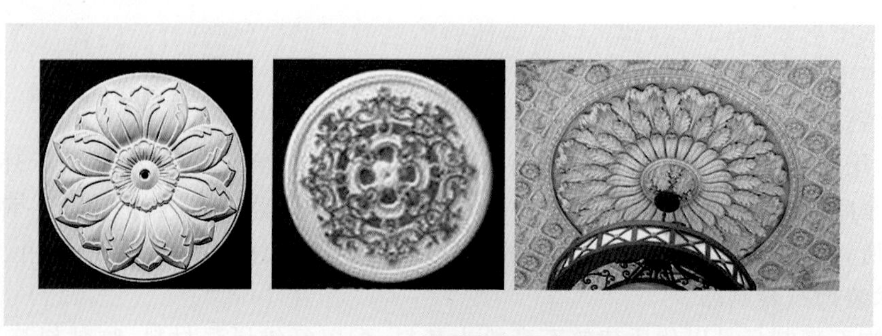

图 12-1-12 浮雕艺术石膏灯圈

3. 石膏花饰、壁挂

石膏花饰是按设计方案先制作阴模(软模),然后浇入石膏麻丝料浆成形,再经硬化、脱模、干燥而成的一种装饰板材,板厚一般为15～30 mm。石膏花饰的花形图案、品种规格很多,表面可为石膏天然白色,也可以制成描金、象牙白色、暗红色、淡黄色等多种彩绘效果,用于建筑物室内顶棚或墙面装饰,如图12-1-13所示。建筑石膏还可以制作成浮雕壁挂,表面可涂饰不同色彩的涂料,也是室内装饰的新型艺术制品。

图12-1-13 石膏花饰、壁挂样式

12.1.3 石灰

石灰一般是不同化学组成和物理形态的生石灰、消石灰、水硬性石灰的统称。它是一种古老的建筑材料,是以石灰石为原料经煅烧而成的(图12-1-14)。

图12-1-14 石灰

1. 石灰的特性

(1) 良好的保水性。这是由于生石灰熟化生成颗粒极细(粒径为1 um)呈胶体态分散的$Ca(OH)_2$,其表面吸附一层较厚的水膜。

(2) 凝结硬化慢,强度低。1∶3石灰砂浆,硬化28 d后抗压强度只有0.2～0.5 MPa。

(3) 耐水性差。已硬化的石灰,由于$Ca(OH)_2$易溶于水,因而耐水性差。

(4) 体积收缩大。由于石灰硬化过程中,大量的水分蒸发引起。

(5) 吸湿性强。生石灰吸湿性强,保水性好,是传统的干燥剂。

2. 石灰在建筑中的应用

(1) 配制石灰砂浆和石灰乳涂料。用石灰膏和砂或麻刀、纸筋配制成的石灰砂浆、麻刀灰、纸筋灰广泛用作内墙、顶棚的抹面砂浆。用石灰膏和水泥、砂配制成的混合砂浆通常作墙体砌筑或抹灰之用。由石灰膏稀释成的石灰乳常用作内墙和顶棚的粉刷涂料。

(2) 灰土和三合土。熟石灰粉与黏土按一定比例配合称为灰土,再加入煤渣、炉渣、砂等,即为三合土。用于建筑物基础和地面的垫层。

(3) 硅酸盐制品。如蒸压灰砂砖、蒸养粉煤灰砖、碳化灰砂砖及硅酸盐混凝土等。

(4) 碳化石灰板。将磨细生石灰、纤维状填料或轻质骨料混合后搅拌成形,然后通入高浓度CO_2进行人工碳化(12～24 h)制成的一种轻质板材。

石灰还可配制无熟料水泥,如石灰矿渣水泥、石灰粉煤灰水泥等。

12.1.4 水玻璃

1. 水玻璃的化学组成和生产

水玻璃俗称泡花碱(图 12-1-15),是一种能溶于水的硅酸盐,由不同比例的碱金属和二氧化硅所组成。最常用的是硫酸钠水玻璃 $Na_2 \cdot nSiO_2$,还有硫酸钾水玻璃 $K_2O \cdot nSiO_2$等。

图 12-1-15 水玻璃

2. 水玻璃的性质及应用

水玻璃的黏结性好,硬化后有较高的强度。水玻璃可配制如下材料:

(1) 耐酸材料。水玻璃硬化后主要成分是硅酸凝胶,除氢氟酸、过热磷酸等少数酸外,几乎对所有的酸性介质都有较高的稳定性。可用水玻璃配制耐酸胶泥、砂浆及混凝土,广泛用于防腐工程(图 12-1-16)。

(2) 耐热材料。水玻璃硬化后形成硅酸凝胶空间网状骨架,因此具有良好的耐热性。

图 12-1-16 水玻璃防腐工程

(3) 涂料。用于涂刷建筑材料(天然石材、混凝土及硅酸盐制品)表面,可提高材料的密实度、强度和抗风化能力。

(4) 灌浆材料。用水玻璃和氯化钙水溶液交替灌入土壤中,两种溶液反应生成硅酸凝胶,为一种吸水膨胀的冻状凝胶,可加固土壤,提高抗渗性。

(5) 保温绝热材料。以水玻璃为胶结材料,膨胀珍珠岩或膨胀蛭石为骨料,加入一定赤泥或氟硅酸钠,经配料、搅拌、成形、干燥焙烧而成的制品,具有良好的绝热性能。

(6) 配制防水剂。以水玻璃为基料,加入蓝矾(硫酸铜)、明矾(钾铝矾)、红矾(重铬酸钾)和紫矾(铬矾)配制防水剂,适量与水泥浆调和,堵塞漏洞、缝隙等局部抢修工程。由于凝结过速,不能用于屋面、地面防水砂浆。

12.2 水硬性胶凝材料

12.2.1 水泥概述

水泥是无机水硬性胶凝材料,是重要的建筑材料之一,在建筑工程特别是室内装修中,地砖、墙砖粘贴及砌筑等都要用到水泥砂浆,它不仅可以增强面材与基层的吸附能力,而且还能保护内部结构,同时可以作为建筑毛面的找平层(图 12-2-1)。水泥的颗粒越细,硬化得也就越快,早期强度也就越高。常用水泥共设 32.5、32.5R、42.5、42.5R、52.5、52.5R、62.5、62.5R 八个等级。

1. 水泥的种类

水泥按用途及性能分类分为：

（1）通用水泥。一般建筑工程通常采用的水泥。通用水泥主要是指《通用硅酸盐水泥》(GB 175—2007)规定的六大类水泥，即硅酸盐水泥、普通硅酸盐水泥、矿渣水泥、火山灰硅酸盐水泥、粉煤灰硅酸盐水泥和复合硅酸盐水泥。

（2）专用水泥。专门用途的水泥，如G级油井水泥、道路硅酸盐水泥等。

（3）特性水泥。某种性能比较突出的水泥。如铝酸盐水泥、膨胀水泥、快硬水泥、低热水泥和耐硫酸盐水泥。

（4）装饰水泥。白色硅酸盐水泥、彩色硅酸盐水泥。

图 12-2-1 水泥

2. 水泥的主要技术性能指标

水泥的主要技术性能指标见表 12-2-1。

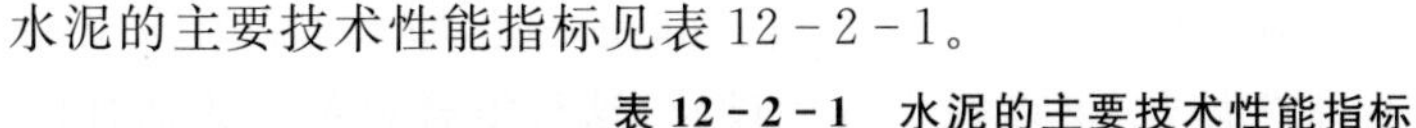

表 12-2-1 水泥的主要技术性能指标

项目	技术指标
比重与容重	普通水泥比重为 3∶1，容重通常采用 1300 kg/m^3
细度	指水泥颗粒的粗细程度。水泥的颗粒越细，硬化得也就越快，早期强度也就越高
凝结时间	从水泥加水拌和起，至水泥浆开始失去可塑性所需的时间为初凝；水泥加水拌和起，至水泥浆开始失去可塑性，并产生强度所需的时间为终凝。国家标准规定硅酸盐水泥的初凝时间不得小于 45 min，终凝时间不得大于 390 min。
强度	水泥强度应符合国家标准
体积安全性	指水泥在硬化过程中，体积变化是否均匀的性能。水泥中含杂质较多，会产生不均匀变形
水热化	水泥与水作用会产生放热反应，在水泥硬化过程中，不断放出的热量称为水热化。

12.2.2 硅酸盐水泥

凡以适当成分的生料烧至部分熔融，所得的以硅酸钙为主要成分的硅酸盐水泥熟料，加入0～5%石灰石或粒化高炉矿渣、适量石膏共同磨细得到的水硬性胶凝材料，称为硅酸盐水泥。硅酸盐水泥分为P·Ⅰ型(不掺混合材料)，P·Ⅱ型(掺不大于5%石灰石或高炉矿渣)。

硅酸盐水泥的特性与应用：

（1）强度高。硅酸盐水泥凝结硬化快，强度高，尤其是早期强度增长率大，故适合用于早期强度要求高的工程、高强度混凝土结构和预应力混凝土工程。

（2）抗冻性好。硅酸盐水泥硬化后水泥石密实度较大，抗冻性好，适用于严寒地区遭受反复冻融作用的混凝土工程。

（3）水化热高。硅酸盐水泥 C_3S 和 C_3A 含量高，水化时放热速度快，放热量大，对大体积混凝土不利，如无可靠的降温措施，不宜用于大体积混凝土。

(4) 耐腐蚀性差。硅酸盐水泥石中含有大量的氢氧化钙和水化铝酸钙,容易引起软水、盐类和酸类的侵蚀,故不宜用于受流动水、压力水、酸类和硫酸盐侵蚀的工程。

(5) 耐热性差。硅酸盐水泥石在 250 ℃时水化产物开始脱水、水泥石强度下降,当受热 700 ℃以上将遭破坏,故硅酸盐水泥不宜用于耐热要求高的工程、不宜用来配制耐热混凝土。

12.2.3 掺混合材料的硅酸盐水泥

凡在硅酸盐水泥熟料中,掺入一定量的混合材料和适量石膏共同磨细制成的水硬性胶凝材料称为掺混合材料的硅酸盐水泥。在硅酸盐水泥中掺加一定量的混合材料能改善水泥的性能,增加水泥品种,提高水泥成本,扩大水泥的应用范围。

1. 混合材料

混合材料多采用磨细的天然岩石或工业废渣。混合材料包括活性混合材料和非活性混合材。

(1) 活性混合材料。本身加水不硬化,但与石灰和石膏拌和在一起,加水后在常温下能生成具有胶凝材料的水化产物,既能在水中硬化,又能在空气中硬化,这种混合材料称为活性混合材料。属于这类性质的有粒化高炉矿渣、火山灰质混合材料、粉煤灰。

(2) 非活性混合材料。磨细的石英砂、石灰石、黏土、矿渣及各种废渣等属于非活性混合材料。它们与水泥成分不起化学作用或化学作用很小。

2. 普通硅酸盐水泥(P·O)

凡由硅酸盐水泥熟料、6%～5%混合材料、适量石膏磨细制成的水硬性胶凝材料,称为普通硅酸盐水泥(简称普通水泥)(图 12-2-2)。有 32.5、32.5R、42.5、42.5R、52.5、52.5R 等 6 个强度等级。普通水泥的初凝不得早于 45 min,终凝不得迟于 10 h。

图 12-2-2 普通硅酸盐水泥

普通硅酸盐水泥的性能与硅酸盐水泥接近。该类水泥广泛用于各种混凝土工程中,是我国主要水泥品种之一。

3. 矿渣硅酸盐水泥(P·S)

凡由硅酸盐水泥熟料和粒化高炉矿渣(20%～70%)、适量石膏磨细制成的水硬性胶凝材料,称为矿渣硅酸盐水泥,简称矿渣水泥。矿渣水泥有 32.5、32.5R、42.5、42.5R、52.5、52.5R 等 6 个强度等级。对细度、凝结时间及安定性的要求与普通硅酸盐水泥相同。

4. 火山灰质硅酸盐水泥(P·P)

凡由硅酸盐水泥熟料和火山灰质混合材料(20%～50%)、适量石膏磨细制成的水硬性胶凝材料,称为火山灰质硅酸盐水泥(简称火山灰水泥)。火山灰水泥的强度等级与矿渣水泥一样。对细度、凝结时间及安定性的要求与普通硅酸盐水泥相同。火山灰水泥与矿渣水泥比较同样具有早期强度低、后期强度增长较快、水化热小的特点,但抗渗性好,在干燥环境中更易产生裂缝。

5. 粉煤灰硅酸盐水泥(P·F)

凡由硅酸盐水泥熟料和粉煤灰(20%～40%)、适量石膏磨细制成的水硬性胶凝材料,称为粉煤灰硅酸盐水泥(简称粉煤灰水泥)。对细度、凝结时间及安定性的要求与普通硅酸盐水泥相同。

此类水泥适用于地上、地下、水中大体积混凝土结构,蒸汽养护的构件,抗裂性要求较高的工程,一般混凝土工程,以及配制建筑砂浆。

6. 复合硅酸盐水泥(P·C)

由硅酸盐水泥熟料、两种或两种以上的混合材料(15%～50%)、适量石膏磨细制成的水硬性胶凝材料,称为复合硅酸盐水泥(简称复合水泥)。复合水泥分为 32.5、32.5R、42.5、42.5R、52.5、52.5R 等 6 个强度等级。

7. 水泥的运输与贮存

水泥应按不同生产厂家、不同品种、强度等级、批号分别存运,严禁混杂。贮存须注意防潮和防止空气流动。水泥贮存期规定为三个月。为了减少水泥安定性不良现象,对新出厂的水泥,应存放 10 天左右。

12.2.4 白色及彩色硅酸盐水泥

1. 白色硅酸盐水泥

由白色硅酸盐水泥熟料加入适量石膏,经磨细制成的水硬性胶凝材料称为白色硅酸盐水泥(简称白水泥)(图 12-2-3)。白水泥要求使用含着色杂质(铁、铬、锰等)极少的较纯原料,如纯净的高岭土、纯石英砂、纯石灰石、白垩等。在煅烧、粉磨、运输、包装过程中,应防止着色杂质混入。

白水泥的白度分为特级、一级、二级和三级。白度是指水泥色白的程度,其各等级白度不得低于表 12-2-2 规定的数值。

图 12-2-3 白色硅酸盐水泥

表 12-2-2 白水泥白度等级

等级	特级	一级	二级	三级
白度/%	86	84	80	75

按白度与强度等级,白水泥分为优等品、一等品和合格品三个等级(表 12-2-3)。

表 12-2-3 白水泥产品等级

白水泥等级	白度级别	强度等级
优等品	特级	62.5、52.5
一等品	一级	52.5、42.5
	二级	52.5、42.5
合格品	二级	32.5
	三级	42.5、32.5

2. 彩色硅酸盐水泥

彩色硅酸盐水泥，简称彩色水泥，按生产方法可分为两大类：一类是在白水泥的生料中加少量金属氧化物，直接烧成彩色熟料，然后再加适量石膏磨细而成；另一类为白水泥熟料、适量石膏和碱性颜料共同磨细而成。

白色和彩色水泥主要用在建筑物内外装饰部位，如地面、楼板、门厅等处的水磨石、水刷石、斩假石饰面，也可用于雕塑品等(图 12-2-4)。

图 12-2-4　彩色硅酸盐水泥地面

复习思考题

1. 气硬性胶凝材料与水硬性胶凝材料有何区别?
2. 建筑石膏是如何生产的? 其主要化学成分是什么?
3. 石膏制品有哪些特点? 建筑石膏可用于哪些方面?
4. 为什么说建筑石膏是一种良好的室内装饰材料?
5. 水玻璃的性质是怎样的? 有何用途?
6. 硅酸盐水泥熟料由哪几种矿物组成? 各有何特性?
7. 水泥有哪些主要技术性质?
8. 白色硅酸盐水泥有何特点? 适用于哪些工程?

实 践 任 务

了解胶凝材料的种类、规格、性能、价格和使用情况等。重点掌握纸面石膏板、装饰石膏板、吸声石膏板及水泥的种类、规格型号、性能、价格及选用。

1. 实践目的

让学生自主地到装饰材料市场和建筑装饰施工现场进行调查和实习，了解胶凝材料的价格、熟悉材料的应用情况，能够准确识别各种材料的名称、规格、种类、价格、使用要求及适用范围等。

2. 实践方式

建筑装饰材料市场的调查分析。

学生分组：学生 3～5 人一组，自主地到建筑装饰材料市场进行调查分析。

调查方法：学会以调查、咨询为主，认识相关材料价格、收集材料样本、掌握材料的选用要求。

3. 实践内容及要求

(1)认真完成调研日记。

(2)填写材料调研报告。

第 13 章 建筑装饰功能性材料

吸声材料、保温绝热材料和防水材料都是功能性材料的重要品种。建筑节能的主要途径是采用功能性材料。有效地运用吸声材料，可以保持室内良好的声环境和减少噪声污染。绝热材料和吸声材料的应用，对提高人们的生活质量有着非常重要的作用。防水材料的使用对于加强建筑的安全性和使用性有着重要作用。

13.1 吸声材料

13.1.1 吸声材料概述

自然界中存在各种各样的声音，美的音乐声能使人陶醉；嘈杂的喊叫声、机器的轰响能搅得人心神不安。前者是我们希望听到和利用的，就应让这些声音的音质更美；后者是我们不想听到的，影响我们的生活和工作，就应将其隔离。这就要求我们在房屋的建筑和装饰中必须使用特殊的功能材料——声学材料。建筑声学材料通常分为吸声材料和隔声材料。

1. 材料的吸声原理及技术指标

物体因振动而发声，通过介质的共振产生声波而传播。声在传播中，一部分逐渐扩散，一部分因空气分子的吸收而削弱，这种减弱现象在室外很明显，但在室内这种减弱现象则不起主要作用，而重要的是材料表面对声能的吸收。

任何材料都有一定的吸声能力，只是吸声能力的大小不同而已。一般来讲，坚硬、光滑、结构紧密和重的材料吸声能力差，反射能力强，如水磨石、大理石、混凝土、水泥粉刷墙面等；而粗糙松软、具有互相贯穿内外微孔的多孔材料吸声性能好，反射能力差，如矿渣棉、动物纤维、泡沫塑料、木丝板等。

2. 影响材料吸声能力的因素

(1) 材料的孔隙特征。多孔吸声材料都具有很大的孔隙率，孔隙愈多、愈细小，而且为开放型孔隙时，材料的吸声效果愈好。

(2) 材料的表观密度。通常同种材料的表观密度增大时，吸低频声效果提高，而吸高频声效果降低。因此在一定条件下，材料密度存在一个最佳值。因为密度过大或过小，对材料的吸声性能均会产生不利的影响。

(3) 材料的厚度。增加多孔材料厚度，吸低频声效果提高，而吸高频声效果变化不大。

(4) 材料背后的空气层。空气层相当于增加了材料的有效厚度，特别是改善了对低频的吸收，它比增加材料的厚度来提高低频的吸声效果更有效。

3. 常用吸声材料

多孔吸声材料是最常用的吸声材料。多孔吸声材料从表到里都具有大量内外连通的微小间隙和连续气泡，有一定的通气性。

多孔吸声材料品种很多，有呈松散状的超细玻璃棉、矿棉、海草、麻绒等；有的已加工成板状材料，如玻璃棉毡、穿孔吸声装饰纤维板、软质木纤维板、木丝板；另外还有微孔吸声砖、矿渣膨胀珍珠岩吸声砖、泡沫玻璃等。常见类型如表 13－1－1 所示。

表 13-1-1 多孔吸声材料基本类型

主要种类		常用材料举例	使用情况
纤维材料	有机纤维材料	动物纤维:毛毡	价格昂贵,使用较少
		植物纤维:麻绒、海草	防火、防潮性能差,原料来源丰富
	无机纤维材料	玻璃纤维:中粗棉、超细棉、玻璃棉毡	吸声性能好,保温隔热,不自燃,防腐防潮
		矿渣棉:散棉、矿棉毡	吸声性能好,松散材料易自重下沉,施工扎手
	纤维材料	矿棉吸声板、岩棉吸声板、玻璃棉吸声板	装配式施工,多用于室内吸声装饰工程
颗粒材料	砌块	矿渣吸声砖、膨胀珍珠岩吸声砖	多用于砌筑截面较大的消声器
	板材	膨胀珍珠岩吸声装饰板	质轻、不燃、保温、隔热、强度偏低
泡沫材料	泡沫塑料	聚氨酯及脲醛泡沫塑料	吸声性能不稳定,吸声系数使用前需实测
	其他	泡沫玻璃	强度高、防水、不燃、耐腐蚀、价格昂贵
		加气混凝土	微孔不贯通,使用较少
		吸声剂	多用于不易施工的墙面等处

13.1.2 常用吸声板材

1. 矿棉装饰吸声板

矿棉装饰吸声板是以矿渣棉为主要原料,加入适量黏合剂、防尘剂、憎水剂,经加压、烘干、饰面等工艺加工而成(图 13-1-1)。具有轻质、吸声、防火、保温、隔热、装饰效果好等优异性能,适用于宾馆、会议大厅、写字楼、机场候机大厅、影剧院等公共建筑吊顶装饰。

图 13-1-1 矿棉装饰吸声板

矿棉装饰吸声板通常有滚花、浮雕、纹体、印刷、自然型、米格型等多个品种;规格有正方形和长方形,尺寸有 500 mm×500 mm、600 mm×600 mm,610 mm×610 mm、600 mm×1 000 mm、600 mm×1 200 mm、625 mm×1 250 mm 等,厚度分别为 12 mm、15 mm、20 mm。板材的物理力学性能见表 13-1-2。

表 13-1-2　矿棉装饰吸声板的物理力学性质

<table>
<tr><th rowspan="3">体积密度
/(kg/m³)</th><th colspan="4">抗折强度/MPa</th><th rowspan="3">含水
率/%</th><th rowspan="3">吸声
系数</th><th rowspan="3">导热系数/
[W/(m·K)]</th><th rowspan="3">燃烧性</th></tr>
<tr><th colspan="4">板厚/mm</th></tr>
<tr><th>9</th><th>12</th><th>15</th><th>19</th></tr>
<tr><td>≤500</td><td>≥0.744</td><td>≥0.846</td><td>≥0.795</td><td>≥0.653</td><td><3</td><td>0.4～0.6</td><td><0.0875</td><td>A级(不燃)</td></tr>
</table>

矿棉板特点是：降噪性、吸声性、隔声性、防火性好，质量轻，吸水性强，易发霉、易变性。

2. 玻璃棉装饰吸声板

玻璃棉装饰吸声板(图 13-1-2)是以玻璃棉为主要原料，加入适量胶黏剂、防潮剂、防腐剂等，经加压、烘干、表面加工等工序而制成的吊顶装饰板材，表面处理通常采用贴附具有图案花纹的 PVC 薄膜、铝箔，由于薄膜和铝箔具有大量开口孔隙，因而具有良好的吸声效果。其产品具有轻质、吸声、防火、隔热、保温、装饰美观、施工方便等特点，适用于宾馆、大厅、影剧院、音乐厅、体育馆、会场、船舶及住宅的室内吊顶。

图 13-1-2　玻璃棉装饰吸声板

常用玻璃棉装饰吸声板的规格、性能如表 13-1-3 所示。

表 13-1-3　玻璃棉装饰吸声板的规格、性能

<table>
<tr><th rowspan="2">名称</th><th rowspan="2">规格长×宽×厚
/(mm×mm×mm)</th><th colspan="2">技术性能</th></tr>
<tr><th>项目</th><th>指标</th></tr>
<tr><td>玻璃棉吸声板</td><td>600×1200×25</td><td>密度/(kg/m³)
导热系数/[W/(m·K)]</td><td>48
0.0333</td></tr>
<tr><td>玻璃棉装饰天花板</td><td>600×1200×15
600×1200×25</td><td>密度/(kg/m³)
导热系数/[W/(m·K)]
吸声系数</td><td>48
0.0333
0.40～0.98</td></tr>
<tr><td>玻璃棉纤维吸声板</td><td>300×300×(10、18、20)</td><td>导热系数/[W/(m·K)]
吸声系数</td><td>0.047～0.064
0.7</td></tr>
<tr><td>玻璃棉吊顶板</td><td>200×600</td><td>密度/(kg/m³)
常温导热系数/[W/(m·K)]</td><td>50～80
0.0299</td></tr>
</table>

3. 珍珠岩装饰吸声板

珍珠岩装饰吸声板又名珍珠岩吸声板，系以膨胀珍珠岩粉及石膏、水玻璃配以其他辅料，经

拌和加工，加入配筋材料压制成形，并经热处理固化而成。产品具有轻质、美观、吸声、隔热、保温等特点，可用于室内顶棚、墙面装饰(图 13-1-3)。

图 13-1-3 珍珠岩装饰吸声板

珍珠岩吸声板可以分为普通膨胀珍珠岩装饰吸声板(代号为 PB)和防潮珍珠岩装饰吸声板(代号为 FB)。前者用于一般环境，后者用于高湿度环境。

珍珠岩装饰吸声板的产品规格为 400 mm×400 mm、500 mm×50 mm 和 600 mm×600 mm，厚度 15 mm、17 mm 和 20 mm。其他规格可由供需双方商定。

4. 聚苯乙烯泡沫塑料装饰吸声板

以聚苯乙烯泡沫塑料经混炼、模压、发泡、成形而成，具有隔声、隔热、保温、轻质、色白等优点，适用于影剧院、会议厅、医院、宾馆等建筑的室内吊顶装饰。图案有凹凸花型、十字花型、四方花型、圆角型等多种，规格尺寸有 300 mm×300 mm、500 mm×500 mm、600 mm×600 mm、1 200 mm×600 mm 等，厚度 3～20 mm 不等(图 13-1-4)。

图 13-1-4 聚苯乙烯泡沫塑料装饰吸声板

5. 吸声薄板和穿孔板

常用的吸声薄板有胶合板、石膏板、石棉水泥板、硬质纤维板和金属板等。通常是将它们的周边固定在龙骨上，背后留有适当的空气层，组成薄板共振吸声结构。采用上述薄板穿孔制品，可与背后的空气层形成空腔共振吸声结构。在穿孔板后的空腔中，填入多孔材料，可在很宽的频率范围内提高吸声系数。

金属穿孔板，如铝合金板、不锈钢板等，厚度较薄，因其强度高，可制得较大的穿孔率和微穿孔板。较大穿孔率的金属板，需背衬多孔材料使用，金属板主要起饰面作用。金属微孔板，孔径小于 1 mm，穿孔率 1%～5%，通常采用双层，无须背衬材料，靠微孔中空气运动的阻力达到吸声的目的。

13.1.3 隔声材料

能减弱或隔断声波传递的材料称为隔声材料。人们要隔绝的声音按其传播途径可分为空气声(由于空气的振动)和固体声(由于固体撞击或振动)两种。两者隔声的原理不同。

对空气声的隔绝，主要是依据声学的“质量定律”，即材料的密度越大，越不易受声波作用而产生振动。因此，其声波通过材料传递的速度迅速减弱，其隔声效果越好，故应选择密实、沉重的材料(如黏土砖、钢板、钢筋混凝土等)作为隔声材料，而吸声性能好的材料，一般为轻质、疏松、多孔材料，不宜用作隔声材料。

对固体声隔绝的最有效措施是断绝其声波继续传递的途径，即在产生和传递固体声波的结构(如梁、框架与楼板、隔墙以及它们的交接处等)层中加入具有一定弹性的衬垫材料，如软木、橡胶、毛毡、地毯或设置空气隔离层等，以阻止或减弱固体声波的继续传播。

为了改善声波在室内传播的质量，保证良好的音响效果和减少噪声的危害，在音乐厅、电影院、大会堂、播音室及工厂噪声大的车间等内部的墙面、地面、顶棚等部位，应选用适当的吸声材料。

13.2 保温绝热材料

13.2.1 保温绝热材料概述

为保持适宜于人们学习、工作、生活、生产的室内温度，要求围护结构在严寒季节具有良好的保温性能，在炎热季节又要具有良好的隔热性能，这些都要依靠绝热材料来解决。绝热材料是指对热流具有显著阻抗性的材料或材料复合体，是保温材料和隔热材料的总称。保温即防止室内热量的散失，而隔热是防止外部热量的进入。

1. 传热原理与绝热材料的作用原理

任何介质中，当两处存在温度差时，就会产生热的传递现象。热能将由温度较高的部分传递至温度较低的部分。对于大多数绝热材料，所测得的导热系数值，实际上为传导、对流和辐射的综合结果。

不同的建筑材料具有不同的保温绝热性能。通常保温绝热性能良好的材料，多是孔隙率较大的。由于在材料的孔隙内有着空气和水分，起着对流和辐射作用，因此严格地讲，在热流通过材料层时，因对流和辐射所占的比例很小，故在建筑热工计算中，均不予考虑。衡量材料绝热性能的主要指标是导热性。

2. 影响材料热导性的主要因素

(1) 材料的性质和结构。不同的材料的导热系数是不同的，导热系数以金属最大，非金属次之，液体较小，气体最小。

(2) 材料的表观密度和孔隙特征。由于固体物质的导热系数要比空气的导热系数大得多，因此，表观密度小的材料孔隙率大，其导热系数也较小。当孔隙率相同时，孔隙尺寸小而封闭的材料由于空气热对流作用的减弱，因而比孔隙尺寸粗大且连通的孔有更小的导热系数。

(3) 材料所处环境的温度、湿度。当材料受潮后，由于孔隙中增加了水蒸气的扩散和水分子的热传导作用，致使材料导热系数增大，水的导热系数比空气大 20 倍，而当材料受冻后，水变成冰，其导热系数将更大，因而绝热材料使用时切忌受潮受冻。

材料的导热系数随温度的升高而增大。但是，当温度在 0～50 ℃变化时，这种影响并不显著，只有处于高温或负温下，才考虑温度的影响。

在建筑上采用保温隔热材料，能提高建筑物的使用效能，减少基本建筑材料的用量，减轻围护结构的重量及大幅度节能降耗，所以对于促进建筑业的发展、缓解能源危机及提高人民的居住水平具有重要意义。

13.2.2 常用绝热材料

绝热材料按化学成分可分为有机和无机两大类，按材料的构造可分为纤维状、松散粒状和多孔组织材料三种，通常可制成板、片、卷材或管壳等多种形式的制品。一般来说，无机绝热材料的表观密度大、不易腐蚀、耐高温，而有机绝热材料吸湿性大、不耐久、不耐高温，只能用于低温绝热。

1. 无机保温隔热材料

(1) 石棉及其制品(图 13-2-1)。石棉是常见的保温隔热材料,是一种纤维状无机结晶材料,具有耐火、耐酸碱、绝热、防腐、隔声及绝缘等特性。通常以石棉为主要原料生产的保温隔热制品有石棉粉、石棉涂料、石棉板、石棉毡等制品,用于建筑工程的高效能保温及防火覆盖等。

(2) 玻璃棉及其制品(图 13-2-2)。玻璃棉是玻璃纤维的一种,是用玻璃原料或碎玻璃经熔融后制成的纤维状材料。玻璃棉不仅具有无机矿棉绝热材料的优点,而且还可以生产效能更高的超细棉。价格与矿棉相近,可制成沥青玻璃棉毡、板及酚醛玻璃棉毡、板等制品,可用在温度较低的热力设备和房屋建筑中的保温,同时它还是良好的吸声材料。

(3) 矿棉及其制品。岩棉和矿渣棉统称为矿棉。岩棉是由玄武岩、火山岩等矿物在冲天炉或电炉中熔化后,用压缩空气喷吹法或离心法制成;矿渣棉是以工业废料矿渣为主要原料,熔化后用高速离心法或压缩空气喷吹法制成的一种棉丝状的纤维材料。矿棉具有质轻、不燃、绝热和电绝缘等性能,且原料来源广、成本低,可制成矿棉板、矿棉保温带、矿棉管壳等,主要用于建筑保温(大体可包括墙体保温、屋面保温和地面保温等几个方面)。

(4) 膨胀珍珠岩及其制品(图 13-2-3)。膨胀珍珠岩是由天然珍珠岩经破碎、煅烧、膨胀制得,呈蜂窝泡沫状白色或灰白色的颗粒。它具有表观密度小、导热系数低、化学稳定性好、使用温度范围广、吸湿能力小,且无毒、无味、吸声等特点,是国内使用最为广泛的一类轻质保温材料。

图 13-2-1 石棉板

图 13-2-2 玻璃棉毡

图 13-2-3 膨胀珍珠岩

(5) 膨胀蛭石及其制品(图 13-2-4)。膨胀蛭石是由天然矿物蛭石经烘干、破碎、焙烧(800～1000℃),在短时间内体积急剧膨胀(6～20 倍)而成的一种金黄色或灰白色的颗粒状材料,具有表观密度小、导热系数低、防火、防腐、化学性能稳定、无毒无味等特点,因而是一种优良的保温隔热材料。

图 13-2-4 膨胀蛭石

(6) 泡沫玻璃(图 13-2-5)。泡沫玻璃是玻璃碎料和发泡剂配置成的混合物经高温燃烧而得到的一种内部多孔的块状绝热材料。泡沫玻璃具有导热系数小、抗压强度高、抗冻性好、耐久性好、易加工等特点,是一种高级绝热材料,可满足多种绝热需要。

2. 有机保温绝热材料

(1) 碳化软木板(图 13-2-6a)。碳化软木板是以一种软木橡树的外皮为原料,经适当破碎

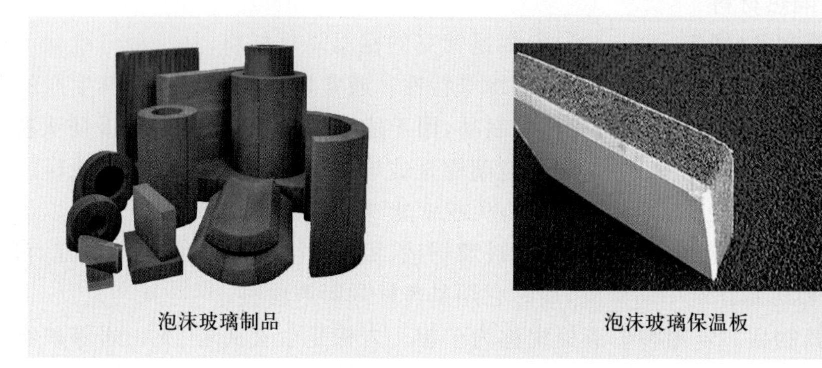

泡沫玻璃制品　泡沫玻璃保温板

图 13-2-5 泡沫玻璃

后再在模具中成形，在 300℃左右环境下热处理而成。由于软木皮中含有无数气泡，所以成为理想的保温、绝热、吸声材料，且具有不透水、无味、无毒等特性，并且有弹性、柔和耐用，不起火焰只能阴燃。

(2) 泡沫塑料(图 13-2-6b)。泡沫塑料是以合成树脂为基料，加入一定剂量的发泡剂、催化剂、稳定剂等辅助材料经加热发泡而制成的轻质保温、防震材料。泡沫塑料目前广泛用作建筑上的保温隔热材料，其表观密度很小，隔声性能好。适用于工业厂房的屋面、墙面、冷藏库设备及管道的保温隔热、防湿防潮工程。目前我国生产的泡沫塑料产品主要有聚苯乙烯泡沫塑料、聚氯乙烯泡沫塑料、聚氨酯泡沫塑料和脲醛树脂泡沫塑料。今后随着这类材料性能的改善，将向着高效、多功能方向发展。

(3) 植物纤维板(图 13-2-6c)。它系以植物纤维为主要材料加入胶结料和填料而制成。如木丝板、甘蔗板是以植物纤维为原料制成的一种轻质、吸声的保温材料。纤维板在建筑上用途广泛，可用于墙壁、地板、屋顶等。

(a) 碳化软木板　(b) 聚苯乙烯泡沫塑料（苯板）　(c) 植物纤维板

图 13-2-6 有机保温绝热材料

13.3 防水材料

13.3.1 石油沥青

石油沥青是石油原油经蒸馏等提炼出各种轻质油(如汽油、柴油等)及润滑油以后的残留物经过加工而得到的产品(图 13-3-1)。建筑上主要使用建筑石油沥青进行改性而制成各种防水材料。

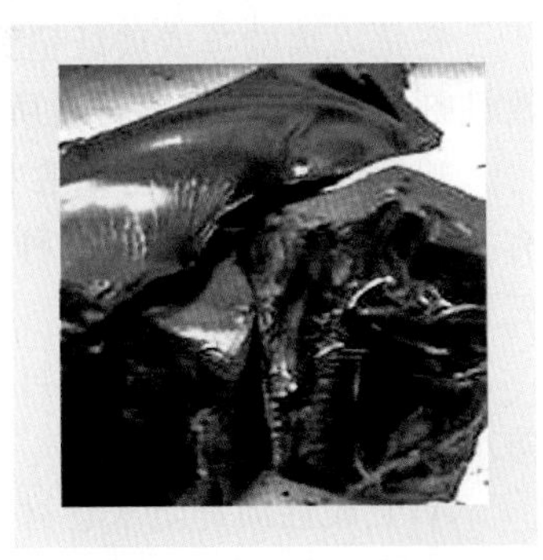

图 13-3-1 石油沥青

石油沥青的主要技术性质如下:

(1) 黏滞性(黏性)。黏性是指沥青在外力作用下,抵抗变形的能力。它反映了沥青材料内部阻碍其相对流动的一种特性,是沥青的主要技术性质之一。

(2) 塑性。塑性是指石油沥青在外力作用下产生变形而不破坏的能力,是沥青性质的重要指标之一。石油沥青的塑性与组分有关,当沥青中树脂含量较多,且其他组分含量适当时,塑性较大。塑性的影响因素还有所处的温度和沥青膜层的厚度等。

(3) 温度稳定性。温度稳定性是指沥青的黏滞性和塑性随着温度升降而变化的性能。在相同的温度变化间隔里,各种沥青黏滞性及塑性变化幅度不会相同。工程要求沥青随温度变化而产生的黏滞性及塑性变化幅度应较小,即温度敏感性要小。建筑工程宜选用温度稳定性较好的沥青。

(4) 大气稳定性。它是指石油沥青在热、空气、阳光等外界因素的长期作用下,性能不显著变劣的性质。大气稳定性说明沥青在大气作用下抵抗老化的性能。

13.3.2 改性沥青

凡对沥青进行氧化、乳化、催化,或者掺入树脂或橡胶,使沥青的性质发生不同程度的改善而得到的沥青产品称为改性沥青。

(1) 树脂改性沥青。在石油沥青中掺入适量的合成树脂,如聚乙烯、聚丙烯或酚醛树脂等,可改善和提高沥青的耐热性、耐寒性、黏结性能和不透水性,这种沥青称为树脂改性沥青。

(2) 橡胶改性沥青。在石油沥青中掺入适量的橡胶,如天然橡胶、氯丁橡胶、丁基橡胶、丁苯橡胶或再生橡胶,使沥青具有橡胶的特性,改善了沥青的气密性、低温柔性、耐光耐气候性、耐燃烧性和耐化学腐蚀性,这种改性沥青可用来制作防水卷材、密封材料或防水涂料,广泛地应用于装饰工程。

(3) 树脂橡胶改性沥青。在石油沥青中同时掺入适量的树脂和橡胶,可使沥青同时具有树脂和橡胶的特性,沥青的性能更加优良,其主要防水制品有卷材、片材、密封材料和防水涂料。

(4) 矿物填充料改性沥青。在沥青中加入适量的矿物填充料,如石灰粉、滑石粉、云母粉或硅藻土等,以改善沥青的耐热性,提高黏结力,减小沥青的温度敏感性。

13.3.3 改性沥青防水卷材

改性沥青防水卷材是在沥青中添加高分子聚合物进行改性，以提高防水卷材的使用性能，延长防水层的寿命。

1. 塑性体改性沥青防水卷材

它是以聚酯毡或玻纤毡为胎基，用无规聚丙烯（APP）或聚烯烃类聚合物（APAO、APO）作改性剂，两面覆以隔离材料所制成的建筑防水卷材（统称 APP 卷材）。

塑性体改性沥青防水卷材幅宽 1 m，聚酯胎卷材厚度有 3 mm、4 mm 两种，玻纤胎卷材厚度有2 mm、3 mm、4 mm 三种。塑性体改性沥青防水卷材每卷面积分为 15 m^2、10 m^2、7.5 m^2 三种。

APP 卷材适用于工业与民用建筑的屋面和地下防水工程，尤其适用于较高气温环境的建筑防水。

APP 改性沥青防水卷材是塑性体沥青系列防水卷材中的典型产品，是经过多道工艺加工而成的一种中、高档防水卷材。APP 改性沥青防水卷材的主要特点是：抗拉强度高，延伸率大；具有良好的温度稳定性和耐热性，适应温度范围－15 ℃～130 ℃，尤其是抗紫外线的能力较强，适用于炎热地区；APP 改性沥青防水卷材分子结构稳定，受高温、阳光照射后，分子结构不重新排列，抗老化性能好；APP 改性沥青防水卷材具有良好的憎水性和黏结性，可冷黏施工、热熔施工，干净、无污染。

2. 弹性体沥青防水卷材

弹性体沥青防水卷材是以聚酯毡或玻纤毡为胎基，用热塑性弹性体苯乙烯-丁二烯、苯乙烯共聚物（SBS）作改性剂，两面覆以隔离材料所制成的建筑防水卷材（简称 SBS 卷材）。

弹性体沥青防水卷材有玻纤毡和聚酯毡两种胎基，使用细砂、矿物粒（片）料及聚乙烯膜三种表面散布材料，共形成六个品种。

弹性体沥青防水卷材幅宽 1 m，聚酯胎卷材厚度有 3 mm、4 mm 两种，玻纤胎卷材有 2 mm、3 mm、4 mm 三种，每卷面积分为 15 m^2、10 m^2、7.5 m^2 三种。

该系列防水卷材适用于工业与民用建筑的屋面、地下室、卫生间等的防水、防潮，尤其适用于寒冷地区和结构变形频繁的建筑物防水。

SBS 改性沥青柔性油毡是以聚酯纤维无纺布为胎体，以 SBS 橡胶改性石油沥青为浸渍涂盖层（面层），以塑料薄膜为防黏隔离层或油毡表面带有砂粒的防水卷材。它具有良好的弹性、耐疲劳、耐高温、耐低温等性能，价格较低，施工方便，可以冷作粘贴，也可热熔铺贴，具有较好的温度适应性和耐老化性能，适用于屋面及地下室的防水工程。

3. 改性沥青聚乙烯胎防水卷材

改性沥青聚乙烯胎防水卷材是以改性沥青为基料，以高密度聚乙烯膜为胎基，以聚乙烯膜或铝箔为上表面覆面材料，经滚压、水冷、成形制成的防水卷材。面积 11 m^2，宽 1 100 mm，厚 2 mm、4 mm。

改性沥青聚乙烯胎防水卷材具有强度高、伸长率大、弹性好、耐撕裂、耐日光、耐臭氧老化、耐高温、耐酸碱、使用寿命长等特点，可冷施工，无污染。

用于屋面单层外露防水，也用于有保护层的屋面、地下室等防水工程。

13.3.4 高分子防水卷材

1. 氯化聚乙烯(CPE)防水卷材

氯化聚乙烯防水卷材是以氯化聚乙烯树脂为主要原料制成的防水卷材,包括无复合层、纤维单面复合及织物内增强的氯化聚乙烯防水卷材。它具有强度高、伸长率大、弹性好、耐撕裂、耐日光、耐臭氧老化、耐寒、耐高温、耐酸碱、使用寿命长等特点。适用于屋面作单层外露防水,也适用于有保护层的屋面、地下室、水池等防水工程。

2. 聚氯乙烯防水卷材

聚氯乙烯防水卷材是用聚氯乙烯为主要原料制成的防水卷材,包括无复合层、纤维单面复合及织物内增强的聚氯乙烯防水卷材。这类防水卷材的特点突出,优势明显。

(1) 防水效果好,抗拉强度高。聚氯乙烯防水卷材的拉伸强度是氯化聚乙烯防水卷材拉伸强度的 2 倍,抗裂性能强,防水、防渗效果好。

(2) 寿命长。可使用 20 年。

(3) 断裂伸长率高。断裂伸长率为纸胎油毡的 300 倍,对基层伸缩和开裂变形的适应性强。

(4) 耐高温、耐低温性能好。聚氯乙烯防水卷材可在 −40 ℃~90 ℃使用,寒冷及炎热地区均可使用。

(5) 可采用冷黏法或热风焊接法施工,施工方便、无污染。

3. 氯化聚乙烯-橡胶共混防水卷材

氯化聚乙烯-橡胶共混防水卷材是以氯化聚乙烯树脂和合成橡胶为主体,加入适量的软化剂、稳定剂、促进剂、填充剂等经塑炼、混炼、压延或挤出成形、硫化、冷却、检验、分卷、包装等工序加工而成的一种防水卷材。主要特性如下:

(1) 综合防水性能好,兼有塑料和橡胶的双重性,即不但具备了氯化聚乙烯的高强度和耐用老化性,而且具备了橡胶类材料的高弹性和高延伸性,提高了卷材的综合防水性能。

(2) 具有良好的高温、低温性能,其使用温度在 −40 ℃~80 ℃,高温、低温性能良好。

(3) 具有良好的黏结性和阻燃性。

(4) 稳定性好,使用寿命长。

(5) 采用冷黏结施工,简单方便,工效高。

4. 三元丁橡胶防水卷材

三元丁橡胶防水卷材是以废旧丁基橡胶为主,以丁酯作改性剂,丁醇作促进剂加工制成的无胎卷材。三元丁橡胶防水卷材的弹塑性好、抗老化性好、热稳定性好,尤其是低温条件的柔性好,适用于工业与民用建筑及构筑物的防水,尤其适用于寒冷及温差变化较大地区的防水工程。

5. 高分子防水片材

高分子防水片材是以高分子材料为主体,以压延法或挤压法生产的均匀片材及高分子材料复合片材。主要特性如下:

(1) 抗老化性能高,使用寿命长。如三元乙丙橡胶防水片材使用寿命长达 40 年。

(2) 拉伸强度高,延伸率大。如三元乙丙橡胶防水片材的拉伸强度、断裂伸长相当于石油沥青纸胎油毡伸长率的 300 倍,因此能够适应防水基层伸缩或局部开裂变形的需要。

(3) 耐高温、低温性能好。如三元乙丙橡胶防水片材在低温 −40 ℃时仍不脆裂,在高温

80 ℃时仍无裂纹。

(4) 施工简单方便。高分子防水片材可以采用单层冷黏结施工，改变了传统的多层“二毡三油一砂”、热施工的沥青油毡防水做法，简化了施工程序，提高了劳动效率。

13.3.5 防水涂料

防水涂料是一种流态或半流态物质，涂布在基层表面，经溶剂、水分挥发或各组分之间的化学反应形成有一定弹性和一定厚度的连续薄膜，使基层表面与水隔绝，起到防水、防潮作用。防水涂料按成膜物质的主要成分可以分为沥青类和合成高分子两大类。

1. 水性沥青基防水涂料

水性沥青基防水涂料是以乳化沥青为基料，在其中掺入各种改性材料的水乳型防水涂料。常见的水性基沥青防水涂料的主要特性和应用如下。

(1) 石棉乳化沥青防水涂料。石棉乳化沥青防水涂料是将熔化的沥青加到石棉与水组成的悬浮液中，经强烈搅拌后制成的厚质防水涂料。基本特性如下：

① 可形成较厚的防水涂膜，单位面积内涂料用量大，几次涂刮后，涂层厚度可达 4～8 mm。

② 因含有石棉纤维，涂料的耐水性、耐裂性、稳定性等比一般乳化沥青强，但石棉纤维粉尘对人体有害。

③ 对结构缝等部位需配合密封材料使用，要先用密封材进行嵌缝处理。

④ 施工温度要适宜。气温在 15 ℃以上为宜，但过高会黏脚，影响施工；气温低于 10 ℃时，涂料成膜性差，不宜施工。

⑤ 冷施工，无毒、无味，可在潮湿基层上施工。

(2) 膨润土乳化沥青防水涂料。膨润土乳化沥青防水涂料是以优质石油沥青为基料，膨润土为分散剂，经机械搅拌而成的水乳型厚质防水涂料。性能特点如下：

① 防水性能好，黏结性强，耐热度高，耐久性好。

② 冷施工，可在潮湿基层上涂布，操作简单，无污染。

(3) 石灰乳化沥青防水涂料。石灰乳化沥青防水涂料是以石油沥青为基料，以石灰膏为分散剂，以石棉绒为填充料加工而成的一种灰褐色膏体厚质防水涂料。性能特点如下：

① 涂层较厚，单位面积内涂料用量大。

② 结构缝处配合密封材料使用。

③ 施工适宜温度为 5～30 ℃。

④ 原材料来源充足，成本较低。

⑤ 沥青没经改性，低温时易脆裂，影响防水质量。

⑥ 冷施工，可在潮湿基层上施工，施工简单、方便、无污染。

2. 合成高分子防水涂料

(1) 聚氨酯防水涂料。聚氨酯防水涂料是一种化学反应型涂料，涂料喷、刷以后，借助组分间发生的化学反应，直接由液态变为固态，形成较厚的防水涂膜。涂料中几乎不含有溶剂，故涂膜体积收缩小，且其弹性、延性和抗拉强度及耐候、耐蚀性能好，对环境温度变化和基层变形的适应性强，是一种性能优良的合成高分子防水涂料。其缺点是有一定的毒性、不阻燃，且成本也较高。

(2) 聚氯乙烯弹性防水涂料。聚氯乙烯弹性防水涂料是以聚氯乙烯为基料，加入改性材料和其他助剂配制而成的热塑型和热熔型的弹性防水涂料(简称 PVC 防水涂料)。聚氯乙烯弹性防水涂料具有良好的弹性、延伸性，对基层结构变形有较强的适应能力，可在较潮湿的基层上冷施工。其使用温度在 -20 ℃～80 ℃，有良好的耐寒性、耐热性、耐老化性、耐腐蚀性和黏结性，还可以大面积施工，形成的防水层整体性好，尤其适应复杂结构部位的防水。

(3) 其他高分子防水材料。主要有：

① 聚合物乳液建筑防水涂料。以聚合物乳液为基料，掺加其他添加剂而制得的单组分水乳型防水涂料，主要用于屋面、浴厕室、地下室等工程的防水、防渗。由于是无接缝的封闭型防水层，特别适用于轻型薄壳结构屋面防水，调制成的多种浅色防水涂料，既可防水，又有隔热和装饰效果。

② 建筑物表面用有机硅防水涂料。它是以硅烷及硅氧烷为主要基料的水性或溶剂型建筑表面有机硅防水剂，多用于多孔性无机基层(如混凝土、瓷砖、黏土砖、石材等)不承受水压的防水及防护工程。

③ 溶剂型橡胶沥青防水涂料。这种涂料适用于建筑物的防水、抗渗漏处理，具有黏结力强、延伸力强、隔热和补漏效果好的特点。适用在潮湿或干燥的砖石、砂浆、混凝土、金属、木材等各种防水层上直接施工。因而广泛使用于新旧屋面、地下室、外墙、管道等建筑设施的防水密封、装饰和补漏，用途广泛。

④ 聚合物水泥防水涂料。它是水硬性柔性防水材料，无毒环保，黏结强度高，弹性和密封效果好。既有有机材料的弹性又有无机材料的耐久性、耐水性的优点，可直接黏贴面砖、石板材等饰面材料；可在潮湿基面上施工，易成膜、无接缝、工期短，主要用于屋面、厕浴间、地下室等需要进行防水、防潮、防渗补漏处理的部位。

装饰材料中，坚硬、光滑、结构紧密的材料吸声能力差、反射能力强，如水磨石、大理石、混凝土、水泥粉刷墙面等；粗糙松软、具有互相贯穿内外微孔的多孔材料吸声能力好，反射性能差，如玻璃棉、矿棉、泡沫塑料、木丝板、半穿孔吸声装饰纤维板和微孔砖等。影响多孔性材料吸声性能的因素主要有：① 材料内部孔隙率及孔隙特征；② 材料的厚度；③ 材料背后的空气层；④ 温度和湿度。

能减弱或隔断声波传递的材料称为隔声材料。对空气的隔绝，应选择密实、沉重的材料(如黏土砖、钢板、钢筋混凝土等)作为隔声材料；而吸声性能好的材料，一般为轻质、疏松、多孔材料，不宜用作隔声材料。对固体声隔绝的最有效措施是断绝其声波继续传递的途径。

常用吸声板材有矿棉装饰吸声板、玻璃棉装饰吸声板、珍珠岩装饰吸声板、聚苯乙烯泡沫塑料装饰吸声板、纤维增强硅酸钙板等。

复习思考题

1. 影响材料吸声能力的因素有哪些?
2. 常用的吸声板材有哪些?
3. 常用绝热材料有哪些?
4. 石油沥青有哪些性质?
5. APP主要的性能特点及应用如何?
6. 什么是防水涂料? 常用的防水涂料有哪些? 各自的特性如何?

第14章 餐饮空间装饰材料识别与选购项目实践

在建筑装饰工程中，作为一项工程项目的负责人，特别是材料员应当掌握装饰材料识别与选购的技能。此篇是以某餐饮装饰工程项目为依托，以任务技能训练的方式为学习手段，把整体工程分为五个任务，分别是隐蔽工程、天棚、墙面、地面及其他装饰材料的识别与选购。

学习者通过前两篇对建筑装饰材料的分类、特点、性能和应用等基础知识的学习，再投入到本篇的实践认知，通过整体项目的五个任务来了解装饰材料识别与选购的过程，在实践训练过程中了解一些常用装饰材料的应用部位、价格、品牌、规格等信息，同时掌握常用装饰材料的选购方法和鉴别常识，最好达到对于建筑装饰材料识别与选购技能的掌握和职业素质的提升。

项目分解表

项目名称	餐饮工程装饰材料的识别与选购
项目分解	根据装修施工部位的不同将装饰材料的选购工作分成五个任务完成。 任务一：餐厅天棚装饰材料的选购 任务二：餐厅墙面装饰材料的选购 任务三：餐厅地面装饰材料的选购 任务四：餐厅轻工辅料的选购 任务五：餐厅成品装饰材料及其他装修部位材料的选购

工程项目简介

【建筑面积】1470 m^2

【地　　点】某市开发区

【档　　次】中档(餐饮)

【设计风格】明快、时尚，整体空间色调明亮、大方、简洁，现代风格

【装修费用】360 万元(不包成品家具、家电等)

【设计效果】部分效果图如图 14-0-1～图 14-0-4 所示

图 14-0-1　餐厅大堂效果图

图 14-0-2　宴会大厅效果图

包房一

图 14-0-3 餐厅二楼走廊效果图

包房二

图 14-0-4 包房效果

14.1 任务一：餐厅天棚装饰材料的选购

一、任务分析

本施工阶段的施工内容包括：

1. 餐厅大堂的天棚吊顶施工。
2. 包房的天棚施工。
3. 卫生间、厨房的天棚施工。

了解施工内容后，要掌握施工进度、熟知施工所需的材料，拟定《提料计划单》即《材料品牌及价格明细表》(表 14-1-1)。

表 14-1-1　天棚主要装饰材料明细表

天棚主要装饰材料明细表

序号	项目名称	材料名称	单位	规格型号	品牌产地	等级	单价
1	餐厅大堂棚面	轻钢龙骨主龙骨	m	50系列 1.2 mm	龙牌	优等	7.29 元/m
		木龙骨	m	30×40(截面)	本地产		1.50 元/m
		纸面石膏板	张	1 220 mm×2 440 mm	可耐福	优等	36.00 元/张
		装饰石膏板	张	600×600		优质	12.00 元/张
		棚面壁纸	卷	5.3 m²/卷	玉兰		260.00 元/卷
		棚面金属壁纸	卷	5 m²/卷	圣象		480.00 元/卷
		棚面底漆	桶	5 L	立邦		298.00 元/桶
		棚面面漆	桶	15 L	立邦净味		638.00 元/桶
		石膏角线	m	70 宽			14.00 元/m
2	包房棚面	轻钢龙骨主龙骨	m	50系列　1.2 mm	龙牌	优等	7.29 元/m
		纸面石膏板	张	1 220 mm×2 440 mm	可耐福	优等	26.00 元/张
		棚面底漆	桶	5 L	立邦		298.00 元/桶
		棚面面漆	桶	15 L	立邦净味		638.00 元/桶
		樱桃半圆木装饰线	m	25 mm×8 mm			11.00 元/m

续表

序号	项目名称	材料名称	单位	规格型号	品牌产地	等级	单价
3	大厅卫生间棚面	轻钢龙骨主龙骨	m	50 系列 1.2 mm	龙牌	优等	7.29 元/m
		铝合金扣板	m^2	0.8 mm	浦菲尔		220.00 元/m^2
4	包房卫生间顶棚	木龙骨	m	30×40(截面)	本地产		1.50 元/m
		PVC 塑料扣板	m^2	厚 9 mm	志申		80.00 元/m^2
5	厨房顶棚	木龙骨	m	30×40(截面)	本地产		1.50 元/m
		PVC 塑料扣板	m^2	厚 9 mm	志申		80.00 元/m^2

二、选购装饰材料的相关技能

(一) 天棚龙骨材料的相关选购技能

1. 轻钢龙骨的选购方法

(1) 外观质量。轻钢龙骨的外形要平整、棱角清晰，切口不允许有影响使用的毛刺和变形。龙骨表面应镀锌防锈，不允许有起皮、脱落等现象。对于腐蚀、损伤、麻点等缺陷也需按规定要求检测。

(2) 外观质量检查时，应在距产品 0.5 m 处光照明亮的条件下，进行目测检查。

(3) 轻钢龙骨表面应镀锌防锈，其双面镀锌量：优等品不少于 120 g/m^2，一等品不少于 100 g/m^2，合格品不少于 80 g/m^2。

(4) 在选购时一定要注意轻钢龙骨材质的力学强度，否则在使用上会导致结构的不稳定。另外，有关其力学方面的性能，可参考国标《建筑用轻钢龙骨》(GB/T 11981)的相关规定。

2. 木质骨架的选购方法

木质骨架在加工制作时分为足寸和虚寸两种。足寸是实际成品的尺度规格，而虚寸是型材订制设计时的规格(木质骨架在加工锯切时所损耗的锯末也包括在设计尺寸中)，这也是商家所标称的规格，因而虚寸比足寸要大，虚寸为 50 mm×70 mm 的木龙骨，足寸约为 46 mm×63 mm。另外，在选购中还要认真识别木质骨架的外观，是否有腐烂的痕迹，价格是否合理。

(二) 天棚饰面材料的相关选购技能

1. 铝合金扣板的选购方法

(1) 查看其铝质厚度。优质扣板厚度一般都在 0.5 mm 以上，一些较差的产品厚度只有

0.3 mm。一般选购0.6 mm厚度的铝扣板就很合适了。过厚或者过薄都不利于家装的使用和安装。

(2) 铝合金扣板的硬度是由其构成金属元素决定的，用手弯曲板边，不易变形为较好板型(图14-1-1)。

(3) 铝合金扣板表面应该都有品牌的保护包装膜，背面也会有相应的数码打印标签。

(4) 铝合金扣板表面应该是光滑、无划痕、无色差的。

2. 纸面石膏板的选购方法

(1) 观察纸面。优质纸面石膏板纸轻且薄，强度高，表面光滑、无污渍，纤维长，韧性好，而劣质纸面石膏板用的是再生纸浆生产出来的纸张，较重较厚，强度较差，表面粗糙，有时可看见油污斑点，易脆裂。

(2) 观察板芯。优质纸面石膏板板芯白，而劣质的纸面石膏板板芯发黄(含有黏土)，颜色暗淡。

(3) 观察纸面黏结。优质的纸面石膏板的纸张全部黏结在石膏芯体上，石膏芯体没有裸露，而劣质纸面石膏板的纸张则可以撕下大部分甚至全部纸面，石膏芯完全裸露出来(图14-1-2)。

(4) 掂量单位面积重量。相同厚度的纸面石膏板，在达到标准强度的前提下，优质板材比劣质的一般要轻。

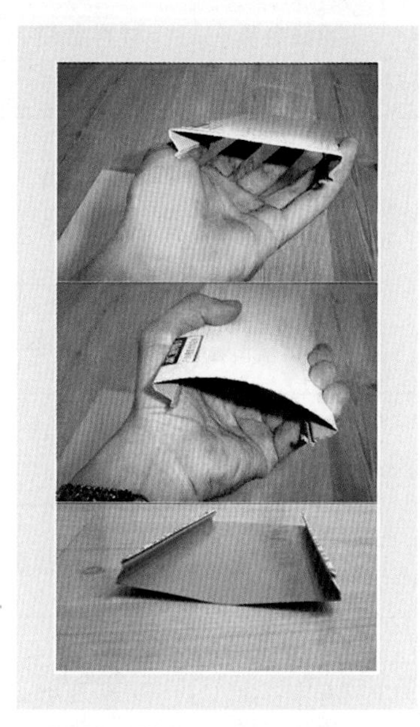

图14-1-1　鉴别铝合金扣板

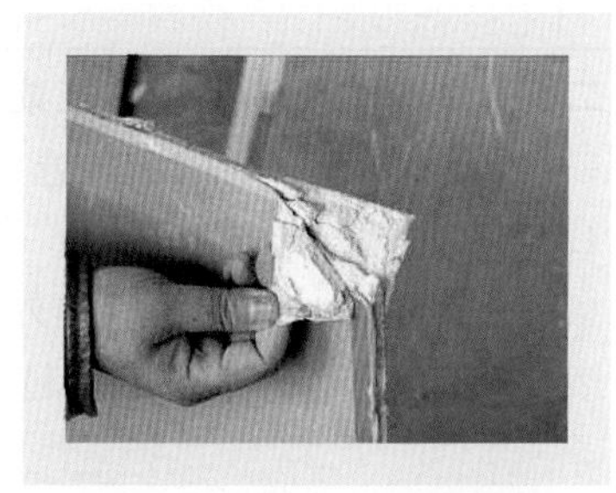

图14-1-2　劣质石膏板板芯

3. PVC扣板的选购方法

(1) 测量壁厚。行业标准《测量壁厚行业标准》(QB/T 2133—95)规定，扣板的壁厚不低于0.7 mm，特别是使用面，一般厂家的合格产品必须达到这个要求。

(2) 察看锯口情况及板内表面的粗糙程度。质量好的扣板，强度及韧性都好，板面及内筋等部位在锯断时，不会出现崩口，且锯口平齐，无毛刺、裂纹等现象，内表面及内筋断面平滑，不会有明显的气泡。但劣质扣板锯口就会出现毛刺，内筋及板的上下面容易出现崩口、裂纹，且内表面粗糙，内筋上气泡多。

(3) 用手指按压板茎。取一段扣板，用手指按压板茎(图14-1-3)，如果是劣质板材，板茎则很容易折断、崩裂。

图14-1-3　鉴别PVC扣板

(4) 用指甲试划印花面。印花扣板的印刷图案上面有一层光膜，起保护图案和花纹的作用，该光膜必须有一定硬度，才能耐摩擦。用指甲在光膜面上来回试划，然后观察是否会留下划痕，若出现划痕，说明保护印刷图案的光膜的硬度不好，使用中容易划伤或碰花。

14.2 任务二:餐厅墙面装饰材料的选购

一、任务分析

本施工阶段的施工内容包括：

1. 餐厅大堂背景墙制作。
2. 餐厅大堂墙面壁纸的粘贴。
3. 餐厅大堂柱面装饰。
4. 包房墙面装饰。
5. 卫生间、厨房贴砖。

了解施工内容后，要掌握施工进度、熟知施工所需的材料，拟定提料计划单即材料品牌及价格明细表(表 14－2－1)。

表 14－2－1　墙面主要装饰材料明细表

墙面主要装饰材料明细表

序号	项目名称	材料名称	单位	规格	品牌产地	等级	单价
1	餐厅大堂背景墙	轻钢龙骨主龙骨	m	50 系列　1.2 mm	龙牌	优等	7.29 元/m
		细木工板	张	2 440 mm×1 220 mm×18 mm	凯达	E0	138.00 元/张
		石膏板	张	3 000 mm×1 200 mm	拉法基		36.00 元/张
		壁纸	m^2	0.53 m×10 m	罗马假日		480.00/卷
		木质骨架材料	m	30 mm×40 mm(截面)	本地产	优质	1.50 元/m
		装饰镜子	片	900 mm×600 mm	本地产		100.00 元/片
		华润漆	套	9 kg	广州		220.00 元/套
		大理石	m^2	800 mm×600 mm	西班牙米黄	A 级	780.00 元/m^2
		茶镜	m^2	5 mm 厚	洛阳金林		290.00 元/m^2
		镀膜玻璃	m^2	银灰、银白 5 mm	本地产		118.00 元/m^2

续表

序号	项目名称	材料名称	单位	规格	品牌产地	等级	单价
2	餐厅大堂墙面	胶合板	张	2 440 mm×1 220 mm×5 mm	本地产		68.00 元/张
		胶合板	张	2 440 mm×1 220 mm×9 mm	本地产		95.00 元/张
		墙面底漆	桶	5 L	立邦		298.00 元/桶
		墙面面漆	桶	15 L	立邦净味		638.00 元/桶
		壁纸	m^2	5 m^2/卷	玉兰		18.00 元/m^2
		文化石	m^2	150 mm×600 mm×25 mm	恒通		158.00 元/m^2
		金属饰面板	张	1 220 mm×2 440 mm	广州		238.00 元/张
		微薄木饰面板	张	1 220 mm×2 440 mm×3 mm	广州		105.00 元/张
		大理石	m^2	600 mm×600 mm×20 mm	新西米黄	A 级	380.00 元/m^2
3	餐厅大堂柱面	大理石	m^2	600 mm×600 mm×20 mm	爵士白	A 级	379.50 元/m^2
4	包房墙面	精选泰柚微薄木饰面板	张	1 220 mm×2 440 mm×3 mm	通力	E0	110.00 元/张
		红直榉木饰面板	张	1 220 mm×2 440 mm×3.6 mm	通力	E0	150.00 元/张
		爱尔福特 R—79 壁纸	卷	0.53 mm×17 mm	爱尔福特		910.00 元/卷

续表

序号	项目名称	材料名称	单位	规格	品牌产地	等级	单价
5	办公室墙面	铝塑板	张	1 220 mm×2 440 mm×3 mm	远宏		120.00 元/张
6	卫生间墙面	墙面砖(卫生间仿古砖)	m^2	450 mm×300 mm	美陶		160.00 元/m^2
7	厨房墙面	墙面砖	m^2	300 mm×600 mm	冠军		195.56 元/m^2
8	阳台墙面	挤塑保温板	张	2 400 mm×600 mm	XPS		380.00 元/张
		阳台墙面砖	m^2	300 mm×480 mm	冠军		174.86 元/m^2

二、选购装饰材料的相关技能

(一) 人造板材的相关选购技能

1. 细木工板的选购方法

一查。先查看标志是否齐全，有没有商标和生产厂家及质量等级。再查看质量检测报告，是否为近期检验结果(图 14-2-1)。

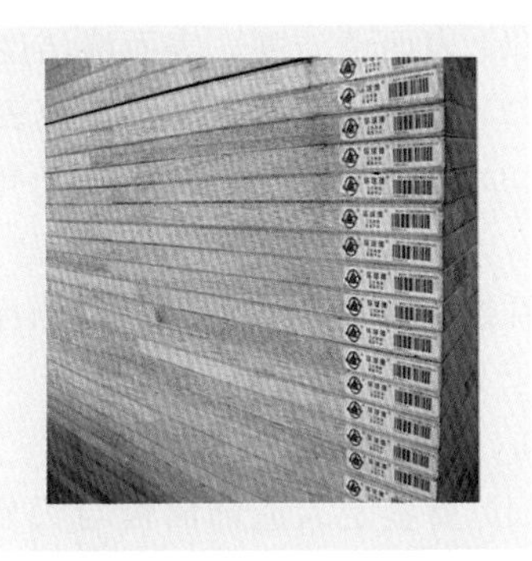

图 14-2-1 细木工板标识

二听。掂起板子，听是否有“嘎吱”声，有则说明板子胶合不好。用手指或小木条轻轻敲击板面，内部如有空洞，其声音会与别处不同。

三看。看外观：正规品牌板面光滑、均匀、平整，周边经过防变形处理，颜色略深，带黄灰色。劣质板一般用特别白、特别新鲜的边料掩饰其质量的不足，甚至用涂料将四周全部涂白(或涂成其他颜色)，由于涂层履盖了木材的纹理，很容易识别。看内部：将板子锯开观察断面，看内部芯条是否均匀整齐，不能有裂缝。黏结是否牢固，不能有松动。芯条质量是否合格，不能有腐朽、断裂、虫蛀等(图 14-2-2)。

图 14-2-2 劣质细木工板

四闻。板子是否有刺激性气味，气味是否强烈。如感到有强烈的刺鼻味，并伴有流眼泪、喉咙发痒、咳嗽等不适现象，说明板子甲醛释放量超标。优质细木工板带有绿色木芯板识别标签。

2. 胶合板的选购方法

(1) 观察胶合板的正反两面，不应看到节疤和补片；

观察剖切截面，单板之间均匀叠加，不应有交错或裂缝，不应有腐朽变质等现象。

(2) 双手提起胶合板一侧，能感受到板材是否平整、均匀、无弯曲起翘的张力。

(3) 向商家索取胶合板检测报告和质量检验合格证等文件，胶合板的甲醛含量应小于或等于 1.5 mg/L，才可直接用于室内，而大于或等于 1.5 mg/L 时必须经过饰面处理后才允许用于室内。

3. 微薄木饰面板的选购方法

(1) 装饰板表面应光洁，无毛刺和刨切刀痕，无透胶现象和板面污染现象(如局部发黑、发黄现象)。

(2) 认清人造贴面与天然木质单板贴面的区别，前者的纹理基本为通直纹理，纹理图案有规则；后者为天然木质花纹，纹理图案自然变异性比较大，无规则。

(3) 外观检验。装饰板外观应有较好的美感，材质应细致均匀、色泽清晰、木纹美观，配板与拼花的纹理应按一定规律排列，木色相近，拼缝与板边近乎平行。

4. 纤维板的选购方法

(1) 厚度均匀，板面平整、光滑，没有污渍、水渍、黏迹。四周板面细密、结实、不起毛边。

(2) 含水率低，吸湿性小。

(3) 可以用手敲击板面，声音清脆悦耳、均匀的纤维板质量较好；声音发闷，则可能发生了散胶问题。

5. 刨花板的选购方法

(1) 表面清洁度。表面清洁度好的刨花板表面应无明显的颗粒。

(2) 表面光滑度。用手抚摸表面时应有光滑感觉，如感觉较涩则说明加工不到位。

(3) 表面平整度。表面应光亮平整，如从侧面看去表面不平整，则说明材料或加工工艺有问题。

纤维板和刨花板的环保检测标准为：甲醛含量小于或等于 9 mg/100 g 才可直接用于室内，而大于 9 mg/100 g，小于或等于 30 mg/100 g 时必须经过饰面处理后才允许用于室内。

6. 人造饰面板的选购方法

(1) 要鉴定人造饰面板与天然饰面板，人造饰面板纹理通直、有规则，色泽一致(图 14-2-3)，而天然饰面板则纹理图案自然变异性大，无规则。

(2) 饰面板外观装饰性好，材质应细致均匀、色泽清晰、木纹美观，配板与拼花的纹理应按一定规律排列，木色相近，拼缝与板边近乎平等。表面色彩要一致，表面无疤痕。

图 14-2-3　人造饰面板纹理规则

(3) 饰面板基层与表面木皮质量要好。基层的厚度、含水率要达到国家标准，是否作除碱处理等。表层木皮的厚度应达到标准，不能太薄，太薄会透底，影响美观。

(4) 胶层结构稳定，无开胶现象。木皮与基材、基材内部各层之间不能出现鼓泡、分层、脱胶现象。

(5) 闻气味，如果刺激性异味强烈，说明甲醛释放量超标，会严重污染室内环境。

(6) 选购时要选择背板右下角盖有标明饰面板类别、等级、厂家名称等标记的正规厂家生产的产品。

(二) 金属饰面板的相关选购技能

1. 不锈钢装饰板的选购方法

在购买时应注意观察不锈钢装饰板外部的贴塑护面是否被划伤，贴塑是否完整。板材厚度是否均匀，掂量其重量，看产品的标识与厂家。

2. 铝塑板的选购方法

(1) 看铝塑板是否表面平整光滑、无波纹、鼓泡、疵点、划痕。

(2) 测量铝塑板是否达到国标要求，内墙板 3mm，外墙板 4mm。

(3) 折铝塑板一角，易断裂的不是 PE 材料或掺杂使假。

(4) 烧铝塑板中间材料，真正的 PE 完全燃烧，掺杂使假的燃烧后有杂质。

(5) 刨槽折弯时，看正面是否断裂。

(6) 索要生产厂家质检报告、质保书、ISO－9002 国际质量认证书，拥有这些的产品是正规厂家生产的，可保证产品质量。

(7) 同等价格比质量，同等质量比价格。

(三) 釉面砖的选购方法

釉面砖主要通过釉面的好坏来决定质量。釉面均匀、平整、光洁、亮丽、色彩一致者为上品：表面有颗粒、不光洁、颜色深浅不一、厚薄不均，甚至凹凸不平、呈云絮状者为次品。另外，光泽釉应晶莹亮泽，无光釉则应柔和、舒适。

具体方法：

(1) 等级标识 。瓷砖分为五个等级，有优等品、一等品、二等品、三等品和等外品的区别，因价差较大，需认真比较。

(2) 规格尺寸。尺寸是否符合标准可以通过目测来判断。将砖置于平整面上，看其四边是否与平整面完全吻合(图 14-2-4)；同时，看瓷砖的四个角是否均为直角。好瓷砖无凹凸、鼓突、翘角等缺陷，边长的误差不超过 0.2～0.3 mm，厚薄的误差不超过 0.1 mm。

图 14-2-4 劣质釉面砖平放有缝隙

(3) 图案。好的瓷砖花纹、图案色泽清晰一致，工艺细腻精致，无明显漏色、错位、断线或深浅不一致现象。

(4) 色差。在选购过程中，对每个包装的产品都要抽样对比，将瓷砖置于同一品种及同一型号的砖中，观察其色差程度。好的产品色差很小，产品之间色调基本一致、色泽鲜艳均匀、光彩照人；而差的产品色差较大，产品之间色调深浅不一。

瓷砖以硬度良好、韧性强、不易破碎为上品，可以通过“看”、“听”、“掂”来进行判别。

看：观察瓷砖的残片，如果其断裂处结构细密、色泽一致且不含颗粒物，则该瓷砖为上品。

听：用手轻击瓷砖中下部，如声音清脆、悦耳，说明该产品比较坚硬，为上品；若声音沉闷、滞浊，表明烧结度不够，质地比较差（图 14-2-5）。

图 14-2-5　用手敲击釉面砖

掂：掂其重量，如果有重量感说明密实而质量好。

(5) 吸水性。好瓷砖铺贴后，长时间不龟裂、不变形、不吸污，这些都取决于吸水性，可以通过简单的方法测试出。将墨水滴在产品背后，看墨水是否自动散开。一般来说墨水散开速度越慢，其密度越大，吸水率越小，内在品质越优，产品经久性越好；反之，则说明密度小，产品经久性差。

(6) 防滑性。瓷砖的防滑性很重要，一般在卫生间和厨房等需与水接触的地方，都应当选用具有防滑性功能的瓷砖。在瓷砖上洒一点水，用脚轻轻擦拭，感觉越涩，防滑性越好。

（四）墙纸的选购方法

(1) 看表面是否存在色差、褶皱或气泡，花色图案是否清晰，色彩是否均匀。

(2) 用手摸一摸，感觉其质感是否好，不同部位的纸薄厚是否均匀。

(3) 用鼻子闻，如果壁纸有异味，很可能是总有机挥发量（VOC）等有害物质含量较高，可以索取检测报告查看；用湿布擦拭壁纸表面，查看是否有褪色现象。

(4) 确保编号与批号一致，要看清所购壁纸的编号与批号是否一致。不同生产批次的产品之间可能存在色差，细微色差在购买时常常难于察觉，贴上墙时才会发现。而每卷壁纸上的批号即代表同一颜色，所以应确认为同一批号产品，避免出现色差

图 14-2-6　绿色环保标志

（五）乳胶漆的选购方法

(1) 看标识及外包装。购买涂料尽量选择正规的销售经营店，选择知名产品。真正的绿色涂料必须带有中国环境标志产品认证委员会颁发的“十环”标志（图 14-2-6）。

(2) 看、闻、摸、搅、挑：

一“看”，看涂料表面。优质的多彩涂料其保护胶水溶液层呈无色或微黄色，且较清晰，表面通常是没有漂浮物的（图 14-2-7）。看分层、沉淀，如果涂料出现严重的分层，说明质量较差，涂料中加水过多就会有沉淀。

图 14-2-7　优质多彩涂料

二“闻”，闻一闻涂料中是否有刺鼻的气味，有毒的涂料不一定有味儿，但有异味儿的涂料一定有毒。

三“摸”，用手轻捻，正品乳胶漆应该手感光滑、细腻。

四“搅”，用木棍将乳胶漆轻轻搅动，看是否用力较大，是否黏稠，是否均匀。质量较好的涂料料质黏稠、均匀，搅时用

力大。

五"挑"，用棍挑起来，应成流往下淌；如果把棍倾斜，会形成三角的漆帘，这样的涂料质量较好。

（3）仔细查看产品的质量检验报告，尤其注意看涂料的总有机挥发量（VOC）。目前国家对涂料的 VOC 含量标准规定应每升不超过 200 g，较好的涂料为每升 100 g 以下，而环保的涂料则接近于 0。

14.3 任务三：餐厅地面装饰材料的选购

一、任务分析

本施工阶段的施工内容包括：

1. 餐厅地面施工。
2. 包房地面铺地毯。
3. 办公室地面施工。
4. 厨房地面贴砖。
5. 卫生间地面贴砖。

了解施工内容后，要掌握施工进度、熟知施工所需的材料，拟定提料计划单即材料品牌及价格明细表（表 14－3－1）。

表 14－3－1　餐厅地面主要装饰材料明细表

餐厅地面主要装饰材料明细表

序号	项目名称	材料名称	单位	规格	品牌产地	等级	单价
1	餐厅大堂地面	防滑地砖	m^2	600 mm×600 mm	诺贝尔	优质	220.00 元/m^2
		花岗石	m^2	600 mm×600 mm×20 mm	金花米黄	A 级	425.04 元/m^2
		花岗石	m^2	600 mm×600 mm×20 mm	虎皮红	A 级	170.00 元/m^2
		玻化砖	m^2	800 mm×800 mm	东鹏	优等	267.75 元/m^2
		仿古地砖	m^2	600 mm×600 mm	诺贝尔		160.00 元/m^2

续表

序号	项目名称	材料名称	单位	规格	品牌产地	等级	单价
2	包房地面	纯毛地毯	m^2	4m 宽	东升		168.00 元/m^2
		强化复合地板	m^2	1 285 mm×195 mm×8 mm	圣象		128.00 元/m^2
		羊毛威尔顿地毯	块	1 700 mm×2 400 mm	巧巧	优等	3899.00 元/块
3	办公室地面	柚木实木地板	m^2	910 mm×123 mm×18 mm	大自然	优等	485.60 元/m^2
		仿金丝柚木实木复合地板	m^2	1 212 mm×142 mm×12 mm	圣象	优等	236.00 元/m^2
4	卫生间地面	陶瓷地砖	m^2	600 mm×600 mm	东鹏	优等	190.00 元/m^2
		防水涂料	桶	20 kg/桶	佳一,沈阳	优等	450.00 元/桶
5	厨房地面	玻化砖	m^2	600 mm×600 mm	东鹏	优等	220.00 元/m^2
		防水涂料	桶	20 kg/桶	佳一,沈阳	优等	450.00 元/桶

二、选购装饰材料的相关技能

(一) 天然石材的选购方法

对于加工好的成品饰面石材，其质量好坏可以从以下四个方面来鉴别：

(1) 观。即肉眼观察石材的表面结构。优质均匀的细料石材具有细腻的质感，为石材佳品；粗粒及不等粒结构的石材其外观效果较差，机械力学性能也不均匀，质量稍差。另外，由于地质作用的影响，常在石材中产生一些细微裂缝(图 14－3－1)，优质石材没有裂缝，而劣质石材有裂纹、裂缝，石材最易在这些部位发生破裂。

图 14－3－1　优质与劣质天然石断面比较

(2) 量。即量石材的尺寸规格，以免影

响拼接，或造成拼接后的图案、花纹、线条变形，影响装饰效果。

(3) 听。即听石材的敲击声音。一般而言，质量好的石材其敲击声清脆、悦耳；相反，若石材内部存在显微裂隙或因风化导致颗粒间接触变松，则敲击声粗哑、沉闷。

(4) 试。即在石材的背面滴上一小滴墨水，如墨水很快四处分散浸开，即表明石材内部颗粒松动或存在缝隙，石材质量不好；反之，若墨水滴在原地不动，则说明石材致密，质地好。

近年来，市场上出现一些经过染色加工的装饰石材，在使用中容易掉色、褪色，在选购过程中需要仔细辨别：染色石材颜色艳丽，光泽度方面却不自然；石板的断口处可看到染色渗透的层次，需用利器磨边才有可能看到；染色石材一般采用石质不好、孔隙率大、吸水率高的石材，用敲击法即可辨别(图 14-3-2)。涂膜的石材是通过涂蜡以增加光泽度的石材，用火柴或打火机一烘烤，蜡面即失去，现出本来面目。

图 14-3-2　染色中国红大理石

(二) 地毯的相关选购技能

1. 纯毛地毯的选购方法

(1) 看原料。优质纯毛地毯的原料一般是由精细羊毛纺织而成，其毛长且均匀、手感柔软、富有弹性、无硬根；劣质地毯的原料往往混有发霉变质的劣质苇及腈纶、丙纶纤维等，其毛短且根粗细不均，用手抚摸时无弹性、有硬根。

(2) 看外观。优质纯毛地毯图案清晰美观，绒面富有光泽，色彩均匀，花纹层次分明，下面毛绒柔软，倒顺一致；而劣质地毯则色泽黯淡，图案模糊，毛绒稀疏，容易起球黏灰，不耐脏。

(3) 看脚感。优质纯毛地毯脚感舒适，不黏不滑，回弹性很好，踩后很快便能恢复原状；劣质地毯的弹力往往很小，踩后复原极慢，脚感粗糙，且常常伴有硬物感觉。

(4) 看工艺。优质纯毛地毯的工艺精湛，毯面平直，纹路有规则；劣质地毯则做工粗糙，漏线和露底处较多，其重量也因密度小而明显低于优质品。

2. 化纤地毯的选购方法

(1) 看地毯的绒高。绒高较高的地毯用纱量相应也多，因此脚感好。

(2) 看地毯的密度。将地毯顺织造方向弯曲检查有无漏底情况，如无漏底，则密度一般较好。

(3) 看地毯毛感。用手抚摸地毯，绒感较好的说明地毯面纱单丝纤度越细，使用中容易倒伏。

(4) 看地毯表面是否织造整齐、绒头高度是否一致，有无缺毛、低毛、高毛、多毛、断毛等缺陷。

(5) 看毯面颜色是否均匀，有无色差、油污等质量问题。

(6) 看毯背部黏接是否牢固，有无开胶、黏合不良和渗胶等现象。

3. 混纺地毯的选购方法

原材料以纯毛纤维与合成纤维混纺，在图案花色、质地和手感等方面，与纯毛地毯相差无几，但在价格上，却与纯毛地毯大相径庭。

如果纯毛纤维在其中的比例为80%，合成纤维的比例为20%，那么这样的混纺地毯在耐磨度、防虫、防霉、防腐等方面都优于纯毛地毯。

（三）陶瓷地面砖的相关选购技能

1. 陶瓷地砖的选购方法

挑选釉面瓷质地砖，关键要看陶胎和釉面。陶胎要尺寸规范、周边平整、厚薄均匀，同规格瓷砖的厚度和尺寸相差不能超过 2 mm，好的地砖厚度一般都在 8 mm 以上。具体的选购步骤可参见内墙釉面砖的选购方法。另外，要选择釉质厚而匀滑的，釉面颜色要尽可能接近。浴室、厨房和过道等适宜铺小规格的瓷砖，面积大的地方如卧室和客厅则适宜铺规格在 30 cm 以上的瓷砖。

2. 玻化砖的选购方法

市场上销售的玻化砖和普通抛光砖通常混放在一起，普通消费者很难从外观上分辨，可以通过以下两点判定：

(1) 听声音。一只手悬空提起瓷砖的边或角，另一只手敲击瓷砖中间，发出浑厚且回音绵长(如敲击铜钟所发出的声音)的瓷砖为玻化砖；发出的声音浑浊、回音较小且短促则说明瓷砖的胚体原料颗粒大小不均，为普通抛光砖。

(2) 试手感。相同规格相同厚度的瓷砖，手感重的为玻化砖，手感轻的为普通抛光砖。

（四）地板的相关选购技能

1. 实木地板的选购方法

实木地板铺设效果好，很多室内空间都可以使用，在选购上要注意以下几点：

(1) 测量地板的含水率。国家标准所规定的含水率为10%～15%。木地板的经销商应有含水率测定仪，购买时先测展厅中选定的木地板含水率，然后再测未开包装的同材种、同规格的木地板含水率，如果相差在2%以内，可认为合格。

(2) 观测木地板的精度。一般木地板开箱后可取出 10 块左右徒手拼装，观察企口咬合、拼装间隙和相邻板间高度差，若严实合缝，手感无明显高度差即可。

(3) 检查基材的缺陷。看地板是否有死节、活节、开裂、腐朽、菌变等缺陷。由于木地板是天然木制品，客观上存在色差和花纹不均匀的现象。

(4) 检查板面、漆面质量。选购时关键看烤漆漆膜光洁度，有无气泡、漏漆及耐磨度等。

(5) 识别木地板树种。有的厂家为促进销售，将木材冠以各式各样不符合木材学的美名，如樱桃木、花梨木、金不换、玉檀香等名称，更有甚者，以低档充高档木材。

(6) 确定合适的长度、宽度。实木地板并非越长越宽越好，建议选择中短长度地板，不易变形。长度、宽度过大的木地板相对容易变形。

2. 实木复合地板的选购方法

(1) 观察表层厚度如何。实木复合地板的表层厚度决定其使用寿命，表层板材越厚，耐磨损的时间就越长。进口优质实木复合地板的表层厚度一般在 4 mm 以上，此外还须观察表层材质和四周榫槽是否有缺损。

(2) 检查产品的规格尺寸公差是否与说明书或产品介绍一致。可以用尺子实测或与不同品种相比较，拼合后观察其榫槽结合是否严密，结合的松紧程度如何，拼接表面是否平整。

（3）试验其胶合性能及防水、防潮性能。可以取不同品牌小块样品浸渍到水中，试验其吸水性和黏合度如何，浸渍剥离速度越低越好，胶合黏度越强越好。如果近距离接触木地板，有刺鼻或刺眼的感觉，则说明空气中的甲醛含量超标了。

3. 强化复合地板的选购方法

（1）看。仔细地看一看产品的做工，拼口接缝处是否紧密，表面工艺是否考究，有无明显色差、色斑；淋漆类产品有无爆膜、炸漆及有无大量气泡等现象，背漆（平衡层即防潮层）是否均匀等。

（2）闻。用鼻子闻一下基材横切面的味道，优秀的基材应该略带一丝淡淡的木味清香。如果闻到较重的气味，甚至散发出“臭味”，则说明基材的原材料掺有大量的树皮、树叶等易霉变物质，或是其使用了不合格或过量的黏合剂。

（3）踩。在检测时，可将地板的两侧垫高 2～3 cm，用力踩按地板中间触地，合格的产品应不断不裂（包括漆面）。

（4）砸。首先，可以通过锤砸试验（或钢球试验）来检测地板的硬度和韧性，在大力度锤砸并导致基材塌陷的情况下，漆面不会出现断裂、炸漆等现象就是好的。

（5）磨。可以用钥匙等边角圆形的金属物轻划面层，或用铁刷子在地板表面反复摩擦，优秀的地板可经反复摩擦而历久长新，而品质稍差的产品则会“伤痕累累”。

（6）泡。在检测地板防水性能时，只需要用滴管在地板一端槽榫处滴几滴水便可轻易达到检测目的。普通未经处理的产品，水滴会很快渗入基材中。而经处理后的地板，可以看到水滴直接可以从地板末端流出，而不会渗入基材。

（7）环保型。基于消费者对环保健康的重视，很多商家纷纷给自己的产品穿上了“环保”的外衣，其中“真假”仅凭消费者自身往往难以决断。顾客完全可以要求导购人员对其产品的环保原理进行详细的解释，并邀请商家出示相应的技术，材质等方面的官方认可证明等。

14.4 任务四：餐厅轻工辅料的选购

一、任务分析

完成餐饮隐蔽工程装修所需轻工辅料在每个施工阶段都用得到，很多很杂，如：

（1）水路改造。墙体、地面的开槽，铺设管道及管件的安装等。材料：冷热水管、管件、生料带等。

（2）电路改造。墙体、地面的开槽，铺设和电路有关的（如开关、灯线、电话、网线、有线电视、空调等）线路。材料：电线、电话线、电视线缆，穿线阻燃管、下线盒、锡、绝缘胶带、防水胶带。

（3）瓦工。墙面贴砖、地面铺砖、地面回填、地面找平、墙体拆除与砌筑、地面与墙面的防水处理，室内的内墙保温等。材料：砖、水泥、砂子、防水涂料、隔声棉、挤塑板等。

（4）木工。石膏板造型顶棚、石膏角线、鞋柜、窗帘盒、门口修整、电视背景墙，以及各种隔断的安装与制作等。材料：石膏板、细木工板、三聚氰胺板、木器漆、强力胶、吊筋、膨胀螺栓、轻钢龙骨、自攻钉、防锈漆、防火涂料等。

（5）油漆工。墙面的防开裂处理、墙面的基层处理、石膏找平、批刮腻子、涂刷乳胶漆等。材料：墙锢、白乳胶、牛皮纸袋、的确凉布、粗细砂纸、黏合剂、石膏、腻子、底漆、面漆、乳胶漆等。

了解施工内容后，要掌握施工进度、熟知施工所需的材料，拟定提料计划单即材料品牌及价格明细表（表 14-4-1）。

表 14-4-1　轻工辅料明细表

轻工辅料明细表（部分材料）

序号	项目名称	材料名称	单位	规格型号	品牌产地	等级	单价
1	水路改造	PVC—U 4 m 国标管材	m	Φ50×2.0　Ⅰ型（PVC 下水 Φ50）	日丰		7.22 元/m
		PVC—U 4 m 国标管材	m	Φ110×3.2　Ⅰ型（PVC 下水 Φ50）	日丰		23.04 元/m
		S3.2 PPR 管	m	Φ40×5.5(2.0 MPa)（PVC 给水 Φ40）	日丰		26.00 元/m
		S3.2 PPR 管	m	Φ32×4.4(2.0 MPa)（PVC 给水 Φ32）	日丰		17.00 元/m
		S3.2 PPR 管	m	Φ50(2.0 MPa)（PVC 给水 Φ50）	日丰		35.00 元/m
		S3.2 PPR 管	m	Φ25×3.5(2.0 MPa)（PVC 给水 Φ25）	日丰		11.00 元/m
		S3.2 PPR 管	m	Φ20×2.8(2.0 MPa)（PVC 给水 Φ20）	日丰		7.00 元/m
		铝塑复合管	m	Q1216	金德		7.10 元/m

续表

序号	项目名称	材料名称	单位	规格型号	品牌产地	等级	单价
2	电路改造	塑铜线	m	BV4.0	迪昌		3.80 元/m
		塑铜线	m	BV2.5	迪昌		2.60 元/m
		护线套	m	RVV3×4	海燕		21.00 元/m
		护线套	m	RVV3×2.5	海燕		14.40 元/m
		护线套	m	RVV3×1.5	海燕		8.40 元/m
		59 系列单开带荧光开关	个	59013Y	西蒙		23.40 元/个
		59 系列双开带荧光开关	个	59023Y	西蒙		35.20 元/个
		59 系列三开带荧光开关	个	59033Y	西蒙		48.20 元/个
3	瓦工作业	砖	块	240×115×53	地产		0.50 元/块
		水泥	吨	复合硅酸盐水泥 P.C 32.5	华润		310.00 元/吨
		防水涂料	桶	PMC 通用防水灰浆	吉仕涂		195.00 元/桶
		隔声棉	m^2	(AFC－35 kg)35 kg		AAA	16.00 元/m^2
		挤塑板	m^3	0.6×1.8,可定制			275.00 元/m^3

续表

序号	项目名称	材料名称	单位	规格型号	品牌产地	等级	单价
4	木工作业（胶粘剂）	白乳胶	桶	4 kg	美巢占木宝		59.80 元/桶
		无甲醛白乳胶	桶	20 kg	绿色家园		126.00 元/桶
		环保白胶 040 型	桶	18 kg	汉港		218.00 元/桶
		108 胶	桶	18 kg	美巢		88.00 元/桶
		发泡胶	支	500 mL	快而佳		52.00 元/支
		PVC 胶	支	100 mL	快而佳		15.60 元/支
		美纹纸胶带	卷	36 mm×18 mm	蓝健龙		4.50 元/卷
		玻璃胶	支	300ml	枫叶红		15.00 元/支
5	木工作业（装饰五金）	门锁	把	TE500－630	久安		72.00 元/把
		通道锁	把	E3601SKBPS	顶固		265.00 元/把
		BKV 房门分体铝锁	把	1233	BKV		338.00 元/把
		志诚青古铜拉手	个	T6L	志诚		13.00 元/个
		百式可拉手	个	33854－06	百式可		4.00 元/个
		不锈钢合页	副	100 mm×30 mm×2.5 mm	顶固		66.00 元/副
		全盖快装铰链	袋	标准	海蒂诗		175.00 元/袋

续表

序号	项目名称	材料名称	单位	规格型号	品牌产地	等级	单价
5	木工作业（装饰五金）	滚珠三节全黑路轨	副	600 mm	海蒂诗		75.00 元/副
		水泥钢钉	箱	直径:2.0～5.0 mm，25 盒/箱			110.00 元/箱
		钢排钉	箱	直径:ST－38(mm)，28 颗/排　9 排/盒　20 盒/箱			52.00 元/箱
		自攻螺钉	千个	型号:KA;螺纹规格:2～3.5;公称长度:40～150 mm			100.00 元/千个
		码钉	件	直径:1～3 mm，长度:13 mm			10.00 元/件
6	木工作业（防火涂料）	水性防火阻燃涂料	千克	耐擦洗性:10000 次			165.00 元/千克
7	油工作业	821 腻子	袋	20 kg/袋	美巢	优等	18.00 元/袋
		嵌缝带	卷	75 m/卷	拉法基	优等	36.00 元/卷
		砂　纸	张	150#	金相		1.80 元/张

二、选购装饰材料的相关技能

（一）管材的相关选购技能

1. PP-R 管的选购方法

（1）摸。质感是否细腻，颗粒是否均匀。颗粒粗糙的很可能掺和了其他杂质。

（2）闻。有无气味。PP-R 管主要材料是聚丙烯，好的管材没有气味，差的则有怪味，很可能是掺和了聚乙烯。

(3) 捏。PP-R管具有相当的硬度,轻易可以捏成变形的管,肯定不是PP-R管。

(4) 砸。好的PP-R管,"回弹性"好,不太容易砸碎。

(5) 烧。用火烧,很直观也很管用。原料中混合了回收塑料和其他杂质的PP-R管会冒黑烟,有刺鼻气味;好的材质燃烧后不仅不会冒黑烟、无气味,燃烧后,熔出的液体依然很洁净。

2. PVC管的选购方法

(1) 选购PVC管时要注意管材上明示的执行标准是否为相应的国家标准,尽量选购国家标准产品。

(2) 优质管材外观应光滑、平整、无起泡,色泽均匀一致,无杂质,壁厚均匀。

(3) 管材有足够的刚性,用手挤压管材,不易产生变形,直径50 mm的管材,壁厚至少需有2.0 mm以上。

(二) 电线材料的相关选购技能

1. 电线的选购方法

(1) 看外观。优质电线外皮都采用原生塑料制造,表面光滑,不起泡,剥开后的外皮有弹性,不易断;劣质电线的外皮都是利用回收塑料生产的,表面粗糙,对光照有明显的气泡,用手很容易拉断,易开裂老化、短路、漏电。

(2) 看线径。优质电线剥开后铜芯有明亮的光泽,柔软适中,不易折断,国标线断面为1.5 mm^2、2.5 mm^2和4 mm^2;劣质电线往往利用回收铜作原料,或者把断面缩小,回收铜里因含有其他金属杂质,导电性能降低,增加了电能损耗,光泽度差,发硬且易折断。

(3) 看长度和价格比。正宗的国家标准电线每卷长100 m(±5%以内误差);非国标线一般只有90 m,甚至更少,价格自然低些。

(4) 看包装。查看成卷的电线包装牌上有无中国电工产品认证委员会的"长城"标志和生产许可证号;有无质量体系认证书;查看合格证是否规范;查看有无厂名、厂址、检验章、生产日期;查看电线上是否印有商标、规格、电压等。

2. 开关插座的选购方法

(1) 眼观。品质好的开关外观材料大多使用优质PC料,防火性能、防潮性能、防撞击性能都较高。正品外观平整、无毛刺,色泽和材料采用进口优质料,阻燃性能良好。

(2) 手动。开关拨动的手感轻巧而不紧涩,弹簧软硬适中,弹性极好。轻按开关功能键,滑板式声音轻微、手感顺畅,节奏感强。插座的插孔需安装有保护门,插头插拔应需要一定的力度,过松或过紧都不合适。正品面板用手很难直接取下,必须借助一定的专用工具。

(3) 看功能。不同的使用环境和用途应该注意选配不同功能的开关插座。

(4) 看标识。要注意开关、插座的底座上的标识:如国家强制性产品认证3c标志加企业代码、额定电流电压值、产品型号等。产品要包装完整,同时能够提供周全的售后服务,产品价格通常会稍高。

(5) 认品牌。名牌产品经时间、市场的严格考验,选品牌产品有质量保证。

(6) 认准商家。任何产品的销售都有厂家的授权书,这说明此商家是正规代理商,一旦发现问题方便找厂家解决,所以购买时一定要看商家出处。

14.5 任务五：餐厅成品装饰材料及其他装修部位材料的选购

一、任务分析

本施工阶段的施工内容包括塑钢门窗工程、铝合金门窗工程、楼梯安装、门窗口、橱柜、隔断、木器漆涂饰等。

了解施工内容后，要掌握施工进度、熟知施工所需的材料，拟定提料计划单即材料品牌及价格明细表(表 14－5－1)。

表 14－5－1　餐厅成品装饰材料及其他装修部位材料明细表

餐厅成品装饰材料及其他装修部位材料明细表(部分材料)

序号	项目名称	材料名称	单位	规格型号	品牌产地	等级	单价
1	铝合金门窗	对开门单玻	m^2	60	实德		345.00 元/m^2
2	楼梯安装	钢木楼梯	步		艺级		650.00 元/步
3	窗帘安装	雅丝竹帘	m^2	P80	雅丝		0.80 元/m^2
		窗帘铝合金单轨支架	个	D25 mm	拜六西菲		36.00 元/个
		窗帘铝合金双轨支架	个	D25 mm/ D25 mm	拜西菲		41.00 元/个
4	隔断装饰	棕色云形纹玻璃砖	块	190 mm×190 mm×80 mm	兴隆玻璃		26.00 元/块
		镶嵌系列标准玻璃	块	1 625 mm×558 mm×20 mm	兴隆玻璃		730.00 元/块
5	门窗口、垭口	细木工板	张	1 220 mm×2 440 mm×18 mm	凯达	E0	138.00 元/张
		底 漆	套	9 kg	华润		377.00 元/套
		清面漆	套	9 kg	华润		445.00 元/套

续表

序号	项目名称	材料名称	单位	规格型号	品牌产地	等级	单价
6	木器漆装饰	硝基亚光白面漆	桶	13 kg	紫金花		570.00 元/桶
		硝基水晶底漆	桶	13 kg	紫金花		525.00 元/桶
7	门的安装	模压门	樘	标准尺寸	美森耐		900.00 元/樘
		单扇模压门	扇	标准尺寸	美森耐		405.00 元/扇
		成品实木复合门	套	900 mm×2 000 mm	好门面	优质	2650.00 元/套
8	订制橱柜	橱 柜	延长米	L 形	欧派	优质	3700.00 元/延米
9	橱柜台板、窗台板制作	人造大理石窗台板	延长米	标准宽 600 mm	宝丽杜邦		800.00 元/延米
10	装饰灯具	玻璃吊灯(古银)	个	9396/+1	希莉娜		435.00 元/个
		铝制餐灯	个	1012	美华		135.00 元/个
		水晶吊灯	个	C2009/33	莱兹		9666.00 元/个
		实木玻璃吊灯	个	9084/2	美华		169.00 元/个
		吸顶灯(25W)	个	BCS2803/25WT5	飞利浦		125.00 元/个
		工程筒灯	个	NDL312B/BN	雷士		11.50 元/个
		工程明装筒灯	个	NDL914/LW 直插	雷士		23.400 元/个
		格栅射灯	个	NDL503SB/LSG	雷士		205.50 元/个
		轨道射灯	个	TLN132/300LW	雷士		56.70 元/个

二、选购装饰材料的相关技能

1. 水性木器漆的选购方法

(1) 看外观。水性油漆一般注有水性或者水溶性字样，而且在使用说明中会标明用清水可以稀释的。

(2) 看颜色。水性的无色漆一般呈乳白色或半透明浅乳白色或浅黄色，而普通的清漆往往是透明色。

(3) 闻气味。水性油漆的气味非常小，略带一点芳香，而普通的油漆都有比较强的刺激性气味。

2. 成品门的选购方法

考察一套门的优劣，除了内在的板材和潜在的生产工艺外，有很多是可以直观体验到的，比如说价格、漆面和锁具等三方面。

(1) 价格：每套需在 2 000 元左右。一套好的实木复合门，一般的零售价格都得在 2 000 元左右。这是计算了材料、工艺及一定的利润后得出的价格标准。如果所用的材料是优等品，锁具等五金件又都是进口的话，整套木门的价格还会更高，甚至可达上万元。而一般的价位则在 2 000元到 5 000 元之间。

(2) 漆面：手感光滑，表面平整。一是用手背抚摸漆面，如果感觉到漆面有微小的灰尘颗粒，则说明烤漆工艺或是环境不达标；二是将门扇卸下来对着灯光看，看灯光打在门上的光线是否平整，有没有坑凹处。

(3) 五金件：合页静音，锁具弹性好。锁具等五金件的好坏也是检验木门优劣的重要因素。首先，好的锁具是铜质的，应该很沉；然后转动门把手，听到的门簧回弹的声音应该是清脆的；最后要反复开关门，确定合页没有噪声。

3. 人造石材的选购方法

一看，目视样品颜色清纯不混浊，表面无类似塑料胶质感，板材反面无细小气孔。

二闻，鼻闻无刺鼻化学气味。

三摸，手摸样品表面有丝绸感，无涩感，无明显高低不平感。

四划，用指甲划板材表面，无明显划痕。

五碰，相同两块样品相互敲击，不易破碎。

另外，最简单的鉴别人造石质量的方法就是先拿一块样板在其表面倒些酱油或油污，或进行磨损试验，以观其抗污与耐磨性能。

4. 整体橱柜的选购方法

不同的橱柜看上去风格相仿、颜色相同，但在内在质量上却存在很大的差异。

(1) 大型专业化企业用电子开料锯，通过计算机输入加工尺寸，开出的板材尺寸精度非常高，公差单位在微米，而且板边不存在崩茬的现象。而手工作坊型小厂用小型手动开料锯，简陋设备开出的板尺寸误差大，往往在 1 mm 以上，而且经常会出现崩茬现象，致使板材基材暴露在外。

(2) 优质橱柜的封边细腻、光滑、手感好，封线平直光滑，接头精细。而作坊式小厂是用刷子涂胶，人工压贴封边，用壁纸刀来修边，用手动抛光机抛光。由于涂胶不均匀，封边凸凹不平，割线波浪起伏，很多地方不牢固，短时间内很容易出现开胶、脱落的现象。一旦封边脱落，会出现进水、膨胀的现象，同时大量甲醛等有毒气体挥发到空气中，会对人体造成危害。

(3) 孔位的配合和精度会影响橱柜箱体的结构牢固性。

(4) 橱柜的组装效果要美观。生产工序的任何尺寸误差都会表现在门板上，专业大厂生产的门板横平竖直，且门间间隙均匀，而小厂生产组合的橱柜，门板会出现门缝不平直、间隙不均匀，使所有的门板不在一个平面上。

(5) 注意抽屉滑轨是否顺畅，注意是否有左右松动的状况，还要注意抽屉缝隙是否均匀。

5. 铝合金门窗的选购方法

铝合金材料出现门窗变形、推拉不动等现象屡见不鲜。在选购时应注意以下几点：

(1) 看材质。在材质用料上主要有6个方面可以参考：

① 厚度：铝合金推拉门有70系列、90系列两种，住宅内部的铝合金推拉门用70系列即可。系列数表示门框厚度构造尺寸的毫米数。铝合金推拉窗有55系列、60系列、70系列、90系列四种。系列选用应根据窗洞大小及当地风压值而定。用作封闭阳台的铝合金推拉窗应不小于70系列。

② 强度：选购时，可用手适度弯曲型材，松手后应能恢复原状。

③ 色度：同一根铝合金型材色泽应一致，如色差明显，即不宜选购。

④ 平整度：检查铝合金型材表面，应无凹陷或鼓出。

⑤ 光泽度：铝合金门窗避免选购表面有开口气泡(白点)和灰渣(黑点)，以及裂纹、毛刺、起皮等明显缺陷的型材。

⑥ 氧化度：氧化膜厚度应达到10 μm。选购时可在型材表面轻划一下，看其表面的氧化膜是否可以擦掉。

(2) 看加工。优质的铝合金门窗，加工精细，安装讲究，密封性能好，开关自如。劣质的铝合金门窗，盲目选用铝型材系列和规格，加工粗制滥造，以锯切割代替铣加工，不按要求进行安装，密封性能差，开关不自如，不仅漏风漏雨和出现玻璃炸裂现象，而且遇到强风和外力，容易将推拉部分或玻璃刮落或碰落，毁物伤人。

(3) 看价格。在一般情况下，优质铝合金门窗因生产成本高，价格比劣质铝合金门窗要高30%左右。有些有壁厚仅0.6～0.8 mm铝型材制作的铝合金门窗，抗拉强度和屈服强度大大低于国家有关标准规定，使用很不安全。

6. 室内楼梯的选购方法

(1) 安全适用是选择楼梯的首要前提。

① 主体结构走向的合理性。

② 主体结构安全与承重。

③ 起步是否方便，空间是否足够大。

(2) 设计的合理性与装修风格协调性统一。

① 主体结构的颜色和踏板的颜色是否协调。

② 户型结构是适合哪种类型的楼梯(直梯、L形、U形、旋转、旋转接直梯等)。

③ 设计的楼梯是否碰头。

④ 所有的空间是否都利用好了。

⑤ 踏步宽度和步深走起来是否都非常舒服。

⑥ 楼梯款式的选择与装修风格协调性(纯实木、钢木结合、钢与玻璃结合等)。

参考文献

[1] 葛勇.建筑装饰材料.北京:中国建材工业出版社,1998.

[2] 王福川.简明装饰材料手册.北京:中国建筑工业出版,1998.

[3] 安素琴.建筑装饰材料.北京:高等教育出版社,2006.

[4] 汤留泉,李梦玲.现代装饰材料.北京:中国建材工业出版社,2008.

[5] 安素琴,尹颜丽.建筑装饰材料识别与选购.北京:中国建筑工业出版社,2010.

[6] 史商于,张友昌.材料员专业管理实务.北京:中国建筑工业出版社,2007.

[7] 王勇.室内装饰材料与应用.北京:中国电力出版社,2012.

[8] 李燕,任淑霞.建筑装饰材料.北京:科学出版社,2009.

郑重声明